园林与
景观设计资料集

园林道路设计与铺装

主　编　薛　健
副主编　毛培琳

2

知识产权出版社
www.cnipr.com
中国水利水电出版社
www.waterpub.com.cn

内容提要

本套资料集是国内第一套采用铜版纸彩色版印刷的园林与景观专业工具书。

与以往出版的黑白资料集相比，本套资料集除了有同类资料集所具备的图量大、数据全和各种参数丰富的特点外，其论述中的引证、举例和实例多为现场拍摄的彩色照片，因而，相较同类的黑白资料集，本套资料集具有更丰富的直观、形象和实证性。此外，本套资料集特别注重设计理论与实际应用、艺术表现与工程技术的有机结合，是国内第一部内容全面、系统、丰富的大型园林与景观系列工具书。

本套资料集内容的全面性体现在不同的层面：从传统园林到现代景观设计；从园林设计原理、方法到工程技术和做法；从古代到当今设计的演变发展。本套资料集各分册既单独成册，又相互有联系，整套资料集脉络清晰，资料翔实；内容极为丰富、涉及面极为广泛，涵盖了园林与景观设计的所有门类，其中包括：园林与城市空间，景观与绿化设计、水景与水环境设计、园林道路设计与铺装、景观设施与标志、园林景观建筑、雕塑与小品、园林光环境与景观照明以及护岸驳岸与亲水设计等等。为了更紧密地联系实际，本套资料集的编撰者在每一章节后都附有设计施工实例。

本套资料集十分注重专业理论和工程实践的结合，是一部设计人员的案头必备工具书，既适用于园林与景观专业的设计人员、工程技术人员，也面向环境艺术、建筑设计、城市景观规划以及城市水利、水利景观的设计人员，同时还可以用作高等院校园林与景观专业、建筑专业和室内外环境艺术设计专业的教学参考书。

《园林道路设计与铺装》（第2辑）的主要内容有：园路的类型与线形设计；园路设计的基本原则和方法；园路的空间塑造与空间尺度；砖材路面的设计与铺装；石材路面的设计与铺装；陶瓷路面的设计与铺装；彩纹与艺术路面的设计与铺装；整体路面的设计与工程做法；特殊路面的设计与做法；变态式园路和桥路的设计与铺装；园路配套铺设与道路设施；园路混合铺装和不同材料的组合拼装及节点等。

责任编辑：张宝林　阳　淼　　E-mail：z_baolin@263.net；yangsanshui@vip.sina.com
文字编辑：莫　莉

图书在版编目（CIP）数据

园林道路设计与铺装／薛健主编．—北京：知识产权出版社：中国水利水电出版社，2007.4
（园林与景观设计资料集）
ISBN 978-7-80198-590-3

Ⅰ.园… Ⅱ.薛… Ⅲ.①公园道路-园林设计-资料 ②公园道路-路面铺装-资料 Ⅳ.TU986.4-67

中国版本图书馆CIP数据核字（2006）第078883号

园林与景观设计资料集
园林道路设计与铺装
主编　薛健　　副主编　毛培琳

知识产权出版社
中国水利水电出版社　出版　发行（北京市海淀区马甸南村1号；电话：010-82005070
北京市西城区三里河路6号；电话：010-68331835 68357319）
北京科水图书销售中心（零售）　电话：(010) 88383994、63202643
全国各地新华书店和相关出版物销售网点经销
北京佳信达艺术印刷有限公司印刷
889mm × 1194mm　16开　18.5印张　779千字
2008年2月第1版　2008年2月第1次印刷
印数：0001—3000册
定价：128.00元
ISBN 978-7-80198-590-3
TU · 225

薛　健

薛健环境艺术设计研究所主持人，教授、著名设计师，中国环境艺术设计专业的开拓者及学术带头人之一。兼任中国矿业大学艺术设计学院教授、山东建筑大学艺术设计学院客座教授。

20世纪80年代以来，长期从事建筑和环境艺术理论与实践的研究，充分发挥自己长期身处设计、施工第一线的实践经验，并及时总结、深入分析研究，取得了丰富成果。特别是在设计与应用、材料与构造和作法等方面具有独特建树，创新了多项施工作法。2000年以来，开始关注和探索研究中国与欧美环境设计的比较研究。先后六次出国，考察了21个国家，出版多部介绍欧美、澳洲设计发展状况和最新设计作品的专著。近年来，在设计、施工、科研和教学等方面拥有诸多成果，在解决当前设计教育脱离实际问题以及设计、科研、教学相互关系和有机结合等方面上成效显著。

主要设计作品：北京长城饭店分店室内外设计、北京亚运村宾馆室内设计及园林设计、中国国际贸易中心商场室内设计、南京金谷大厦室内设计、江苏银河乐园环境设计、江苏副食品大楼室内外设计、北京紫竹宾馆室内及园林设计、北京光大购物商场室内设计。此外，还主持或参与设计了雾灵山森林公园园林设计、北京云岫山庄古建装修及庭园设计和多个大型住宅区的环境设计等大型项目。

主要著作：《装饰装修设计全书》、《室内外设计资料集》、《装修设计与施工手册》、《易居精舍》、《景观建筑》、《国外室内外环境设计丛书》、《世界园林、建筑与景观丛书》和《景观与环境设计》等。

毛培琳

北京林业大学园林学院教授、博士生导师。兼任浙江林学院教授和北京大学城市与环境系博士生指导教师。长期从事园林工程方面的教学和科研工作。特别是在自控喷泉的研究开发和GRC假山造景工程研究方面，成绩突出。

教学方面：参加教学、教材编审工作，研究和制作了多种演示教具，在教学中发挥了较好的作用，教学效果好。1993年获北京市优秀教师称号。

科研方面：从事自控喷泉的研究工作，1987年《自控多变花型喷泉》获林业部科技进步三等奖。1997年《GRC假山造景工程研究》获林业部科技进步二等奖。

主要著作：《喷泉设计》、《园林铺地》、《水景设计》、《园林铺地设计》、《装饰装修设计全书》、《室内外设计资料集》等。

前　言

中国经济的发展促进了设计的进步。设计作为新兴行业的兴起得益于20世纪80年代的改革开放。追溯历史，从西方到中国，“设计”的演变可以看出其自身的发展和社会的认知度：美术—工艺美术—商业美术—美术设计—艺术设计—设计。从工艺美术到设计概念的转化在20世纪经历了繁杂并混沌的过程。除建筑设计外，室内设计也经历了从室内装饰—室内设计—环境艺术的演变；20世纪90年代初，现代景观设计的引入，使传统意义上的园林设计陷入尴尬。

实践证明，在没有弄清环境艺术和景观设计的真正内涵和找准在中国的对应学科之前，就仓促引入，以至于引入后又被不恰当地滥用，导致对环境艺术和景观设计的理解出现混乱，并在业内引发无休止的争论。根据著名环境艺术理论家多伯(Richard P. Dober)对环境艺术比较全面、准确的定义，环境艺术“作为一种艺术，它比建筑艺术更巨大，比规划更广泛，比工程更富有感情。这是一种重实效的艺术，早已被传统所瞩目的艺术。环境艺术的实践与人影响其周围环境功能的能力，赋予环境视觉次序的能力，以及提高人类居住环境质量和装饰水平的能力是紧密地联系在一起的。”尽管多伯声言这只是从艺术角度讲的，是“作为艺术的环境艺术定义”，但它的核心应是人与周围、人类生活环境和活动场所相互作用的艺术。由此可见，环境艺术是一种场所艺术、关系艺术、对话艺术和生态艺术。包括城市规划、城市设计、建筑设计、室内设计、城雕、壁画和小品等都属于环境艺术范畴。

遗憾的是，环境艺术首次被国内引入使用竟是在室内设计专业。上世纪80年代末，清华大学美术学院(原中央工艺美术学院)室内设计系为赶时髦，将系名由定义准确、内涵清晰的“室内设计”改成了内容广泛的“环境艺术设计”，而其原有课程设置丝毫没变。一时间，全国众多设计院校步其后尘、纷纷效法。改名称成了时尚，一阵风似的，很少有人冷静思考。加之环境艺术又常常被简称为“环艺”，以致有许多学生毕业了出去找工作，人家总要问：你们学环艺的是干什么的呀？有的甚至问：你们是搞环保的吗？

景观设计的引入与中国传统的风景园林设计直接碰撞和冲突。自从1998年北京大学开设“景观设计”专业以来，景观建筑或景观学这个专业已经在许多学校成立。据说是Landscape Architecture(简称LA)的对口，我们在此且不论其汉译名称是否准确，单就“景观设计”专业引入后所开设的课程看，与中国原有的风景园林专业相同的多、区别的少。而景观所涵盖的设计内容又很难界定，以至于学术界就其名称及与风景园林的关系争论不休，分歧甚大。其实，人们常将景观设计称为现代景观设计，以区别于传统园林。这个由西方引入的新兴学科确实带给我们许多变化：首先是观念上的，相对传统园林来说，现代景观设计更具有宏观的、生态的观念，强调构成、文脉和民众的参与等等；在设计创作方法上，具有清晰的创意—布局—空间—构图的设计路线和区域—边界—路线—节点的思维方式；表现技法多用马克笔、油画棒和CAD的表现方法；表现材料更倾向于金属、玻璃、拉膜、塑料等现代材料和木材、岩石、黏土、乡土植物等原始材料的大量使用，以及反映现代科技的声、光、水、电技术的广泛应用等等；所有这一切又都掺杂着现代西方流行过的结构的、解构的、极简的、高技等流派和主义，为景观设计，特别是城市景观设计提供了广泛的创造性。

面对时尚的、现代色彩浓厚的景观设计，曾经创造过世界最高水平的中国传统园林，越来越不适应社会实践发展的需要，显得有些老气横秋。中国的风景园林需要在广泛地汲取世界各地文化精华后，抓住中国经济、文化长时间高速发展的罕有机遇，开创出景观建设的一片新天地。有学者认为是“唯审美”论，主观上限制了中国风景园林学科的发展，因为风景园林设计专注于人居环境中的以审美为主要目的的规划，使园林成为营造风景的艺术，局限在构筑“景色”、“景物”和“风景”之类的追求“艺术”和“美化”表象层面上，而没有致力于改善人居环境。在强调生态、环保和新技术应用的今天，中国的风景园林确实不具有生态性、生物多样性，也无法用环保的科学标准或科技的先进性来衡量。

然而，现代景观设计在处理城市环境时存在明显的不足，景观设计师接到工程后，设计方案通常在设计室里构想和表现，即使去现场往往也是走马观花，偏好新奇的创意、精致的平面构图和漂亮的技法表现。而不是像中国传统造园那样讲求实地踏勘(叫作“相地”),纸上表现只是整个设计过程的最后一步,因而设计者多在现实空间中发挥想象,把心思放在营建的本质内容上,比如何处应高,何处要低,何处可凭,何处可借。宜亭则亭,宜榭则榭,这叫作“立基”。接下来则是在现场进行更深入的观察和构思,例如如何做到步移景异,如何互为因借,如何起承转合,如何组织旷奥变化等。构思细微到将厅堂、掇山、铺地、栽花、种树、题词、作赋等事项贯穿其中,形成一个有机整体。有着“人性”、“生态”标签的现代景观设计,构筑的大量城市绿地、广场并不尽如人意,为了表现“新奇”和“生态”,硬是在城市公园或道路两旁种上芦苇和野草,有时不惜把优美的缓坡改造成大规模的平台和阶梯。设计大广场更离谱,我所在的城市修建的市中心大广场,完全是大连的克隆版,十几公顷的广场上竟见不到一棵能为市民遮雪蔽日的树,据说是为了景观的需要,白天空无一人,成了名副其实的市民“晨练广场”。后来又不得不在广场上补栽树木,但由于最初的方案设计没有考虑树木的布置,因而即使补栽也显得极为勉强。人类之所以要在各领域持续不断地发展,是因为它们仍有需要完善的地方。比较而言,观赏园艺失却了空间,传统园林失却了生态,景观设计失却了生命,环境艺术失却了科学,城市设计失却了文化,国土规划失却了艺术。

于是,有人提出将园林、景观和环境三学科结合起来,这样就能扬各学科之所长,或一主一辅,为主的一方对应于完整的LA学科,为辅的一方对应于LA学科的一个局部。实际上,当专家学者还在喋喋不休地争论时,社会早就根据大众的理解将这些名称组合起来并广泛使用了,“园林景观”、“环境景观”、“园林环境”、“景观环境” 等叫法见诸专业报刊、杂志、书籍和网站。知识产权出版社与薛健环境艺术设计研究所共同策划的这套大型资料集系列,内容涉及园林、景观、环境艺术和公共艺术领域,故将丛书名定为《园林与景观设计资料集》。

组建于20世纪80年代末的薛健环境艺术设计研究所,是中国第一批成立的、真正致力于环境艺术设计与研究的民营研究所,现已成为中国最具影响力的民营设计研究机构之一。20年来,主持设计并施工完成了数十项大型工程,部分被评为优质工程和样板工程。与国内一般的设计院和设计施工公司不同的是,薛健环境艺术设计研究所采取设计、施工、科研与教学相互穿插、有机结合的方式,从自己设计施工第一线的实践中及时总结、系统分析并作深入研究,取得了丰富的成果。《园林与景观设计资料集》丛书的出版是研究所在城市公园、绿地广场、住宅区、城市街区、环境设施和建筑小品等方面的设计和研究总结。

为使该资料集丛书的内容更全面、丰富,而且信息量更大、资料性更强,我们组织了清华大学、北京林业大学、中南林业学院、深圳大学、北京建筑工程学院、山东建筑大学和中国矿业大学等八所院校,以及部分设计院所和设计公司的几十位专家学者,共同倾注心血编写完成。该资料集丛书包括《城市空间与景观设计》、《水体与水景设计》、《园林道路设计与铺装》、《人性化设施与景观标志》、《园林空间与绿化设计》、《景观建筑与景观雕塑》、《光环境与照明》和《护岸与亲水设计》共八本,预计每年出两本。

《园林道路设计与铺装》一书,由薛健环境艺术设计研究所与北京林业大学联合编写,薛健担任主编;毛培琳担任副主编。各章节编写分工如下:第1章、第2章、第3章、第4章、第6章、第7章第1节和第3节、第9章第2节和第10章由薛健编写;第5章、第7章第2节和第4节、第8章和第9章第1节由毛培琳编写。本书彩色图片除署名者外,均由薛健拍摄。

由于资料集丛书工程巨大,涉及面又广,加之时间仓促,肯定会有疏漏和错误,真诚希望广大读者、有关专家和同仁予以指正,以便今后再版时进一步修订。

薛　健

写于2007年初春

目　　录

一、基本概念

园林道路(下称园路)是园林设计十分重要的内容之一,无论是规则式园林还是自然式园林,不同的道路设计决定了园林的整体表现形式。一般来说,一个园林的布局设计,首先靠道路划分不同的园林区域,使道路成为划分园区的界线和连接园林中各功能区域的纽带。

由园路组成的园林道路系统,不仅是园林的脉络,而且,也是园林创意和内涵的重要表现形式。主次道路的设计应尽量避免整齐划一的规则形式,以园林设计的总体性为基本原则,充分体现道路的系统性,以主路为框架,支路为网络,形成良好的道路循环系统。

二、历史演进

中国的道路景观和道路绿化有着悠久的历史,舟车的发明和使用,使中国早在四五千年前,就开始在市镇建设中重视对道路的规划与设计。"国道如砥,其直如矢"(《诗经·小雅》),说明古代道路平整笔直。而对道路景观和绿化的重视由来已久,公元前五世纪的周代,就有在首都至洛阳街道旁种植列树的记载。

中国园林起源于"苑囿"。作为古代部族首领狩猎的场所,苑囿通常成为带兵游巡、炫耀威武的活动地方。其范围广大,风物景致自然,至商代中叶,才有了游乐的行事。12世纪前的殷朝就有了种植刍秣、圈养动物的"囿",成为专为帝王们"乐戏"的场所。"汉高祖的未央宫,周旋三十一里,街道十七里,有台三十二,池十二……",这是苑内修建园路最早的清晰记载。

我国园路和铺地,无论是结构还是地面的图案纹样,都既丰富多彩又变化多样,例如,战国出土的米字纹、几何纹铺地砖,秦咸阳宫出土的太阳纹铺地砖,唐代以莲纹为主的各种宝相纹铺地砖,以及西夏的火焰宝珠纹和明清的雕砖卵石嵌花路,将寓言故事和吉祥语汇等通过精湛技艺做成地纹。还有江南的花街铺地,由砖、瓦、碎石、卵石等组成色彩丰富、拼嵌精美的地纹。漫长的历史发展和演变,使园路设计和铺地成为园林艺术的一部分和园林设计的重要内容,见图1~图4。

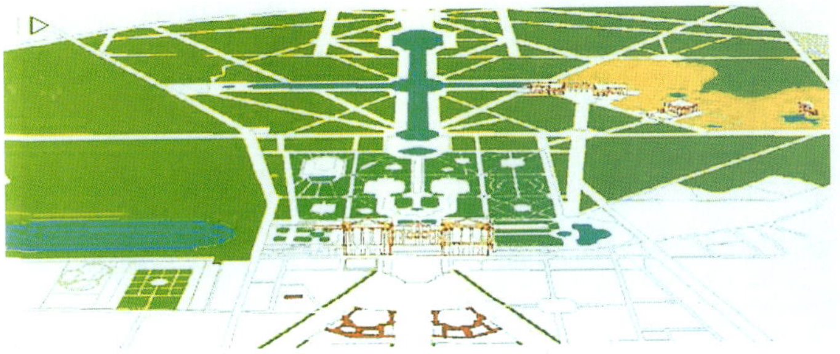

1 凡尔赛宫御苑道路系统

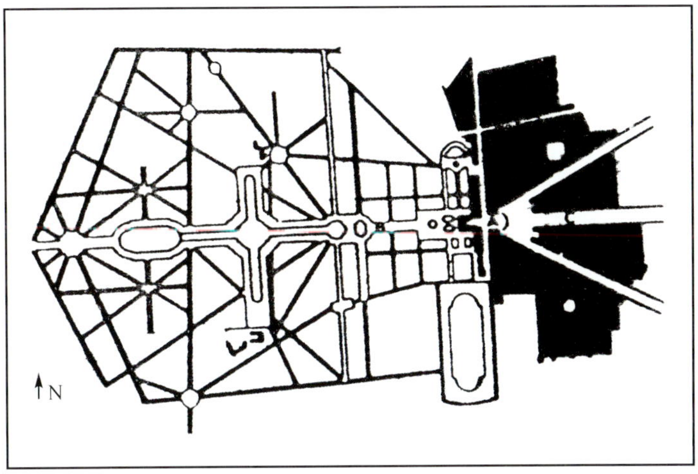

2 凡尔赛宫道路布置细部

3 笔直宽阔的园路

4 曲折绵延的小路

三、基本特性、功能与作用

园路的特性、功能与作用　　表1

园路的特性	园路的功能	园路在园林环境中的作用
园林中的游览、通行系统	园林出入口与园区的联系	游客观赏与游览通行
园林各功能区域的划分	景区与景区之间的联系	客流的疏散
园林环境各景区的分界	园区主路与支路的联系	车辆的通行和运输

一、设计原则

1. 园路的交通功能 作为园林组成部分的道路设计，道路的交通和使用功能是其最高原则和本质内容。不能片面强调景观和绿化，忽视道路尺度和交通功能，例如，行道旁的植物布置，道路小品和设备的设置，不能影响游人步行和骑车；在尺度较小的园路边不要密植大量的乔木，以免阻碍通行和阻挡道路视线。

2. 以路划分和规划 注重利用道路即分界线这一特征，并将其运用到园林规划设计中。道路有着划分区域和连接不同区域活动内容的纽带作用。使园路起到引导游览、组织风景系列的作用。

3. 道路的整体组织和循环性 园路的设计要从整体上着眼，首先考虑道路的系统性。先确定主路系统，再布置相关的辅路和支路，主路是全园的框架，应形成循环系统，见图1、图2。

二、设计要旨

1. 先主后支，主次分明 主要道路要贯穿全园，形成全园的骨架，同时连接主要入口和主景区，既有消防、行车等功能，又有观景、漫步休闲功能。而支路是各分区的局部骨架，主要起到“循游”和“回流”的作用，使各区域相互联系和贯通。

2. 顺势辟路，曲折有致 园路的设计要与所处的地形地势相结合。地势平缓则路线舒展，可取大曲率；地势变化急剧则路径“顿置宛转”，有高有低，有曲有深，做到“路宜偏径，临濠蜿蜒”，使园路“曲折有情”。所谓“顺势”就是要把握园区流通序列空间的构图游览情势，做到“因地制宜”、“因势利导”的布局设计。此外，在进行园路设计时，要注意道路平面上的曲折与剖面上的起伏相结合，做到顺地形而起伏，顺地势而转折，见图3~图8。

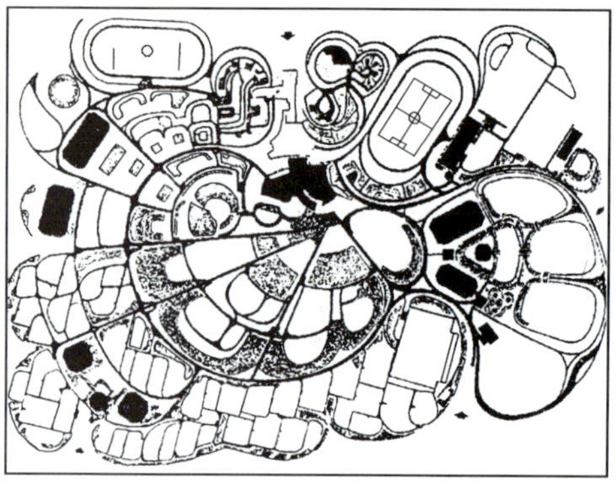

1 法国某公园曲线流畅的道路系统

2 美国德州某工业景园的道路系统

3 曲折有致、曲径通幽

4 由道路划分出的不同小园区

5 深远流畅的园路

6 曲直结合的道路划分出不同的小块绿地

7 起伏的山间小路

8 滨水度假村由道路划分出的三个绿地宿营区

一、按园路的构造和使用材料分类

园路的分类(一) 表1

项次	园路名称	性质与特点	适用范围
1	整体路面	是指采用水泥混凝土或沥青混凝土进行统铺的地面。具有平整、耐压、耐磨的特点	主要用于通行车辆或人流集中的公园主路
2	块料路面	是园林环境应用较多的园路形式。包括各种天然块料和人造预制块料铺地。具有坚固、平稳、耐用和便于行走的特点	适用于公园、绿地和其他园林环境步行道，也可用于通行少量轻型车的地段
3	碎料路面	是采用各种碎石、瓦片、卵石等拼砌铺嵌的园路。具有地纹美丽精致的特点，极富有装饰性	主要用于园林、庭院和各种游憩散步的小路，以及具有艺术表现和装饰的地面

二、按园路的性质和功能分类

园路的分类(二) 表2

项次	园路名称	功能与特点	适用范围
1	主要园路(主干道)	按路面型式分为街道式路和公路式路。是联系全园的主框架系统，也是供大量游人行进的路	主要用于连接全园各主要出入口，构成园区主要通行系统，可通行少量管理用车
2	次要园路(次干道)	为主路的分支，即主要园路的辅助道路，能单向通行机动车	主要用于贯穿各功能分区，联系和沟通各主要景点和活动场所
3	游憩小路(游步道)	主要供游人散步休息，引导游人深入到达园林纵深处和园区各角落	用于各景区内的景点联系和景区纵深处的延伸
4	变态路	具有观赏和通行两个功能，突出游赏的特征。常见的有汀步、步石、踏级等	常以河溪、浅滩设汀步，在草地、砂地设步石

三、按路面结构型式和特征分类

园路的分类(三) 表3

项次	园路名称	结构形式	特征
1	路堑型(街道式)	立道牙位于道路边沿，路面低于两侧地面，见图1、图2	道路排水
2	路堤型(公路式)	平道牙位于靠近道路边沿处，路面高于两侧地面，见图3~图5	利用明沟排水
3	特殊型	主要包括汀步、步石、攀梯、踏级和索道等	非常规通行路，主要为游赏功能

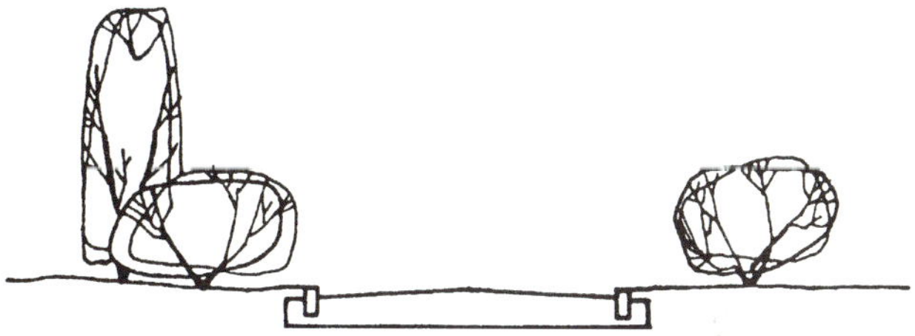

1 路堑型路(街道式)

2 澳大利亚布里斯班南岸公园的街道式主园路

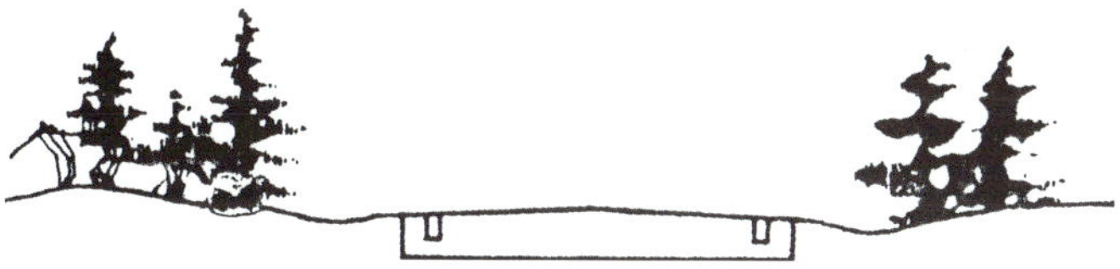

3 路堤型路(公路式)

5 拉明顿国家公园森林区的路堤型园路

4 澳大利亚拉明顿国家公园的路堤型园路

一、园路的设计要素与组成

园路设计要素与组成　　表 1

项次	名称	主要内容
1	绿化率	园路和城市园林景观路与普通主干道不同，其绿化用地率不得小于 40%，而普通路仅为 20%~30%
2	规划设计	园林和景观路的景观特色和风格应在城市绿地系统规划中统一确定，体现城市景观风貌和特色
3	植物选择	园林和城市景观路的植物应选择观赏价值高，能体现地方特色的植物，反映城市绿化特点和水平
4	设计风格	同一园路的绿化要风格统一，但不同路段可以有所变化，要体现城市风貌，景观路要与街景结合
5	环境要求	园路要与邻近的山、河、湖、海相结合，突出自然景观特色，做到自然与人文的和谐统一和完美结合
6	植物配置	园路的植物配置和空间层次要协调，树型组合、色彩和季相变化要自然，形式统一而富有变化，注重本地区经典配置形式的应用
7	园路组成	城市景观路由分车绿带、人行道绿带、公车停靠站、广告牌匾、道路两侧临街景观建筑组成

1 路边的园林小品

2 人行道上树木投射照明

3 河堤园路

4 靠山临河的园路

二、园路的设计步骤和方法

园路设计步骤、方法和设计内容　　表 2

主项	分项		主要内容和要求	要点和说明
设计步骤	方案设计阶段		是在道路总体规划的基础上做出的设计，包括景区、景点、特点、内容构思、创意、风格和节点等。结合总体规划，统筹考虑，反映本地文化特色	注重创意和构想
	初步设计阶段		是在方案的基础上进行深化设计，要求能够准确反映道路在各景点景区的位置尺度、材质、颜色、植物配置	注意细部和完善
	施工图设计阶段		要准确地反映园路和景观道路街区内各景点景区单项工程的作法、尺度要求、植物品种、株行距、规格数量、位置和制作施工详图	各分项工程设计落实到位，注意施工工艺、作法和构造的可行性
设计方法和内容	总体布局		着眼全园，把握整体，注重循环性和主路的系统性。体现整条路的景点分布、相互关系、景观特点和风格，以及与周围环境的关系	要有通盘考虑的观念，突出整体效果，注重局部设计之间的呼应与协调
	竖向设计		各景点景区在竖向尺度上的关系、布局和景观特征，要合理、巧妙地利用原地形、地貌特点，要“顺势辟路”，注意把握园景序列空间构图和游览形势	体现道路的流畅和曲线流线形，将平面的起伏和剖面起伏融汇在一起
	道路绿地与景观设计	树种选择	具观赏性的乡土优良树种和本地生长良好的引进新品种	切忌盲目引进、追求名贵珍贵树种
		植物配置	要高水平，层次丰富，手法多样，季相、色彩要协调	要疏密结合，类型多样，合理利用地形，充分体现特色
		植物比率	大乔木比例在 60%以上，灌木占 25%，草地占 10%~15%，花卉占 5%	各部比例可在 5%范围内浮动，设计时灵活掌握
		园林小品	道路整体设计的组成部分，见图1	包括建筑、雕塑、奇石、水景、花坛、标志牌、广告牌等
	喷灌设计		合理采用喷灌形式，根据路况设置浇水或喷灌设施	园路与普通道路不同，绿地和植物比率高，喷灌设施重要
	照明设计		从整体入手，兼顾乔灌木和草坪小品的照明，以营造道路光环境为最高设计原则，见图2	要在道路规划之初统一考虑，方案阶段加以完善，施工图阶段具体落实
设计形式和类型	滨海园路		临海的园区道路或海边的景观道路，注意与海景的联系和安全，植物选配应结合海洋气候	景观设计要以“海”为主题，充分体现“海滨”特色
	滨河园路		河岸处理要自然，道路与河床走向要协调，有利于观赏河景。植物配置以疏林、花丛、草坪为特色，见图3、图4	要充分利用河岸地形，形成自然的滨水道路景观带
	滨湖园路		湖边园路多为观赏湖景而建，要与湖区景观融为一体，保持道路的视野开阔和亲水设施的设计	突出湖泊景观特点，景观设计不要与湖区整体相冲突
	起伏园路		多在有丘陵的公园和自然公园中，要利用竖向的地形变化，利用树林、花丛、花带，组成层次丰富的道路景观	竖向起伏要与平面起伏相结合，注意与山地环境相结合，结合山地，有高有凹，有曲有深
	平原园路		最常见的园路，纵向起伏不大，多为平面上的曲折有致，形成较为自然的园路环境	注意尺度和密度、道路的布局和设计，注意不同园路的功能，注意坡度和排水

一、园路与人体尺寸

在园路环境中，人的基本行为主要是行走、驻立、观看和与园路相关联的动作等，所以人的身体和活动尺度以及步行人数等，是园路环境和园路设计的重要依据。人体的身高、坐高、身宽和活动尺度，关系着园路空间规划和路基、路面铺贴计划的尺度基准，以及种植尺度、密度和坐具的尺度关系，从而形成园路中人、物和空间尺度的合理关系。

1. 步行人数与道路尺度关系 以游人步行为主的园路，其宽度应根据与推测的游人数量相适应来确定。此外，园路通行能力还受其周围状况影响，要在游人驻足观景的地方将路面加宽些。而在人流较通畅的地方则可窄些。图1是表示交通量和步道关系的坐标图。

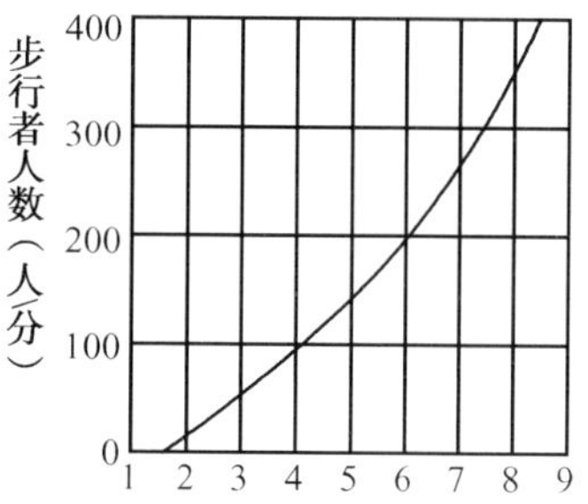

1 步行者人数与步道宽度

2. 不同年龄人的身高示意图

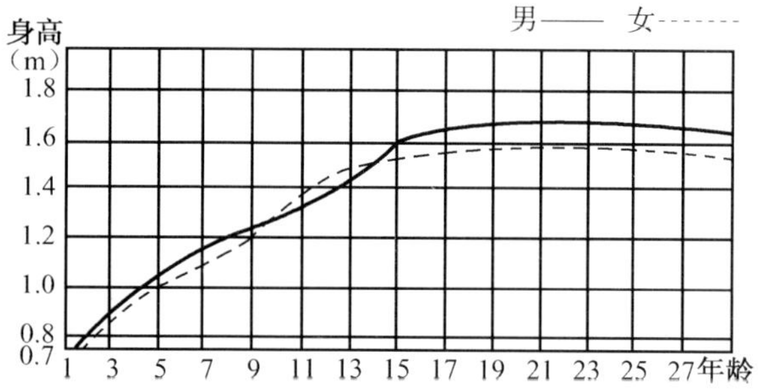

2 人的身高示意图

3. 我国成年人的人体各部位平均尺寸

我国成年人的人体各部位平均尺寸(mm) 表1

部位	身高	坐高	站姿视高	坐姿视高	肩宽	臀宽	胸厚	上臂长	前臂长	手长	大腿长	小腿长	足背高	双臂展开之宽
男	1663	873	1544	1176	416	309	202	308	240	193	409	393	68	1706
女	1557	821	1446	1109	390	315	208	291	220	180	384	369	65	1582

4. 不同园路的路面宽度

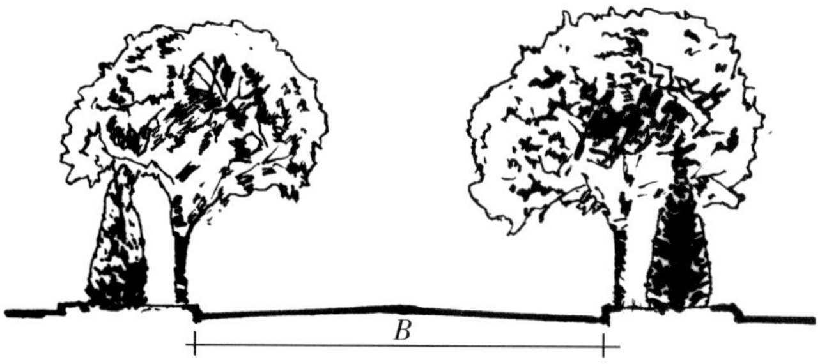

3 路面宽度

园路的路面宽度 表2

项次	园路名称	宽度 *B*(m)
1	主要园路	4~6
2	次要园路	2~4
3	游憩小路(游步道)	双人:1.2~1.5 单人:0.6~1.0
4	变态路(汀步、步石、踏级等)	按具体环境定

5. 游人及各种车辆的最小运动空间

人与车辆的最小运动空间 表3

项次	种类及名称	最小运动空间(m)
1	单 人	≥0.70
2	自行车	0.60
3	伤残人轮椅车	0.92
4	三轮车	1.24
5	手扶拖拉机	0.84~1.50
6	小轿车	2.00
7	消防车	2.06
8	卡 车	2.50
9	大轿车	2.66

6. 园林中的人体站立、行走动作与尺度

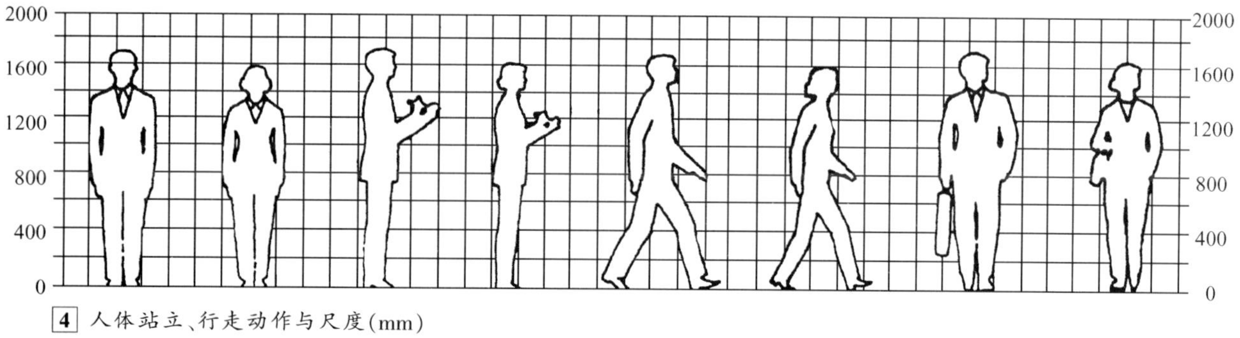

4 人体站立、行走动作与尺度(mm)

二、残疾人常用人体及轮椅尺寸

1. 空间处理要点

(1) 园路的无障碍设计是为了方便残疾人的人性化设计。设计时,要考虑乘轮椅的类型和规格型号,其长度决定了旋转半径。计算间距时还要考虑乘轮椅者脚伸出搁板边缘的突出量。

(2) 能行动的残疾人,他们是用手杖、拐杖、助步车或用狗帮助行走,这些是残疾人、病人功能需要的一部分,应给予考虑。

(3) 残疾人通道应尽量减少弯曲和上下梯及借助设施,有高差时,应采用平缓的坡道,最大限度地减少残疾人的不便。

2. 手动轮椅和杖类空间尺寸

手动轮椅和杖类空间尺寸　　表 1

			空车尺寸	载人尺寸
肢体残疾人	乘轮椅者	手动四轮轮椅	长不应大于 1.10 m 宽不应大于 0.65 m	长约 1.20 m 宽约 0.70 m
	拄杖者	单手杖 双拐杖	水平行进时宽度	上梯阶时宽度
			约 0.75 m 约 0.95 m	— 约 1.2 m
视力残疾人	使用导盲杖者	导盲杖	水平行进时宽度	导盲杖摆动波长
			约 0.90 m	0.90~1.50 m

3. 公园残疾人常用人体及轮椅尺寸

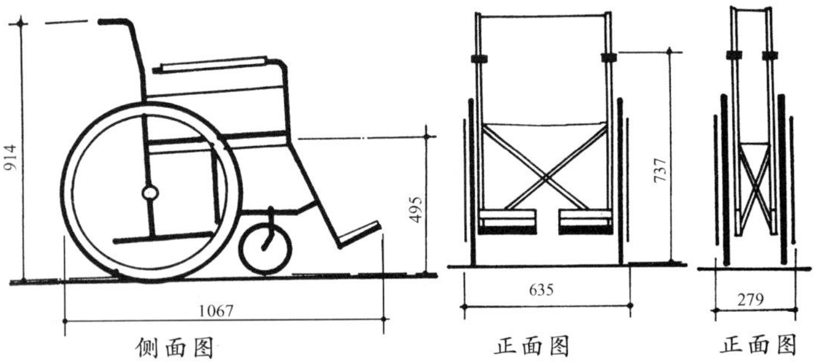

5 轮椅尺寸

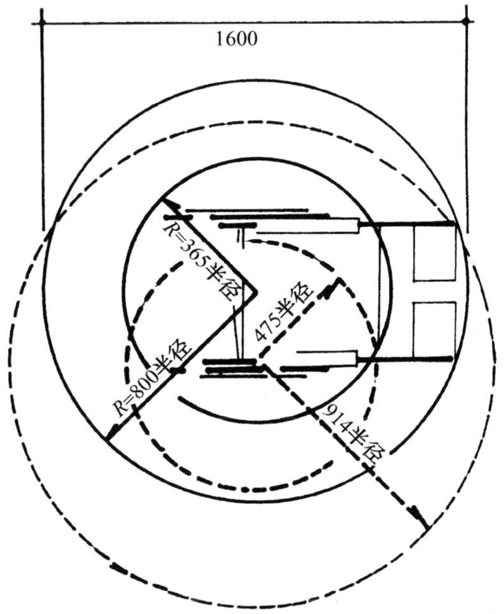

——以中心为支点,两轮旋转方向相反的转动半径

------以一个轮子为固定支点,旋转另外一个轮子的转动半径

6 交错的轮椅半径

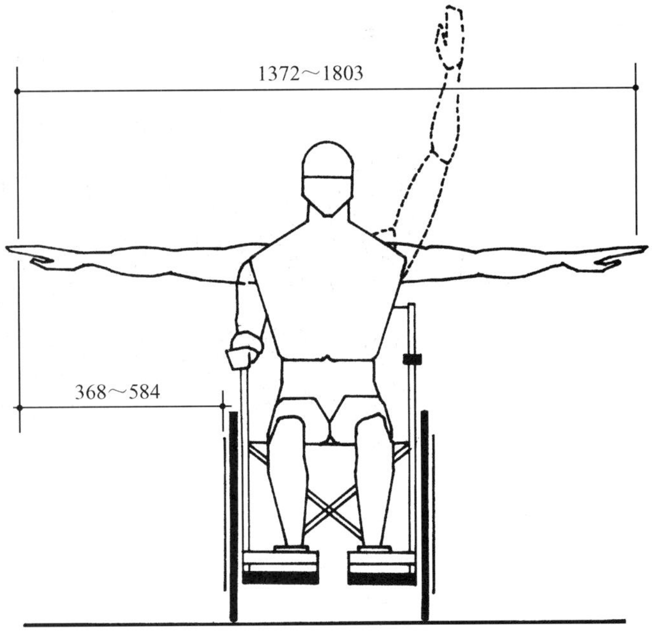

7 乘轮椅者的身体测量尺寸

由于男性和女性的肢体差异,女性乘轮椅者手所能到的范围要小于图5~图7的尺寸,见表2

4. 乘轮椅者的身体测量尺寸

乘轮椅者的身体测量尺寸(cm)　　表 2

	A	B	C	D	E	F	G	H	I
男	158.1	41.3	22.2	47.0	65.4	73.0	48.3	130.8	148.0
女	144.1	44.5	17.8	41.9	58.4	66.0	48.3	119.4	135.2

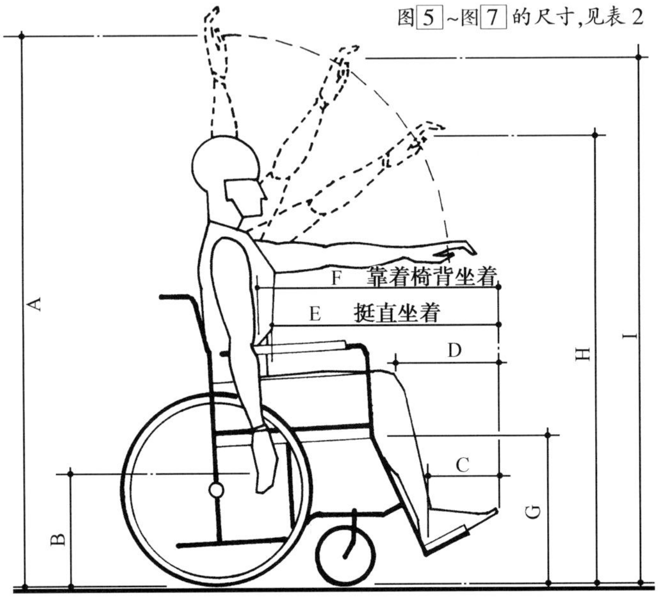

8 乘轮椅者身体侧面测量尺寸

一、园路空间组织及游览的引导

园路像脉络一样，是贯穿全园的交通网，是划分和联系各景区和景点的纽带，是组成园林风景的造景要素；同时又能参与保护环境，改善小气候。因此，无论在使用功能上，还是在美观方面，均有较高的要求。由此可以说园路具有多种环境功能。

园路在园林中往往能起到分隔空间和组织空间的作用。公园中常常是利用地形、植物、建筑或园路，将全园分隔成各种不同功能的景区。同时，又通过园路将各种不同的景区联系成一个整体，并深入到各个景点，见图1。园路像编辑一样，对风景进行筛选与剪裁，使游人能按照设计者的意愿、路线和角度来游赏园林的景物。沿路行走，自然地能看到那一幅幅美丽的画面。这种对景观的连续性的组织，即是对游览程序的安排，对游赏者同样十分重要，因为随着游人的行进，各种景色或逐渐接近，或戏剧性地突然出现，这一切都会使游客在心里产生兴奋感，获得一种满足。

此外，从园路空间的性质又可分为静态界定空间和动态连续空间。所谓静态界定空间是指人们在园路中静止或滞留状态时园林所构成的空间，即由地形、道路划分出的，以及由植物水体和建筑构成的各景区不同的园林景观。而动态连续空间，则是指游人在行进、漫步中，随着园路的透迤，在花园、庭院中边走边看，即在行进、运行中欣赏景色。这时，人们对外界的景色产生视觉连续性，形成了道路景观的连续空间组合，见图2、图5。值得注意的是，在整个园林空间中，道路、绿地、场地、水面和建筑等所占比例有一定要求，反映在各种园林要素与占地面积比率关系之中，见表1。

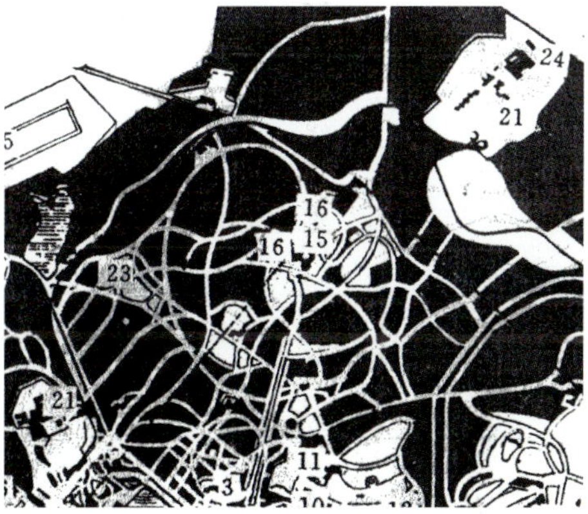

1 波兰卡托维茨公园利用道路分隔空间、组织空间和引导游览

二、不同区域的空间占地比例

我国几个著名公园中不同区域的空间占地比例　　表1

公园名称	公园总面积(m^2)	水面比例(%)	陆地比例(%)	陆地中各种用地比例(%)			
				绿地	道路	建筑	其他
颐和园(北京)	290	75.5	24.5	61.5	5.8	4.5	28.2
陶然亭公园(北京)	45	36	64	78.2	15.7	4.4	1.5
越秀公园(广州)	90	6	94	88	9	2.7	0.3
玄武湖公园(南京)	444	89	11	81	13	2.9	3.1
人民公园(上海)	11	13.6	86.4	82.4	13.5	1.8	2.3
花港观鱼公园(杭州)	10.2	15.5	84.5	70	12.5	3.0	—
古城公园(北京)	2.35	8	92	84	13	3.0	—

三、实例(巴黎战神花园)

2 巴黎战神花园的园林空间，一条绿毯式主园路和两侧几条支路统领着全园

3 由一条支路、两条小路组织的东园区空间

5 一条支园路从入口一直深入到景区尽处，加上几条小园路的辅助，很好地起到了引导游览的作用

4 支路环绕水景塘，使游人产生步移景异的连续动态空间效果

一、园路与场地关系及交通功能

1. 园路的交通 与以通行为主要功能的城市道路不同，园路的显著功能是游览交通。因此，它的功能首先是为游人提供一个便利、舒适，既能合理游览又能满足个人选择需要的园路，以及能让游人深入到各个景区或景点的交通路线。在设计时，一定要考虑人流的分布、集散和疏导，见图1、图2。

由于我国近年来老龄人口数量的增加和平均寿命的延长，公园和其他园林环境使用人群年龄的结构发生了变化。儿童约占总游览数的5%~10%，而老年人则增长到37%~85%。由此可见，公园规划设计除了需重视儿童的需要外，还应重视老年、残疾人的游憩需要，合理地组织园路。

2. 园务交通 公园的日常管理需要经常地进行维护、保养和防火工作；还要为游人提供必要的便餐、饮料方面的服务。这就必须拥有必要的交通条件，因此要充分考虑相应的车辆通行的地段、路宽和施工质量。在园务交通不大的情况下，可以和游览园路合用道路，但公园规模较大，园务运输交通量就大，这就需要补充必要的园务专用道路和出入口。

3. 园路的拓展与活动场地的增加 传统园林以往多以参观游览为主，游园方式注重自我感受。游人多以思索、追溯和领悟园林艺术中的情感、哲理为主要欣赏方式。而现代园林游人的游览方式则出现一种要求参与的趋势。游人不仅陶醉于景观之美，而且亦有在优美环境中进行文化、娱乐和体育活动的需要。园林环境甚至成为举行某些经济和学术活动的场所。由此可见，园路功能和铺地装饰，不局限于单纯的交通，还包括园林环境中相当数量的活动场地。

根据相关单位和专业人士的调查研究，园路、广场在园林中占地比例为：儿童公园、专类公园和居住地公园为10%~20%；带状绿地和小游园为10%~15%；其他专类公园占10%~15%。活动场地占地比例为：儿童公园为10%~15%；居住区公园、综合性公园为2%~5%；其他公园为1%~2%。详细推荐指标见表1和表2中关于公园用地的比例。

二、实例

1 穿梭于各景区的园路，既能满足游人的游览需要，也能保证利于通行和人流的疏导

2 主次分明、支辅结合，深入到各景区的支路要与延伸到局部的辅助小园路合理搭配，使整个路网通畅、协调

三、园路和活动场占地比例

园路和活动场占地比例 表1

<table>
<tr><th colspan="2">公园类别</th><th>园路、广场(%)</th><th>活动场地(%)</th></tr>
<tr><td colspan="2">古典园林</td><td>12~15</td><td>1.5~2</td></tr>
<tr><td colspan="2">坛庙园林</td><td>10~20</td><td>1~2</td></tr>
<tr><td colspan="2">综合性公园</td><td>10~15</td><td>1.5~4</td></tr>
<tr><td colspan="2">带状绿地及游园</td><td>21~30</td><td>1~1.5</td></tr>
<tr><td colspan="2">居住区公园</td><td>10~20</td><td>2~5</td></tr>
<tr><td rowspan="4">专类公园</td><td>动物园</td><td>10~20</td><td>2.5~3</td></tr>
<tr><td>植物园</td><td>6~8</td><td>—</td></tr>
<tr><td>儿童公园</td><td>15~20</td><td>10~15</td></tr>
<tr><td>其　他</td><td>10~20</td><td>2~2.5</td></tr>
<tr><td colspan="2">近郊风景区</td><td>8~10</td><td>—</td></tr>
</table>

四、不同类型公园的园路、场地用地比例参考

前苏联公园用地比例(%) 表2

<table>
<tr><th>公园类型</th><th>绿地</th><th>广场和场地</th><th>林阴小路和小路</th><th>构筑物</th></tr>
<tr><td>区级公园</td><td>72~74</td><td>5~8</td><td>12~15</td><td>6~8</td></tr>
<tr><td>儿童公园</td><td>60~70</td><td>20~30</td><td>7~8</td><td>2~3</td></tr>
<tr><td>住宅区公园</td><td>80~85</td><td colspan="2">13~18</td><td>2</td></tr>
<tr><td>小区公园</td><td>70~80</td><td colspan="2">18~25</td><td>1~3</td></tr>
<tr><td>小游园</td><td>65~75</td><td colspan="2">23~32</td><td>2~3</td></tr>
<tr><td>林阴道</td><td>40~60</td><td colspan="2">35~58</td><td>2</td></tr>
</table>

在园林环境中，园路景观与铺地装饰与山景、水景、植物景观和建筑景观等，共同组成了整体的园林艺术作品。园路塑造了空间形象，而铺地作为空间界面，是表现装饰和艺术性的最佳选择。由于园路自始至终地伴随游园者，是整个园林空间不可缺少的一部分，园路景观塑造得如何，将直接影响园林全园的风景效果，因而，园路一直参与着园景的创造。

一、园路与造景

园林中的道路像网络一样贯穿全园，但其参与造景主要是由以下两方面来实现的。

1. 地形、地势 即所谓的"顺势辟路"，随着地形、地势的变化，与之巧妙地结合，形成各种不同的、自然起伏转折的道路，可以从不同方向、不同角度与园内建筑和植物组合成景。即使在同一条路上，由于道路的起伏转折，会使游人看到不同的景观，实现步移景异的效果。如果园路组织与造景结合得好，既使是单一的景点，由于园路方向和角度的改变，也能出现景致各异的环境效果，即所谓的"因景得路"。

2. 借助设计 恰当的园路曲线、质感，与环境相协调的色彩，与地域文化相匹配的纹样，以及合理准确的道路尺度等，都是实现完美造景的重要设计因素。

二、意境的创造

意境是艺术的灵魂，是园林艺术的精髓所在，也是一切园林最本质的特征。富有诗情画意的园路常给漫游、散步者以美好心情和难忘的回忆。然而意境的创造绝不是单靠某一个建筑、雕塑、花坛或某一块奇石异峰等独立形象实现的。意境是诸多和谐因素的共同渲染，形成一个能使人深受感染的环境，才能使游赏者在漫步中迸发出一种感想或联想的力量，从而得到一种诗意的境界，一种诱人的兴味，见图1~图6。

园路意境创造，是有形有色的立体空间塑造，因此，较其他设计更需要富有新、奇、特、味的立意和技巧。园路的意境不同于山、水和植物等，除要寓情于景、触景生情、情景交融外，更要有连续的、动态的、随步移而变的空间组景和立意。这就需要设计者具有较高的文化修养和艺术思想境界，将园路设计模式化或简单仿造，都会削弱意境的感染力。

三、实例

1 苏安·帕凯德宫步石板园路(泰国曼谷)

2 战神花园树丛中的园路(法国巴黎)

3 度假村花园中的小园路(澳大利亚)

4 密林中的散步道(卢森堡)

5 凡尔赛宫中的砂砾园路(法国巴黎)

6 园路中的光影效果(卢森堡)

一、质感与环境的关系及要求

园路环境美的塑造，取决于诸多因素，但材质的表现效果是极为重要的。特别是园路的铺装，很大程度上要依赖材质之美和不同材质之间的协调、对比。

（1）质感的表现，必须尽量发挥素材所固有的美。中国人对于自然素材的质感，有着细腻的感受，无论是粗犷的花岗岩，还是滑润的鹅卵石、美丽的青石板，都是那样地耐人寻味，见图9～图11。而用混凝土的仿木制品，则降低了美感。

（2）质感与环境和距离有着密切的关系。铺装的好坏，不仅仅是看材料的好坏，而是决定于它是否与环境相谐调。在材料的选择上，要特别注意与建筑物的调和。

（3）质感调和的方法，要考虑同一调和、相似调和及对比调和，见图1、图5、图6。

1 块材深浅对比明显，拼缝清晰

例如，地面上用地被植物、石子、沙子、混凝土等铺装时，使用同一材料的，比使用多种材料容易达到整洁和统一，在质感上也容易调和。例如，北京北海公园琼岛西面的一处墙面和地面均采用同一石材的冰裂纹铺砌，清爽、淡雅，十分和谐。杭州植物园山外山饭店庭院内的铺地，用拉条纹的混凝土与碎大理石、鹅卵石等组成大块整齐的地纹，由于质感纹样的相似统一而形成调和的美感。

选用质感对比的方法铺地，也是提高质感美的有效方法。例如，在草坪中点缀步石，石的坚硬、厚重的质感和草坪柔软、光泽的质感相对比，见图9，从不同素材中看到了美。

2 质感厚重、墩实有力

因此在铺地时，强调同质性和补救单调性小面积的铺装，必须在同质性上统一。如同质性强，过于单调，在重点处可用有中间性效果的素材。

（4）铺地的拼缝，在质感上要粗糙、刚健，以产生一种强烈的力度感。否则如果接缝过于细弱，则会显得设计意图含糊不清。而砌缝明显则易产生漂亮整洁的质感，使人感到雅致而愉快，见图4、图10。

外部空间中合适的尺度模数，应比室内空间扩大10倍。因此，质感也会因粗糙、刚健而有良好的配合。大空间要粗犷些，因为粗糙的质感往往使人感到稳重、沉着、开朗。另外，粗糙的质感可以吸收光线。因此大面积铺装应粗糙一些。细滑给人以轻巧、精致的感觉，重点处可以精细一些。小空间尺度小，应显得细致，由此给人以精美、柔和的感觉，见图8～图10。

（5）质感变化要与色彩变化均衡相称。如色彩变化多，则质感变化要少一些。如果色彩、纹样均十分丰富，则材料的质感要比较简单。

3 与图2相比，面层和拼缝更粗糙的自然石园路

4 彩色水泥、彩色混凝土砖，质感相对较细腻，与环境协调

5 青灰色沥青与土红色陶板的冷暖对比

6 陶板、花岗石与铁篦砂砾

7 颜色深浅不同的小方石地面

8 粗犷的方石，拼缝宽大粗犷，很有力度感

9 青石板与绿草坪的质感对比(中国江苏)

10 滑润、暖黄的鹅卵石与凿毛的青石板对比(中国江苏)

11 料石和顽石的混铺,质感朴实、自然(中国江苏)

12 镜面大理石拼花路面,质感光亮平滑、工艺精致(新加坡)

13 陶板拼花,质感细腻精美(新加坡)

14 户外木地板与不锈钢板和钢篦子的材质对比(中国上海)

二、园路铺装的光影效果

在现实生活中，我们之所以能看清物体表面的颜色、质感，并能辨别出他们的不同，都是在有光的条件下实现的。因此，物体、材料表面质感，除了其表面肌理的作用外，利用光线角度不断变化的照射和料材的条纹、缝隙的不同排列，能够产生极富变化的阴影，从而使材料质感和铺地纹样更加突出，见图15、图16。

1. 材料肌理、拼贴的光影表现 在现代园路中，各种混凝土砖铺地的应用较为广泛，为了增加表面装饰性和肌理的质感，将砖的表面做成凹凸的天然纹理和不同方向的条纹，会产生很好的光影效果，使原来单一的路面，变得既朴素又丰富，见图15、图17。即使砖的表面平滑光亮，只要采用整体拼贴组合法，并注重拼缝的宽窄和表现，同样能产生较好的效果，见图17~图21。

此外，在铺地使用的陶瓷材料中，有些陶板的釉色一边浅一边深，如果拼贴的好，能够加强深浅不同颜色在光线下的反射差异，从而产生特殊的光影效果和质感表现，见图20。此外，逆光下的台阶具有较强的光影反差和光影韵律，见图22。

利用铺地块材本身的特点，经过设计组合能够更好地表现质感和光影效果，而又不需要增加材料成本，工艺过程简便易行，还能减少路面反光强度，提高路面抗滑性能。应当注意的是，在设计时，不要过分地追求质感、纹样和光影的变化，以免产生零乱、繁杂之感。铺地纹理也不能人为地凸凹不平，要使游人有稳定、舒适和安全的感觉。

2. 铺地材料的反光特性

铺地材料的反光特性

材料名称	光学特性	透射系数 t(%)	反射系数 e(%)	吸收系数 a(%)
混凝土水泥沙浆面	漫射		45	
水磨石面	混合		32	
粗面白色瓷砖	混合		67	
粗面土红色瓷砖	混合		39	
煤渣路面			3~5	
透明无色玻璃	定向	89~91	~8	1~3
磨砂玻璃	定向散射	72~85	12~15	3~16
乳白玻璃	漫射	10~66	30~76	4~28
镀铝毛面	定向散射		55~60	
毛面石材（暖色）	混合		31	
硫酸钡、氧化镁	漫射		95	

15 条纹排列的光影效果

16 条石板表面的粗犷，加上穿插排列和宽绰的拼缝，产生了特殊的光影质感效果

3. 实例

17 地砖表面平滑光亮，两种砖和拼贴的组合，产生了很好的光影效果

18 花砖拼缝粗犷，使单一的砖面产生了极好的光影和质感

19 室外木条地板拼缝较宽，形成具有韵律的光影效果

20 两端深浅不同的釉面瓷砖经过拼贴组合，也会有较好的光影效果

21 大块长条石板的拼缝具有很好的光影和韵律

22 台阶的高差能形成富于变幻的光影效果

一、园路的色彩设计及应用

1. 园路色彩的作用与要求 色彩是主要的造型要素。色彩是心灵表现的一种手段，它能把情绪赋予风景，能强烈地诉诸于情感，而作用于人的心理。因此，在园林中对色彩的运用，越来越引起人们的重视。园林的色彩设计包括植物、山水、建筑、铺地等。离开环境，无所谓色彩美。它们必须统一考虑，进行综合设计。

中国古典园林由于受老庄哲学、禅宗和山水画的影响，特别是在山水造景方面，以澹泊宁静为高雅。但就铺地而言，还是丰富多彩的。路面色彩的作用尽管是微弱的，但是在游园的过程中，它作为界面的一方，始终伴随着人们。因此对园林的环境气氛产生着重要的影响。园路的色彩与纹样同是造景要素，而色彩具有时代的特点，有着增大其表现力的作用。因此目前彩色路面正引起人们广泛的兴趣。

园路的色彩在园林中，一般是衬托景点的背景，或者说是底色。人和风景才是主体。当然特殊情况除外。

园路的色彩必须是沉着的。色彩的选择应能为大多数人所共同接受。它们应稳重而不沉闷，鲜明而不俗气。一般地讲，中间色相，茶色系统较为理想，见图1~图5。

铺地的色彩如过于鲜艳、富丽，则喧兵夺主，甚至会造成混乱的气氛，见表1。

色彩必须与环境统一，或宁静、清洁、安定，或热烈、活泼、舒适，或粗糙、野趣、自然。

图案与线条的稳定程度，受色彩变化的大小而定。另一方面，色彩又从属于纹样与材料。

2. 色彩的情调 一般地认为暖色调表现热烈、兴奋的情绪，冷色调表现幽雅、宁静、开朗、明快，给人以清新愉快感，灰暗色调表现忧郁、沉闷，见图5、图6。

因此，在园林铺地设计中，有意识地利用色彩的变化，可以丰富和加强空间的气氛。

1 暖调近似色的调和

2 带红色倾向的深茶色单色铺地

3 由花绿、茶红和茶黄三色对比调和铺地

4 深茶色单色铺地，沉稳朴实

5 浅茶色单色铺地，轻盈明快

6 由红、黄、蓝组成的冷暖对比路面

7 冷暖强对比在道路中的环境效果

色彩的情调 表1

色彩	情调
红	非常温暖、非常强烈、非常华丽、锐利、沉重，有品格、愉快、扩大
橙	非常温暖、扩大、华丽、柔和、强烈
黄	温暖、扩大、轻巧、华丽、干燥、锐利、强烈、愉快
绿	湿润
蓝绿	凉爽、湿润，有品格、愉快
蓝	非常凉爽、湿润、锐利、坚固、收缩、沉重，有品格、愉快
蓝紫	凉爽、坚固、收缩、沉重
紫	迟钝、柔和、软弱

注 本表摘自《环境绿地·造园意匠论》。

3. 色彩调和的方法 最常用的方法是按同一色调配色，见图2、图4。例如公园铺装，有混凝土铺装、块石铺装、碎石和卵石铺装等，各式各样的东西如果同时存在，忽视色调的调和，将会大大地破坏园林的统一感。如在同一色调内，利用明度和色度的变化来达到调和，这时则容易得到沉静的个性和气氛。如果环境色调令人感到单调乏味，则地面铺装可以变化。

(1) 按近似色调配 在调配时要注意以下两点：

1）要在近似色调之间决定主色调和从属的色调，两者不能同等对待（见图9）。

2）如果使用的色调增加了，则应以减少造型要素的数量为宜。

(2) 按对比色调配 对比色调的配色是由互补色组成。由于互相排斥或互相吸引都会产生强烈的紧张感，因此对比色调在设计时应谨慎运用，见图8、图10、图11。

4. 常用铺地的加色方法 彩色水泥混凝土是根据需要，分别选用白水泥或普通水泥，按一定比例加入无机矿特质染料，如红色（氧化铁）、绿色（氧化铬）、黑色（炭黑）等调制而成。一般制成有适当粗糙度的彩色混凝土花砖，拼成各种图案。其施工工艺见第2章"混凝土路面砖"部分。

沥青路面具有耐压、抗磨耗、抗冲击、不透水等优点。但一般沥青路面为黑色，过于黯淡、沉闷，在园林中使用不受欢迎。近几年，我国引进彩色沥青路面的施工技术，主要是在沥青混凝土配料中，加入替代石粉重量5%~7%的矿物质颜料，从而取得较好的彩色效果，见图10、图11。

8 颜色纯的互补色对比鲜明刺激，而颜色较淡、纯度低的则对比柔和，活泼丰富

10 鲜红步道，逶迤在葱翠的绿色之中，互为补色，对比鲜明，但却极为和谐、优美

9 土红、米黄同为暖色调的近似色，大面积的土红色为主色调，而米黄色是从属色

11 两条纵横交错的红色园路铺展在嫩绿色的草坪中，与竖向红灯柱相呼应，形成互补色的环境对比

二、园路配色与景观环境的关系

道路不是孤立存在的，它是与景观和自然环境融为一体的，因此，应将园路色彩与周围环境的关系统筹考虑，包括配植的植物、景观建筑、园路小品和道路设施等。当我们在园路中远观游赏时，园路的色彩仅是一条线形色带，而沿路的景观建筑、小品和雕塑常成为人们的视觉中心，这就使配色具有了图形效果，有了观赏的意义，见图12、图15、图17。特别是在乔灌木、花丛、草坪和湖光山色的衬托下，环境色彩的关系更微妙。所以，道路环境的色彩处理，必须注意到园路、建筑小品等色彩敏感元素与周围环境的关系，以及所选用的色彩的明度和纯度的变化。

道路环境的各种植物和湖光山色属既定色彩，是无法改变的，不存在人为配色问题。而路面、建筑、小品、雕塑和路牌等是人工建造，必须通过配色处理将它们的色彩与环境的既定色彩相协调。此外，道路环境配色应考虑到地域特征和地理气候，例如，北方寒冷的季节长，多雪；南方炎热的季节长，多雨，且热带植物多。这些差别将对道路环境配色产生较大影响。在这方面，我们介绍一个利用色彩的成功实例：在澳大利亚布里斯班南岸公园的布里斯河畔的滨河园路边，设计师充分利用地域环境，并结合优美的自然风光，设计建造了一座蓝色的景观建筑。在夏季浓郁的植物、晴朗的天空中，这座景观建筑在滨河的道路环境中，显得十分和谐；而到了冬季，这里的植物变得枯黄了，阴雨天的增多常使天色变得灰暗，在整个环境萧瑟之中，这座蓝色的景观建筑又变得十分醒目、突出，也为滨河园路环境增添了一处精彩、亮丽的景观，见图13、图14。

图13、图14两图是布里斯班南岸公园河畔园路上的建筑及局部。

无论是夏季还是冬季，蓝色的景观建筑都是那么醒目，又与环境是如此谐调

13 园路与建筑局部

12 绿色的树冠，鲜嫩的草坪，中间是鲜红的花丛，加上蓝天白云；人工配色加强了红色暖调，鲜红的地面，土红色屋顶，加上白色墙面的调和，形成了谐调优美的园路环境

14 布里斯班南岸公园的景观建筑

15 青蓝色路面与深蓝色屋顶上下呼应

16 灰色地面从属于树林、草坪暖绿黄色为主色调的环境

17 白色的建筑，浅灰的地面，形成远近呼应、园路与建筑相谐调的色彩关系

18 暖灰色地面本来就协调于林间环境、随着季相变化，金叶洒地，更形成诗意般完全和谐的环境

三、园路配色与环境的关系实例

19 人工配色尽量服从于环境既定色，这样容易取得协调的效果

20 土黄色的园路铺地完全是为了服从山岩的环境主色调

21 灰绿色的地面与蒿草极为融洽

图22和图23（柏木梯阶与草坪之间的鲜花丛）的石铺园路及环境色彩单调，但两侧花坛鲜艳的花丛丰富了道路景观，消除了道路单调的视觉效果

22 石铺园路及路旁花草配色

23 柏木梯阶路与鲜花丛

24 路边花丛的色彩效果

25 小路边的紫色花丛

26 小路边的黄色花丛

27 灰色、宽大的石栏上配置红、黄叶的花丛，使其与另一侧的暖黄植物和地面产生呼应关系，使道路变得丰富

28 森林公园中的园路

29 峭壁下的园路

30 峡谷中的溪边小路

图28～图30为不同地貌环境的自然森林公园的道路景观。其中，图30为山洞峡谷中的游览溪边小路，略经整治的碎石铺路与两侧山岩石壁在色彩和质感上浑然一体。图29为澳洲某国家公园中断层峭壁下的园路环境，路边配植与峭壁上的植物上下呼应。图28为拉明顿国家森林公园的林中路，地面积淀的落叶成为自然材质铺地，与森林环境融为一体

31 风景区的湖边园林小径

32 图31局部

33 图31～图33是通过调节植物与小品而与道路和湖光山色相谐调的设计实例。以蓝绿色的山湖为背景，以暖色调为主，形成了绚丽迷人的湖畔园路景观。铺地的青石板和卵石与路边奇石产生色彩与质感的呼应

34 块石护边的碎石小径

35 穿行于假山石中的碎石路

图34、图35为山石园区的园路环境，碎块石铺路，质感粗犷，与周围石景的色彩和质地极为吻合，形成同类色调和的色彩环境

36 滨河的园路两侧，一边是浓绿的疏密林，另一边是艳丽鲜红的灌木花丛。形成互补色的对比，暖黄微红色铺地与花丛色相一致，整个环境十分协调

37

38

39

图37～图39为单一绿色环境的公园园路。暖灰色的石铺地蛇行于翠绿丛中，形成单纯色调的道路景观环境

40 灰绿色的路边小品、灰色的园地路面，融合在单一的绿色环境中，形成柔和的同类色景观道路环境

四、环境色彩的心理补偿

除了采用园路配色与区域环境谐调的方法外，还可以采用配色的心理补偿方法来设计园路配色。大家知道，当人们在现实生活中，因某种需求得不到满足时，则往往需要采用艺术的创造来进行补偿，以求得心理上的平衡。

例如，长期生活在沙漠中的人多喜欢绿色，因为绿色在他们心中是生命的象征。在沙漠、岩石和其他不毛之地的环境中，由于能生存的绿色植物有限(见图41)，应多采用绿色作为铺地、建筑、小品和道路设施的用色，从而弥补没有绿色的自然环境的不足，在人们心理上给予一种补偿。

又例如，在海滨、海岛自然环境中，蔚蓝色的天空下，是湛蓝的海水和洁白的沙滩，呈现出清凉的冷色调。如果在环境中配置些黄色或少许红色，会减弱人们的忧郁情绪，使环境变得活泼，充满生气，见图42、图43。

这种色彩补偿的方法还可应用在环境肃寂、凄清的公共场所，在铺地和道路两侧多使用暖色调材料和植物，能明显改善环境气氛，见图46。采用种植树木和草坪，使美国大峡谷国家公园的入口环境变得绿意盎然，见图47。

此外，在以草木绿色为背景的区域，采用白色配置最为美观，如果采用砖的暖色与环境色匹配，又会使人产生亲切感，见图44、图45。

其他几种环境下的色彩补偿实例见图48~图52。

41 沙漠荒凉干涸，缺少绿色和生机

42 伸入海中的游艇码头栈道

43 图42码头栈道入口小品

图42、图43中可以看出，黄红色使冷色调的环境变得活跃而富有生气

44 白色的路缘线和建筑，在绿色植物和碧蓝池水的映衬下，异常优美和谐

45 白色的梯阶式路缘花坛，既起到限定路面和安全阻碍的作用，也使以绿色为主的环境变得和谐

46 暖黄色叶的植物沿路成行密植，使沉寂而空灵的墓园道路变得暖意融融

47 植物稀少的园区入口道路环境，在几种植物的配植补偿下，呈现出春意盎然的气息

48 穿越单调、冰冷的铁路线的人行天桥，其路面被设计成鲜艳的红色，使环境变得活跃而富有生气

49 朴实的暖色调铺地砖，延伸于绿色的山林中，为环境增添了一份亲切感

50 灰色道路和绿色花坛配以红色步道，不仅为城市环境抹上一道亮丽的色彩，也使行人变得愉悦

51 在无法种植花草的街巷路中铺上淡绿色的石板，为灰白色的弄巷增添了一支绿的畅想曲

52 在绿涛翠海、绿肥红瘦的环境中，穿插蓝色的路面，起到调和环境色的作用

一、铺地纹样在园路环境中的作用

在园林环境中，园路的景观效果是以多种不同形式来表现的，其中，路面作为实质性的重要界面更易于具体地设计与铺装。而铺地则以它丰富多样的形态、纹样和色彩来塑造园路空间环境，并对衬托和美化园林环境、增加园区景色，起到十分重要的作用，见图1。

在园路设计中，纹样不仅起装饰路面的作用，而且，铺地纹样常因场所的不同而有变化。一般说来，纹样既要考虑园路本身的装饰效果，更要兼顾其与景区意境的结合。特别要注意铺地纹样与材质和地域文化的结合与相融，从而起到加深意境、烘托环境气氛的作用。比如苏州拙政园中枇杷园的铺地，采用的是枇杷纹样；而海棠春坞的铺地则采用万字海棠纹，以表达富贵之意；吉隆坡某清真寺景园的廊道铺地，采用伊斯兰纹样镶嵌，恰当地表现了景区的文化内涵（见图1）；北京某公园的鹤纹、鹿纹铺地准确表达了吉祥之意，见图3、图4。

二、铺地纹样的空间指引性

园林中的景点、景物，它们之间既有联系又有间断，园路也因景的变化而变化。这一点从园路本身就可反映出来，首先园路的类型不同，设计和装饰也有较大区别。既有粗犷、朴素的路面，又有精细、纹样丰富的路面，那么决定装饰形式和重点的准则是什么呢？作为界面之一的铺地应服从园路的空间环境，也就是说应由道路的空间指引性来决定，即其装饰重点应与具体空间形态相结合，见图2。

1 以几何纹样为主，有少量象征性植物和经文书法点缀其中，形成独具一格的“阿拉伯装饰样式”

2 暖红色铺地砖中间隔布置灰白色折线纹，既起到色彩调和的作用，又具有很强的道路空间指引性

3 鹤纹铺地

4 鹿纹铺地

根据构成原理，长条形的空间具有沿长向的指引倾向，因此，园路上装饰的重点，一般多在道路的两侧，或对整条路面铺装，或强调某条路的起点，见图6~图16。

传统园路的铺装，常采用几种材料铺成四方连续的纹样，以产生韵律的美。它们还可以不同浓淡的色彩层次，巧妙地表现出铺地的不同质感和纹样，以达到“巧而精”、“简而准”的效果和充满变幻的情趣。

10 方形、长方形的中心装饰

5 路两侧的装饰

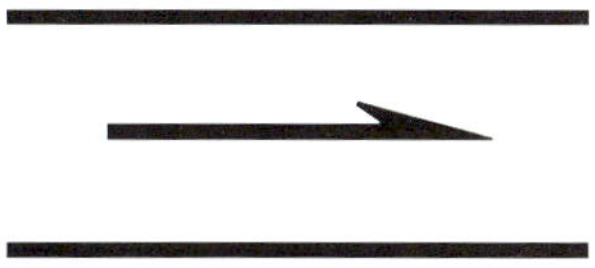

6 直路的空间指引性

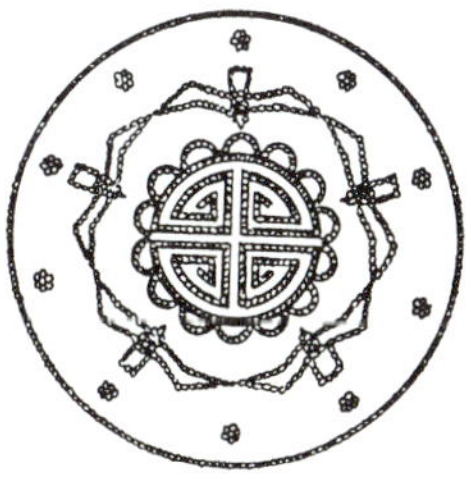

11 圆形中心布置图案

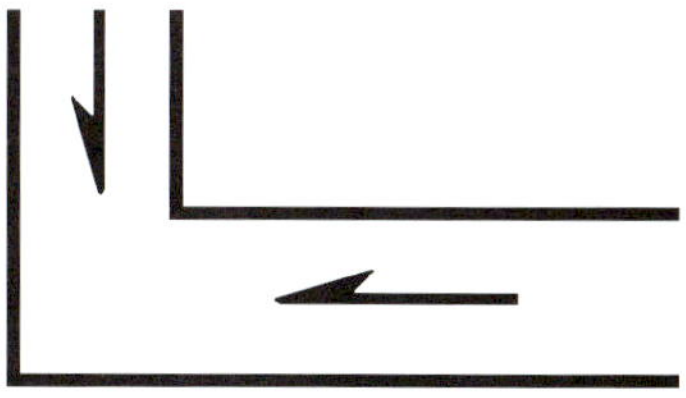

12 L形空间的指向性

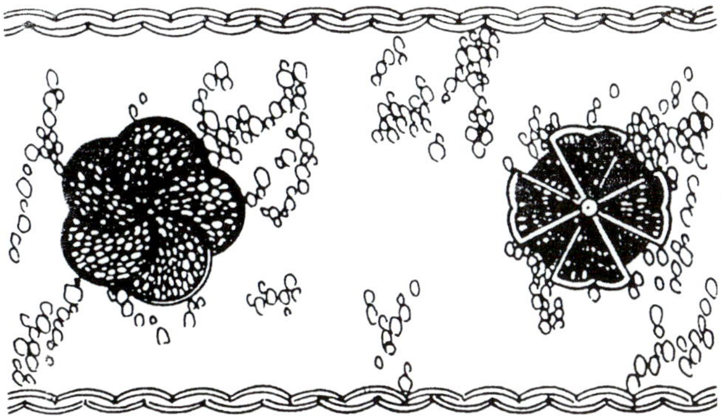

7 对整条路的装饰

13 以圆形为中心布置图案的铺地

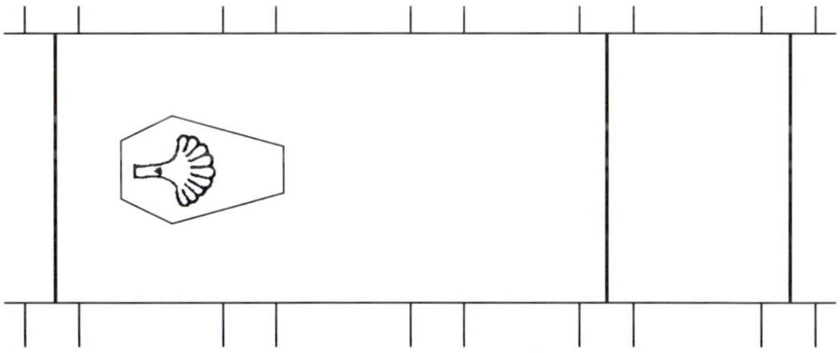

8 标明路的起点

圆形、方形和十字形等空间，具有向心的指引性，因此，装饰的重点也应集中在中心区域，见图9。L形空间具有向转角的指向性，装饰的重点在箭头所示的方向，见图12。

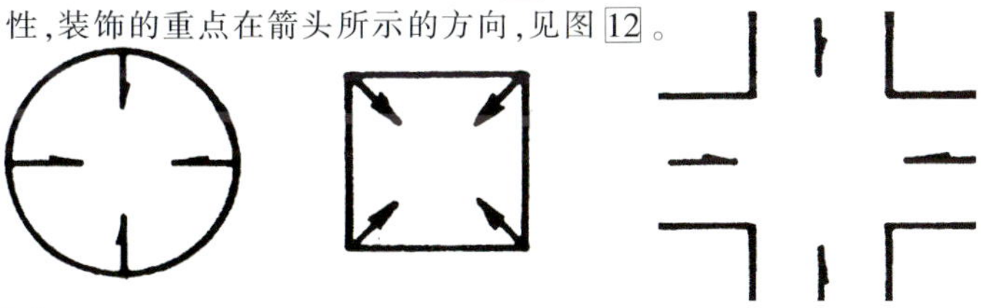

9 圆形、方形和十字形的空间指向性

14 井字卵石地纹

15 十字海棠地纹

16 涡卷石铺地纹

一、园路的线形设计原理

从几何学和设计构成里可以知道，不同的形体具有各自的视觉形象，它们给人的感受是不同的。即使是同一形体，由于方向、位置的不同也会产生不同的视觉感受。例如，当三角形的物体坐在它的一边上时，给人的感觉是极其稳定的，但是要它支着一个点立起来的时候，给人一种极不稳定或向一边倒的感觉。同样是线，但直线和曲线在环境中的作用和给人的感觉是完全不同的。直线给人一种严谨、平静、呆板感；曲线则具有委婉、轻柔、活泼和动感，见图1。

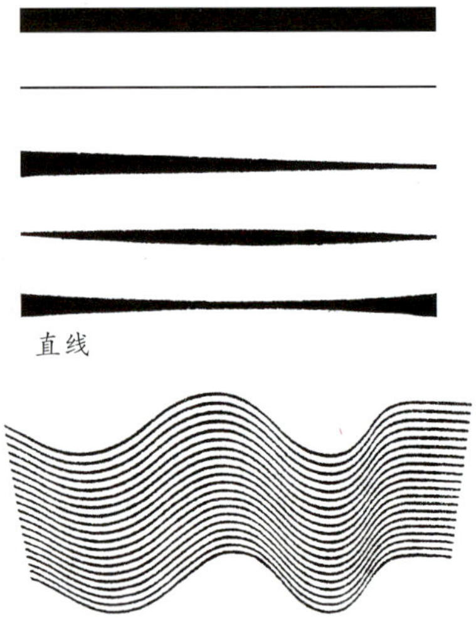

1 线的形象

无论是主路、支路，还是小园路，设计规划时首先要解决的是路的线形问题，特别是分散景区内、遍布全园的支路和小园路，或精美，或曲幽，或神秘，或坎坷。各自以不同功能和性格吸引着游客，并参与着情绪和气氛的设计，见图2~图4。

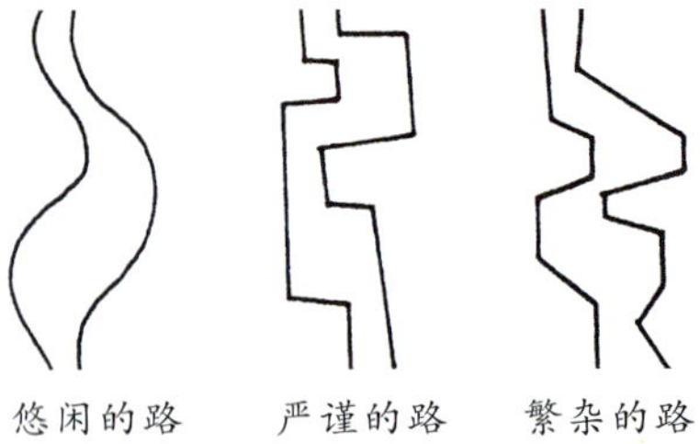

2 路的形象

3 悠闲的园林散步小路

4 笔直严谨的园路

从图3和图4的形象比较中可以看出，两种园路的视场、形象和人步入其中的心情感受是完全不同的。图3上图为沿天然湖边的园路，下图为通向自然山林的园路。行云流水般的形态自然舒展的动势，与半人工、半天然的环境融为一体。而图4路直且宽两侧花坛规则，具有平稳、平坦和宽绰的视场。

二、园路曲、直线的正确运用

园路的直线和曲线使用，不能凭设计者的主观想象和好恶，而是应结合具体环境和整体布局的需要。特别是曲线的使用，必须依据以下两个要求：其一是地形、地物的要求，如道路在前进的方向遇到了山丘、水体、建筑、树木、石块或山路较陡，为了减缓坡度，而需要盘旋而上，或绕路而行；其二是功能上的要求，如为了组织风景，延长游览路线，扩大空间，使园路在平面上有适当的曲折。

曲径应做到“因地制宜，得主随形”“自成天然之趣，不烦人事之工”（《园冶》明·计成）。把图作为景的一部分来进行创造，园路的布置应根据需要而有疏有密，并切忌互相平等。但曲线不像直线那样易于运用，恰当的曲线园路能使步入者放松安适，并获得美感。如运用不好，又会使所要表现的意图分散，使空间变得软弱无力。

综上所述，在进行园路规划设计时，必须防止无目的“三步一弯”“五步一曲”，更要防止矫揉造作，见图5、图6。

5 呆板乏味的路

6 矫揉造作的路

三、园路曲线的空间塑造

1. 园路曲线的空间意识 明代计成在《园冶》中讲道："路类张孩戏之猫。"说的是园路的曲线，多采用复心曲线，而避免采用单心、半径的曲线。这样才能形成各种生动活泼的空间和曲折逶迤的道路环境。

园路曲线所具有的这种空间意识和性质，在现实中不乏其例。例如，杭州三潭印月中的"曲径通幽"，面积不大，但巧妙地运用了洞门路与漏花墙的布置，见图1。

1 杭州三潭印月中的"曲径通幽"

2. 园路曲线的语言和情感 由于曲线的方向性、流动性和延续性，产生了空间的深度和广度，使人们对它赋予了幻想。因此，设计时要在园路路线自身的变化中，寻求某种趣味。从这个意义上讲，园路路线是一种语言，而富有意境的曲径更能令人充满沉思，它能让人表达某种情感，它能表现一种个性，一种风格，见图2、图3。

2 蜿蜒至竹林幽深处的花街曲径

3 围绕竹林铺设的花街曲径，形成富有诗意的园路空间

四、园路曲线设计实例

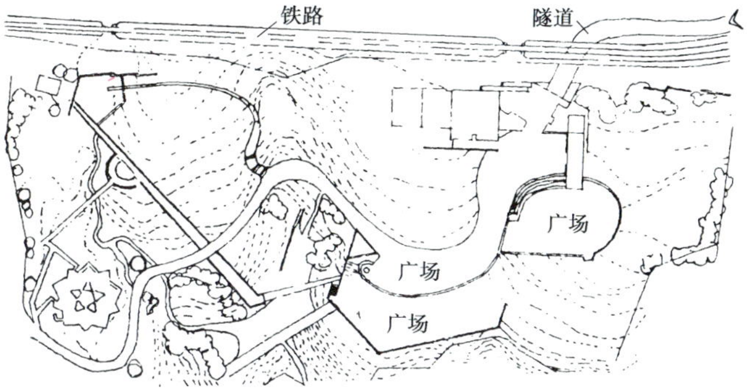

4 日本神奈川某雕塑公园的园路

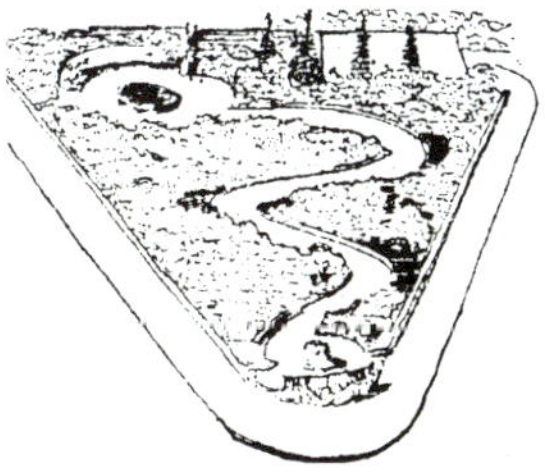

5 聂耳纪念碑园的曲线园路

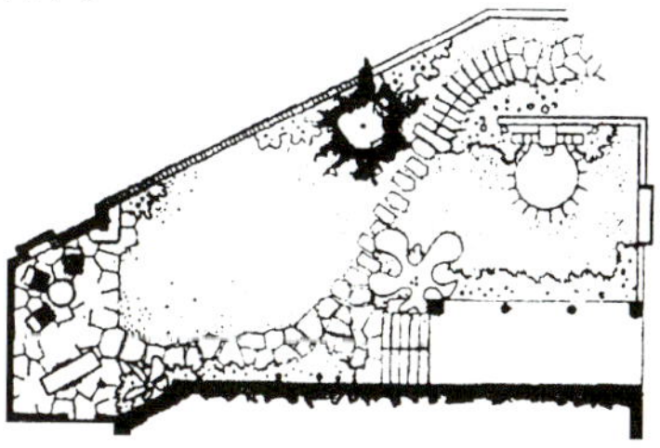

6 苏黎士某庭院中的曲径

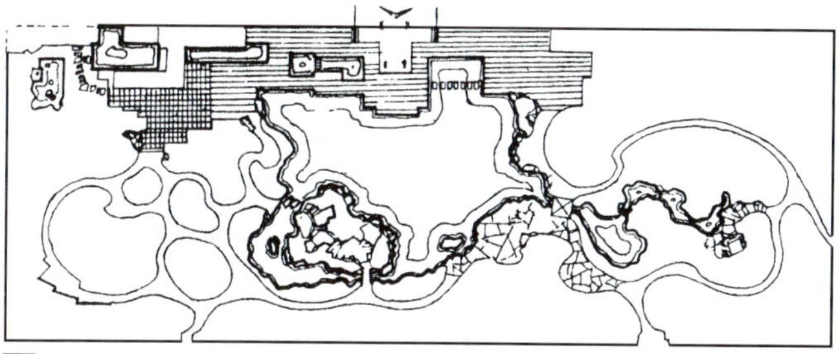

7 北京国际贸易中心庭园中的园路

8 江苏泉山森林公园的园路

9 江苏园林博览园中的曲径

10 北京香山公园的石铺园路

11 布里斯班罗马街公园的曲径

一、平曲线半径的选择

1. 基本原理 当道路由一段直线转向另一段直线上时，其转角的连接部分，均应采用圆弧形曲线。这种圆弧的半径，称为平曲线半径，见图1、图2。为了适应人和车辆的转弯，以及造景的需要，园路通常须设曲线和交叉。

1 道路转角形成的圆弧形曲线

根据日本岸塚氏的试行方案，如图2所示，它是把人在自由地行走时所形成的自然式的曲线，变化成图形，再对图形进行归纳整理而取得的，即对弯曲方向（δ）和它对应的曲率半径（R）的关系。

从坐标图整理出的实验计算式为

$$39.6-\delta=13.5\lg(R-5.8)$$

把上面的公式作成表格，可以看出人在自然行走时的曲线变化，见表1。

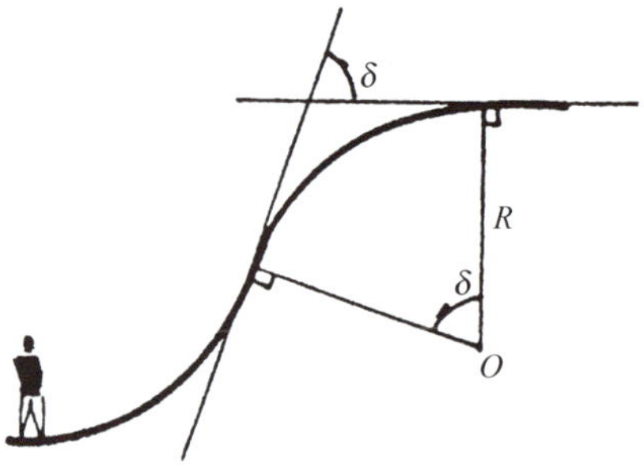

2 人自然行走的曲线

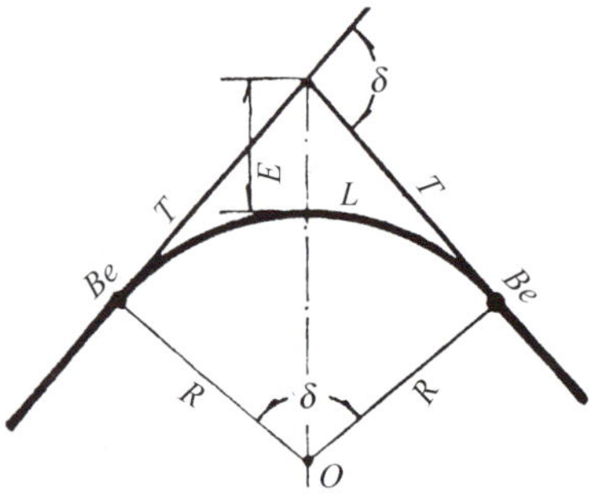

3 平曲线图

2. 几何关系及计算 在通行机动车的路段上，为了保证行车安全，必须根据行车速度，选择合理的平曲线半径。因为平曲线半径与行车速度的平方成正比例。在公园内部条件困难的局部路段上，可以不考虑行车速度，只满足汽车本身转弯的最小半径即可。例如，解放牌载重汽车的最小转弯半径是9.2m，所以园路的最小

偏角δ和半R的关系　　表1

δ(°)	R(m)	δ(°)	R(m)	δ(°)	R(m)
10.0	136.0	20.0	30.9	27.0	13.7
12.0	99.4	21.0	27.1	28.0	12.5
15.0	63.0	22.0	23.9	29.0	11.5
16.0	54.0	23.0	21.1	30.0	10.7
17.0	47.0	24.0	18.0	40.0	6.7
18.0	40.0	25.0	16.2	50.0	5.98
19.0	35.4	26.0	15.2	90.0	5.8

半径选用12m即可。平曲线各要素间的几何关系，如图3所示，其各计算公式如下：

$$T=R\operatorname{tg}\frac{\delta}{2}$$

$$L=\frac{\pi}{180}R\delta$$

$$E=R\left(\sec\frac{\delta}{2}-1\right)$$

式中 T——切线长，m；

L——曲线长，m；

E——曲线外矢距，m；

δ——路线转角，(°)。

使用这个半径画圆，作园路的曲线与交叉口的半径，能保护绿地不被踩踏，车辆也容易回转。但由于占用的绿地空间较多，因此在小面积的园林里或大园林的局部小空间内的小路，则可以根据现场条件进行调节。

二、曲线加宽

由于汽车转弯时，前轮转弯半径比后轮转弯半径要大，因此，弯道内侧的路面要适当加宽。当平曲线半径为15m时，其加宽值应为2.5m。加宽缓和带长度分别为5m，见图4～图6。

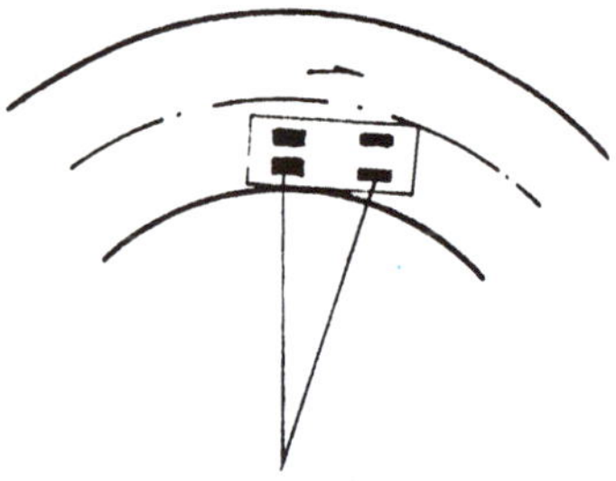

4 弯道上汽车前后轮的轮迹

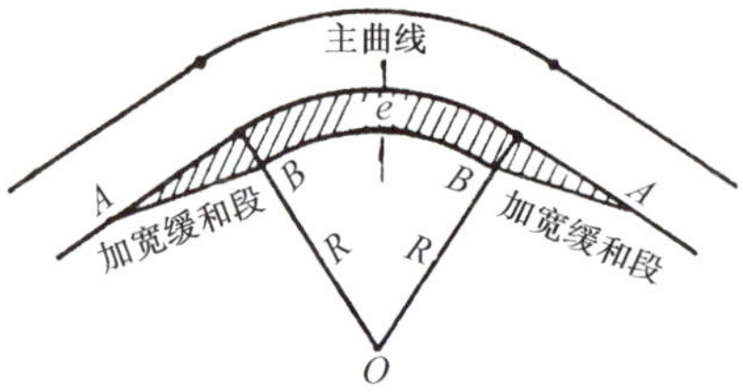

5 曲线加宽

6 行车（行人）园路在转弯处比直线路明显加宽

三、园路起伏、纵横坡度及行车路技术指标

1. 设计要求

（1）一般园路的竖向设计应紧密结合地形，依山就势，盘旋起伏。这样，既可获得较好的风景效果，又可以减少土方工程量，保证路基的稳定。

（2）路基应尽量不高出两侧的地面，使路隐现于地面、山岩或花草之间。

（3）园路应与城市道路有良好的衔接。

（4）在主干道上不宜有台阶等，要考虑行车的平顺。

（5）竖向变化要组织地面排水，并保证地下管道有合理的埋置深度。

（6）一般园路应有 0.3%~8%的纵坡和 1.5%~3.0%的横坡，以保证地面水的排除。各种类型路面对坡度的要求不同，见表 1。

（7）车辆在弯道上行驶时，产生横向的推力，这就是离心力。为防止车辆向外侧滑移，抵消离心力的作用，一定要将道路的外侧抬高，这就是所说的超高，见图1。

离心力的大小，与行车的速度成正比，与弯道的曲率半径成反比。例如，当道路的平曲线半径为 50~250m 时，超高的坡度为 2%~6%。北方冰冻地区超高最好不超过 4%。

（8）在设计游览或景观大道时，还要考虑路面视距和会车视距，见表 2。

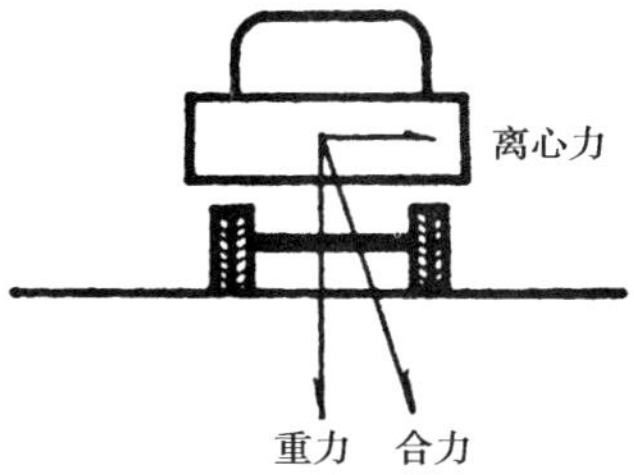

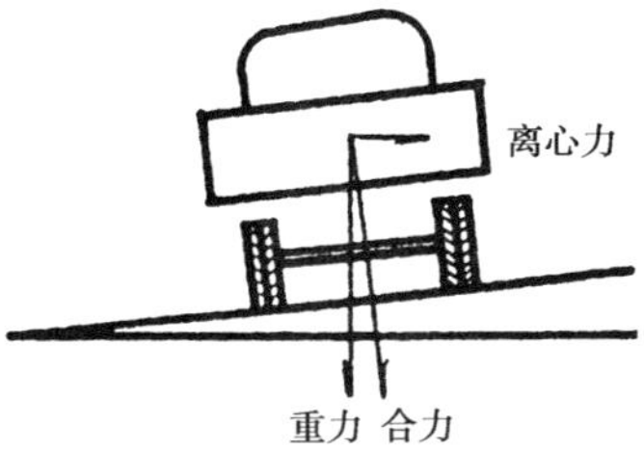

1 曲线超高

2. 园路的纵横坡度

各种类型路面的纵、横坡度 表 1

路面类型	纵坡(‰)			横坡(%)		
	最小	最大		特殊	最小	最大
		游览大道	园路			
水泥混凝土路面	3	60	70	100	1.5	2.5
沥青混凝土路面	3	50	60	100	1.5	2.5
块石、炼砖路面	4	60	80	110	2	3
拳石、卵石路面	5	70	80	70	3	4
粒料路面	5	60	80	80	2.5	3.5
改善土路路面	5	60	60	80	2.5	4
游步小道	3		80		1.5	3
自行车道		30			1.5	2
广场、停车场	3	60	70	100	1.5	2.5
特别停车场	3	60	70	100	0.5	1

注 路肩横坡应比路面横坡大 1%~2%。

3. 行车园路设计的技术指标

汽车路设计的基本技术指标 表 2

项目＼类型	单位	游览公路	公园主干道
最大设计行车速度	km/h	40	—
每条车带宽度	m	3	3
双向交通最少车道数	条	2	1~2
交通流量	辆/h	500	—
沿中线最大纵坡	‰	60	80~110
纵坡折点距离	m	100	—
沿边沟最小纵坡	‰	4	4
车行道上面的垂直净空	m	5.8	4.5
最短视矩	m	50~70	25~30
会车视距	m	100~150	＞25
平面上圆曲线推荐半径	m	500	125
平面上圆曲线沿中线许可最小半径	m	40	25
交叉口及建筑物引导等处的圆曲线最小许可半径	m	25	25
竖曲线最小半径	m	600	600
竖曲线最小长度	m	20	10
交叉口道牙(侧石)最小半径	m	600	300

四、园路的交叉与分歧

1. 十字交叉　两条道路相交叉，可以正交成十字形，也可以设计成斜交，但应使道路的中心线交叉在一点，斜交道路的对顶角最好相等，以求美观，见图1、图2。

2. 丁字形交叉　多为外弧交接，并最好为直角相交或钝角相接。这样路的方向性、目的性明确。注意，不宜在凹入的部分分叉，因为这样交叉后，往往形成方向相同、距离相等的不合理道路布局，见图3。

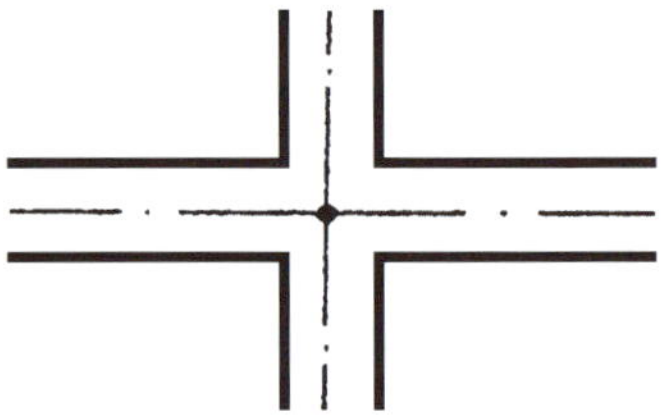

1 园路正交

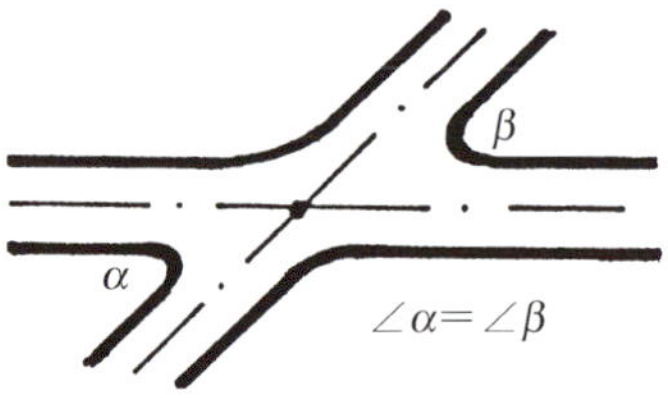

2 园路斜交

3. Y形交叉　Y形属典型的三叉路型，由一条园路分歧为两条，或由两条园路合为一条。Y形交叉除标准形式外，还有许多变形，见图4、图5。

4. L形交叉　L形交叉又被称为转角交叉，有一次转角和二次转角两种形式，见图6。

5. 园路交叉口设计实例　几种常见的园路交叉口设计实例见图7～图11。

6. 注意事项

(1) 在设计园路时，应避免多条道路交于一点，因为这样容易使游人迷失方向。

(2) 处理道路相交时，应在端头处适当地扩大路面，也可将交叉处设计为小广场，以有利于交通，也可避免游人过于拥挤。

(3) 上山的路，除通往某些纪念性建筑物或场所外，一般不宜与主路正交，以取得活泼、自然和若隐若现的趣味。

(4) 交叉形式的不同，会产生不同的空间景观效果，在设计时，要恰当地选用交叉形式来塑造道路景观形象。

(5) 园路交叉空间既是道路交叉点，又是复杂道路网络中的景观场所，因此，不要将其作为简单的路叉，而应作为景观场所对待。

(6) 在设计交叉路时，要准确掌握交叉口的尺度及各条汇入道路的尺度，以及交叉口街角地的建筑、小品和设施的形体和尺度。

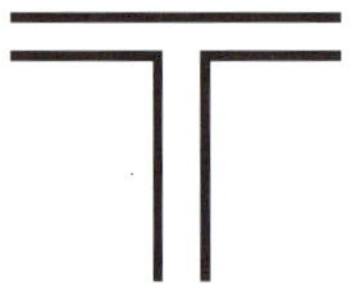

3 丁字形交叉

4 Y形交叉

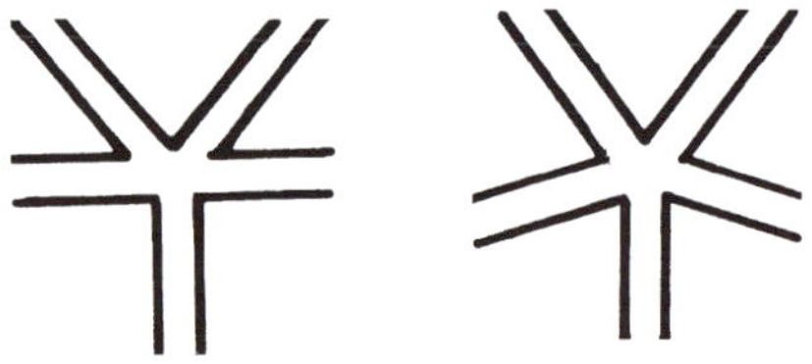

5 两种常见的Y变形交叉

6 两种L形交叉

7. 实例

7 园林景观大道的十字交叉路口(法国巴黎)

8 花园中的十字园路交叉(凡尔赛宫)

9 十字斜交叉园路(中国上海)

10 丁字形交叉的小园路(中国江苏)

11 Y形交叉的园路(中国江苏)

一、园路与建筑的一般关系

1. 环境要求 在园路景观的构成要素中，一方面，建筑和小品形态在园路系统中，虽然没有城市内沿街建筑物所占的比重大，但仍对园路景观环境有着很大影响。

另一方面，园路环境中建筑和小品虽然没有城市道路沿街建筑、小品那样受到相关建筑法规的诸多限制，但仍要考虑包括其高度、位置、相邻关系和结构安全等因素。还要考虑地域、文化、气侯、风俗和用地等情况，恰当、准确地将它们组织到道路环境中去，形成良好的道路景观。

2. 建筑、小品的形态 在园路景观的构成要素中，除了城市的景观大道外，一般园路中，建筑和小品所占的比重并不大。它们不像城市沿街建筑那样成排地连续出现，而往往是以单独的个体形式布置在园路边。但其形态仍然存在着与道路环境是否协调的问题。然而，由于不同的园林环境，以及园路的类型、大小和环境空间差异较大，使得园路在多数场合下各具特征，因此，即使在同一个公园内，也无法形成统一不变的园路建筑、小品的控制手法。我们只能从决定建筑物和小品形态的各种因素中，去寻找与环境相吻合的设计形式和造型。正因为如此，才使我们看到的不同国家、地区的园林建筑和小品千差万别，丰富多彩。

3. 外观和色彩 在确保园林建筑、小品的环境整体性，即完整、协调的景观设计手法中，许多都与建筑、小品外观设计有关，例如建筑立面、小品外观的色彩以及外部材料的使用等。外观配色不仅具有个体性，还具有环境意义，建筑和小品作为个体存在具有图形的效果和可供观赏性；但它们又是园路环境中的组成部分，所以，在进行建筑、小品的外部色彩处理时，必须注意到它与周围环境、园路的宽度和交通状况，以及所选用色彩的明度、纯度的变化。

二、建筑、小品的分类及设计要求

建筑、小品的分类及设计要求 表 1

项次	分类名称	主要内容	设计布置要求
1	园林建筑 建筑小品	茶、餐馆等功能性建筑，休息亭、售买亭、廊、钟楼、柱廊、出入口建筑等	大多须结合园路景观环境布置，当设置在交叉口及较醒目位置时，应考虑与园路环境的协调要灵活掌握统一的原则，例如，采用同一或同系列的建筑材料，细部采用相同的花饰
2	装饰小品	雕塑、水池、置石、景墙、花坛、花钵、花饰小品、花架、喷泉等	装饰小品既能活泼、丰富园路环境，又可成为园路环境的标识，同时还具有可移动的灵活性，但应注意体量的大小、色彩的搭配
3	环境设施小品	路名牌、标志牌、广告牌、果皮箱、候车亭、灯饰、坐凳、车档等	种类繁多，应用灵活。在满足使用要求的前提下，其造型、色彩都应精心考虑。特别是路名牌、果皮箱等与游人活动密切相关，既要方便，又要设置恰当
4	工程设施小品	路缘石、挡土墙、台阶、雨水口、井盖、栏杆、树池篦子、护坡、安全墩等	应首先考虑符合工程技术方面的要求，在满足设施功能的前提下，兼顾其装饰性及与环境的协调

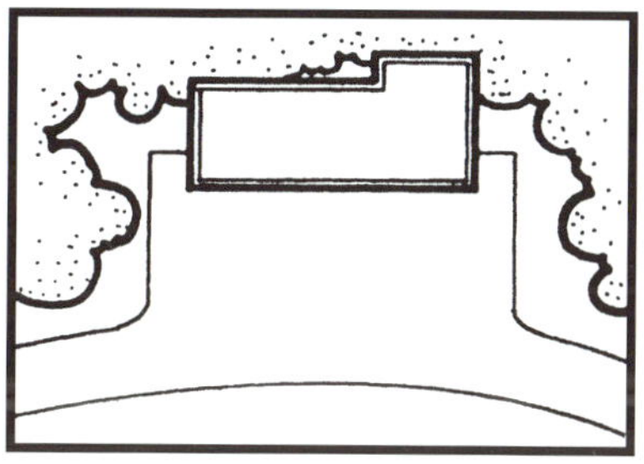

1 建筑、小品位置与外弧相接

2 与园路相连的外弧位置（澳大利亚墨尔本）

3 布置在园路外弧内的休憩亭（澳大利亚墨尔本）

4 没有明确划分外弧的园路边柱亭（澳大利亚墨尔本）

三、位置的确定及园路的衔接

建筑、小品位置及方向的确定应服从园路整体环境，并与园路相连接。通常采用外弧线连接，并且在接近建筑的一面，将局部加宽。在有大量游人的建筑前，应设置活动广场，这样既能取得较好的艺术效果，又有利于游人的集散和休憩活动，见图1～图4。

应注意的是，主环路不能横穿建筑物，也不能使园路与建筑、小品斜交或走死胡同。

四、注意事项

(1) 无论是园林建筑、小品或是其他设施，都必须纳入园路的总体规划，设计单体通路小品要服从园路整体环境设计，使其成为园路的环境风貌的特征和景观的标志。

(2) 注重建筑的空间形态，注意使其适应空间环境的秩序，积极主动地参与园路的空间组成。

(3) 将适应总体环境的要求，落实到单体的设计细节和构成要素上，例如造型、色彩、质地、体重、高度、功能和材料等。

(4) 在符合整体性的前提下，还要兼顾实用性、艺术性、地方性、耐用性和安全性。

1) **整体性**：符合园路环境整体设计要求和总的设计构思。

2) **实用性**：能够满足环境需要和实用功能要求。

3) **艺术性**：简而言之，就是要达到美观的要求，要在环境中具有精彩的视觉效果。

4) **地方性**：基本形态、外观、色彩、纹样要富有地方特色和民族传统。

5) **安全耐用性**：不易被损坏或能及时修复。结构符合设计要求，避免安全隐患。

(5) 要特别注意景观建筑、小品与园路之间的联系。这其中既有形态、美观上的联系，又有功能上的联系，特别是建筑的出入口与道路的衔接。要将人流量大的建筑前广场看作两者的过渡空间，并且具有园路的通行功能，见图1~图3。

(6) 注意建筑物与同一道路环境中的其他建筑、小品及设施的协调与兼容，其中，也包括建筑物自身的附属设施，如窗檐、遮阳篷、招牌、字号和指示标识等从建筑物上突出、显眼的部分。它们之间的统一性以及与道路环境的协调，是创造真正和谐的园路景观环境的必要条件。

五、实例(澳大利亚墨尔本菲茨罗伊公园)

1 澳大利亚墨尔本菲茨罗伊公园位于园区支线园路上的珍贵花卉室建筑。由于经常有大量游人参观出入，建筑前辟出了一个圆形广场

2 广场既有通行集散功能，还具有很好的景观装饰性，图为广场中心古典喷泉与周围环境的协调关系

3 从纵向上看，花卉室建筑前小广场处在园路的同一线形上，广场只是园路在此处的拓宽，因而更具有通行性。此外，广场又比正常幅面宽的园路更有吸纳性，因此，它兼具游人的休憩功能

一、环境与人

在人类生活的地球上，最和谐的是自然生态环境，园林环境次之。自然环境之所以和谐，是由于没有人类的介入和参与。然而，随着诸如张家界这样的自然生态风景区被不断发现和开发，超量的游客涌入、与旅游相关的活动和经营，也使看似经久不衰的自然生态环境变得愈来愈脆弱敏感。以至于不得不采取拯救措施，比如，限制人员进入，生活垃圾及排泄物封闭运回，住宿建筑以简洁方便为主等，以恢复被日益恶化的自然环境，见图1 ~图3。

1 掩映在自然生态中的建筑，体量小而简洁

a　　b

2 人的涉入和环境本身的变迁，已使它们变得十分警觉

其实，人对环境的影响，即使是在人工园林和半天然半人工园林环境中也是如此。最无法回避的仍然是与人的生活和生理相关的活动构筑物的兴建，例如，厕所和饮食建筑等。尽管人们早已关注影响环境的敏感因素和设施，特别是园路空间内公共厕所的设置已经越来越少了，但仍没从根本上解决对园林环境的影响。

二、影响环境的小建筑

1. 公共厕所　与城市街道旁的公共厕所相比，园林环境中的这类设施越发显得敏感和不谐调，尽管人人都需要它，但

3 半天然半人工园林中的建筑、人与环境

却并不愿意在风景美丽、心情愉悦的时候看到它。根据作者的长期观察，主要有以下原因：一是因为公共厕所在人的印象上很容易被看成不洁的场所；二是园林中的公共厕所总设置在街边路旁；再者是厕所设置多了会成为降低园路景观评价的一个要因。

不容讳言，园路边的厕所不仅占用道路用地，而且那些缺少维护、管理但却体量较大、显眼的公共厕所，的确影响园林景观的环境品位。正因为如此，在优秀的园林设计中会将它布置在园路外用地中，或是想方设法将厕所设在路边易发现而又具有一定隐蔽性的地方，还有一种手法是将它改头换面，对应于所处场所的特性进行设计，使其具有景观建筑的形象，并融于园林环境中，见图4 ~ 图7。

图4 ~ 图6 中可以看出，根据指示牌虽然很容易找到园路边的厕所，但却隐蔽得很好，既满足了人们的需要又消除了它对环境的影响。

4 有着土著草顶屋形象的厕所建筑

5 掩映在竹林路边的厕所

6 隐蔽得很好的厕所

7 改头换面，对应于所处场所进行特性设计的园路边厕所，有着景观建筑的效果，与环境协调一致。建筑本身体量低矮，造型简洁

2. 售票亭、售货亭及治安亭 在园林环境中，公园售票亭和园内各景区售票亭是最为常见的，其次是经营性的出售各种食品、饮料和纪念品的售货亭，以及出于公共安全考虑为警察和保安人员而设置的治安亭。诚然，这些亭子的作用和实用功能是不容置疑的，问题是现实中我们看到的这些设施，不是粗制滥造，就是随意安放，与环境相协调的、具有小品意义的作品并不多。由于这些亭子又都设置在园路旁和显眼的道路入口、交叉口，因而与环境的冲突很大，也与园林景观构成理论不相吻合。

另一方面，由于这几种“亭子”多为简易或临时安置的设施，不像作为传统园林构成要素的“亭、廊、台、榭”那样，被当作重要的组景元素而组织到园林空间中。有些甚至并不在当初园林的规划设计之中，而是后来被经营管理者根据自己的需要设置在路边的。正是在这种情况下，影响环境整体景观的现象出现了。而对景观环境的影响不仅是这些设施所处的地点太敏感，其建筑物自身设计质量对园路景观的影响很大，还源于疏忽对设置地点的场地进行对应的特性处理，见图8~图10。

比较而言，城市街道边的售货亭、治安亭和人工服务电话亭，数量会更多，特别是治安亭大多都设在十字路口的一角或桥头。虽然也对城市景观构成一定的影响，但敏感程度却远远小于园路环境，这主要是因为城市街道景观形象是以成排的沿街建筑为主要特征的，而各种形式的沿街亭子在以建筑环境为背景和以优美风景为背景的园林环境中给人的视觉感受是完全不同的。也就是说未纳入统一规划和环境设计的城市街边亭子等设施，在人们的视觉中虽也觉不妥，但还可以忍受；而将它们随意设置在园林环境中，就变成与环境相冲突的敏感建筑了。

园林组景中的亭

路边的现代售货亭

9 传统园林组景中的亭与现代售货亭

8 与所处场所贴近并进行特性环境处理的园路商业服务亭。从中我们可以看出，经过精心场地设计的和随处摆放的有着天壤之别

10 作为一个景区的入口兼售票亭，占地面积极小，体量也压的很低，墨绿色的外观和极简洁的造型等，完全对应了设置场所的特有环境

三、安全、功能性设备

1. 换气塔、通风管 这类设备主要用于园林景观环境中的地下建筑和地面上的隐蔽建筑，作换气、通风之用。例如，许多大型公园和娱乐园将水族馆、海洋世界和惊险展示场所建在地下，而与之配套的换气塔和通风管等限于条件，必须设置于路边道旁。

由于技术、功能上的原因，这些由地下延伸出的设备，更多的时候是需要将它们竖起成塔状才能发挥作用。如果只是到达地面即可，也不从地面升起，应该说对园路景观环境并无太大影响。然而，作为体量较大的金属物体在地面赫然而立，设在园路边，这些设备不仅不能直接作为他用，对于游人来说也是一个视觉障碍物，而且，它们的形状通常也是单调的管道，冷漠拒人。处理不好，极易与优美的园林景观环境发生冲突。

因而，应首先考虑与规划、建筑设计部门协调，尽可能将它们与地下出入口等其他大型设施一体化，组合在内部，使其不出现在景观环境中。如果不得不单独设置在园路边时，应特别注意对其作场地环境的对应处理：体量较小的，可以将其设在沿路边的空地或栽植的绿丛中，使它在环境中并不显眼；但如果设备体量较大，出口占地较多，就必须进行适应环境的造型和色彩设计，尽量将它们装扮成园路景观中的一部分，最大限度地减少或消除对环境的影响，见图1~图3。

2. 泵房、排水装置 在园林环境中，经常可以看到为水景提供水源的泵房和用于低洼道路排水的排水机设置在园路边或景观环境中，成为影响环境、有碍观瞻的设施。对于机电装置，它们不像换气塔和通风管那样可以进行管道造型和色彩的改造设计。往往只能对其被动地掩盖或为其建立房舍，这种小型建筑物既可以设计成景观亭式，也可以设计成简单造型并以植物篱围护隐蔽。鉴于这种设备完全置于地下时不便维护，则可以采取半地下化设计，以降低建筑物的高度，使游人在地面上不会将其作为建筑物看待，也有利于布置植物进行装饰和隐蔽。

1 体量较大的换气塔

图1为汉城某城市公园中的大型地下换气塔，体量之大，几乎占据了路边花坛中的大部分地面。但其盘管网状的造型、与植物相同的颜色，给人一种形似鸟笼的错觉，与环境协调一致，成为一件独特的环境小品。

2 精心设计、造型优美的通风管

3 只作简单处理的通风管

图2、图3是精心设计和随便处理的管道通风口实例。图2是设置在路边花坛中的黄色通风管，金属管粗细和组合既富变化又有设计创意，成为城市公园中的路边一景。而图3的处理过于简单、随便，虽然U形管道在一边出风口作了掩饰设计处理，但仍觉单调，美观性明显不足。

一、停车场

园林中的场地类型很多，但与园路相关的主要是停车场和园路中的小广场及活动场。

虽然许多园林、特别是城市公园是限制汽车驶入的，但大多数的市郊公园、森林公园是允许开车进入的。因此，对于这类公园来说，保证能在安全流畅的园路上通行和提供停车，是公园不可或缺的条件。

显然，停车场地对景观环境的影响是很大的，因为这不仅仅是一个提供场地的问题。完全不同于城市街道中的露天停车场那样拓展出一个如同篮球场的空地即可，而园林环境中任何场地的拓展都会对环境造成直接影响，直接后果是植物空间的消失和道路形态的改变。

因此，最重要的是确定停车性质、可限制的车型和最小化的占地面积，重视区域和具体路边位置的选择，以及所选场地环境的对应性改造设计。

新建园林的停车场，规划设计已纳入统一考虑之中，而增添改造就比较困难。无论哪种方式，都要根据园林环境、道路状况和景观构成等特性和气氛设计出不同的停车形态，见图1 ~图3 。

二、小型活动场

园路中的小型活动场地，被视为道路的局部横向拓宽，是园路景观环境的组成部分。它与绿地广场有很大不同，这种小型活动空间对于线状的道路空间来说，是产生节点感的空间，也使在很长距离内路面宽度不变的园路富于变化。

但这种路中的场地对环境整体的影响是不容忽视的，随便的设置和数量太多都会破坏园路景观形态。因此，为了表达场地空间效果，使之成为道路景观的节点，应对构成要素精心推敲，使之与整个环境保持一致，见图4 ~图6 。

1 佛罗伦萨米开朗基罗纪念园中的停车场。场地面积适中，只允许停泊小型汽车，停车场与道路环境形态一致，极为协调。地面不作任何硬质材料铺装，以便和砂砾地的园路保持一致。绿篱的三面围护，就如同在园路边的局部加宽，形成外弧连接

2 从停车场右侧园路中看佛罗伦萨米开朗基罗纪念园中停车场与周围环境的关系

3 巴黎的某城市公园中的微型停车场，分散布置的这个超小型停车场，对园林环境影响很小

4 汉城景福宫御苑花园里的一条园路中的场地环境。场地与园路一脉相连，景象和谐

5 凡尔赛御苑园林区树林里园路上的游人休闲场地

6 澳大利亚拉明顿公园森林区林阴小道上的游人活动场地

一、面层、路基的结构

园路面层、路基的结构及常见质量问题　　表1

名称	分项名称		内容及说明	图示
面层的结构	特点		园路面层结构的组合形式，是多种多样的。在园林中无论是园路或是庭园、场地，其面层结构比城市道路要简单，其典型的面层图式见图1	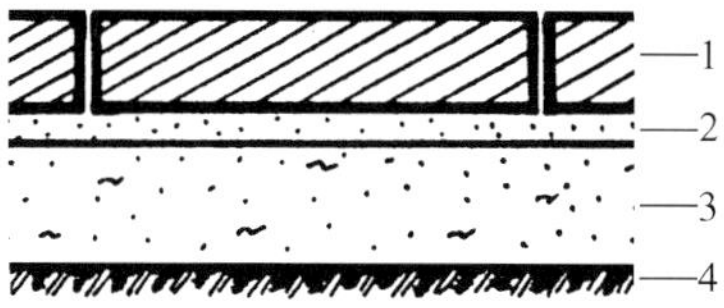1 路面结构 1—路面；2—结合层；3—基层；4—路基
	各层作用及设计要求	路面	路面是园路最上面的一层，它直接承受人流和车辆的磨损，承受着各种大气因素——烈日、严冬、风、雨、雪等的破坏，如面层选择不好，就会给游人带来"无风三尺土，雨天一脚泥"或是反光刺眼等不良影响。因此从工程上来讲，面层设计要坚固、平稳、耐磨耗，具有一定的粗糙度，少尘，并便于清扫	
		基层	基层一般在土基之上，起承重作用。一方面支承由面层传下来的荷载，另一方面将此荷载传给土基。基层不直接接受车辆和气候因素的作用，对材料的要求比面层低。一般选用坚硬的碎（砾）石，灰土或各种工业废渣等筑成	2 啃边
		结合层	结合层是在采用块料铺筑面层时，在路面与基层之间，为了结合和找平而设置的一层。结合层一般选用3~5cm厚的粗砂或25号水泥石灰混合灰浆，或1∶3石灰砂浆	
		垫层	垫层是在路基排水不良，或有冻胀、翻浆的路段上，为了排水、隔温和防冻的需要，采用煤渣土、石灰土等筑成。在园林中也可以用加强基层的办法，而不另设此层	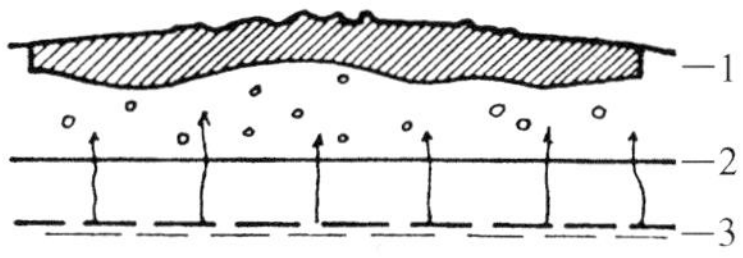3 翻浆
路基			路基是路面层的基础，它不仅为园路提供一个平整的基面，承受地面传下来的荷载，也是保证地面强度和稳定性的重要条件之一，因此对保证园路的使用寿命具有重大的意义。经验认为，一般黏土或砂性土，开挖后用蛙式跳夯夯实3遍，如无特殊要求，就可以直接作为地基。对于未压实的下层填土，经过雨季被水浸润后，能从其自身沉陷稳定，当其容重为$180g/cm^3$时，可以用于地基。在严寒地区，严重的过湿冻胀土或湿软呈橡皮状土，宜采用1∶9或2∶8灰土加固地基，其厚度一般为15cm	1—冰块；2—冰冻线；3—地下水
常见质量问题及原因	说明		园路的病害是指园路破坏的现象，一般常发生的病害有裂缝、凹陷、啃边、翻浆等。现就造成病害的原因分述如下	
	三种最常见的质量问题	裂缝与凹陷	造成这种破坏的主要原因是基土过于湿软或基层厚度不够，强度不足。当地面荷载超过土基的承载力时，园路出现裂缝与凹陷	
		啃边	路肩和道牙直接支撑路面，使之在横向保持稳定。因此路肩与其基土的结合必须紧密结实，并有一定的坡度。否则由于雨水的浸蚀和车辆行驶，会对路面边缘产生啃蚀作用，使之损坏，并从边缘起向中心发展，这种破坏就造成啃边，见图2	
		翻浆	在季节性冰冻地区，由于地下水水位高，特别是对于粉砂性土基，由于毛细管的作用，水分上升到路面上，冬季气温下降，水分在路面下形成冰粒，使之体积增大，路面就会出现隆起现象，到春季上层冻土融化，使土基变成湿软的橡皮状，路面承载力下降，这时如有车辆通过，就会使路面下陷，邻近部分的路面隆起，并将泥土从裂缝中挤出来，使路面被破坏，这种现象就叫翻浆，见图3	

二、路面的结构设计

路面的结构设计　　表 2

名称	说明	分项名称	设计内容及性能要求
基本要求			园路修建的经费，在整个园林建筑投资中，占有很大的比例。为了节省资金，在园路修建设计时，应尽量使用当地的材料，或选用建筑废料、工业废渣等。 在设计园路时，往往对路基的强度重视不够。在公园里，我们常常看到一条装饰性很好的路面，没有使用多久，就变得坎坷不平，破破烂烂了。其主要原因，一是园林地形多经过整理，基土不够坚实，修路时又没能充分夯实；二是园路的基层强度不够，因此在车辆通过路面时路面被压碎。为了节省水泥、石板等建筑材料，提高路面质量，降低造价，设计时应尽量采用薄面，强基土，使路面结构经济、合理
几种路面结层的比较	园路结合层是承上启下的一层，也是为路面与基层间的更好结合而设置的找平层	白灰干砂	施工操作简单，遇水后会自动凝结，由于白灰体积膨胀，因此具有较好的密实性
		净干砂	施工简便，造价低，经常遇水会使砂子流失，造成结合层不平整，多用于整体路面
		混合砂浆	由水泥、白灰和砂组成，整体性好，强度高，黏结力强。适用于铺筑块料路面，但造价较高
基层的选择	基层的选择应视路基土壤的情况、气候的特点以及路面荷载的大小而定，应尽可能地利用当地材料	自然基层	在冰冻不严重、土质坚实、排水良好的地区，在铺筑游步道时，只要把路基稍微平整，就可以铺砖修路
		灰土基层	灰土基层是由 1∶3 白灰和土拌合后压实而成，使用较广，具有一定的强度和稳定性，不易透水，后期强度接近刚性物质，在一般情况下，使用一步灰土(压实后为 15cm)，在交通量较大或地下水较高的地区，可采用压实后 20~25cm 或二步灰土
		砂石基层	在季节性冰冻地区，地下水位较高时，为了防止道路翻浆，基层可选用隔热性较好的材料。据研究认为，砂石的含水量少，导热率大，故该结构的冰冻深度大，如用砂石做基层，需要做得较厚，不经济
		石灰土基层	石灰土的冰冻深度与土壤相同，石灰土结构的冻胀量仅次于亚黏土，说明密度不足的石灰土(压实密度小于 85%)不能防止冻胀，压实度为 96%，可以防冰
		煤渣石灰土基层	煤渣石灰土或矿渣石灰土作基层，用 7∶12 的煤渣和石灰的混合料，压实后具有较好的隔热性，其冰冻深度最小，在地下水位较高时，亦能有较好的防止冻胀的效果

三、园路常用路面层材料的特性

常用路面层材料特性一览表 表 3

名称	规格要求(mm)	特点	适用范围	其他
青砖	机砖 240×115×53,标号 150 以上,大方砖 500×500×100	质地密实的青砖(空隙率小于 5%)可以作为铺路砖,而目前市场上生产的红砖质地松脆,易于剥落,不宜使用	有古朴的风格,施工简便,可以拼成各种图案,适于庭园。古建筑物附近尤为适宜	阴湿的地段路面易生青苔,在坡度较大的阴地不宜使用
混凝土砖	大方砖 400×400×75,400×400×100,500×500×100,标号 200~250;小方砖 250×250×50,标号 250	坚固、耐用、平整、反光率高,最好适量加入炭黑,以减少反光刺眼,路面要保持适当的粗造度。可以做成各种彩色路面	适用于广场、庭园和公园干道,各种形状的花砖适用于公园的各种环境	
石板路	规模大小不一,但角块边长不宜小于 200~300,厚度不宜小于 500	坦率、肃穆、粗犷、自然	自然式的小路或林中的活动场地	不宜通行重型车,否则易断裂,松动
乱石路	石块大小不一,面层应尽量平整,以利行走,有突出路面的棱角必须凿除,边石要大些方能牢固	粗犷、要求不高的路面	风景区僻野的小路	长时间行走易疲劳
块石路	大石块大于 200 厚,标号 100~150,小石块 80~100 厚,标号 200,可直立铺砌	牢固、美观、耐久、整齐的块石铺地肃穆、庄重	适用古建筑物和纪念性建筑物附近	造价较高
卵石路	根据需要规格不一	排水性好,耐磨、圆润细腻、色彩丰富、装饰性强	适用各种甬路、庭园铺装	易松动脱落,施工时要注意长扁搭配、表面平整,不便清扫
碎大理石片	规格不一	质地富丽、华贵、装饰性强	由于表面光滑、不宜单独用,可少量与其他材料混合使用	坡地不宜使用

四、园路的附属工程

园路的附属工程 表 4

项目	内容及说明	构造图示
道牙	道牙安置在路面的两侧,在路面与路肩在高差上起衔接作用,并能保护路面,便于排水。道牙一般分立道牙(常称侧石)、平道牙(常称缘石)两种形式,见图4和5。 在园林中,道牙可以被设计成丰富多彩的式样,例如,用砖、瓦、大卵石等嵌成各种花纹以装饰路缘	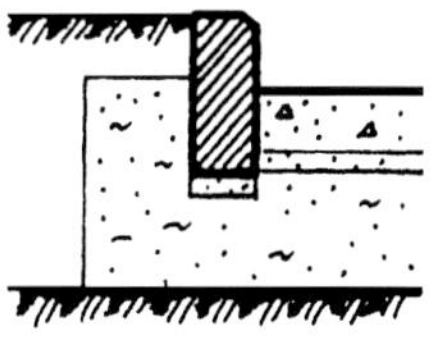 4 立道牙
明渠	明渠是园林中常用的排除雨水的渠道。多设在园路的两侧,在目前我国的园林中,它常成为道路的拓宽。因此明渠多采用底宽不小于 30cm,边坡斜率小的浅渠。明渠可用砖、石板、卵石或混凝土砖等铺砌而成	
雨水井	雨水井是为收集路面水的构筑物。在园林中常用砖块砌成,并多为矩形。雨水井可分为两类:有沉泥池的雨水井和无沉泥池的雨水井。沉泥池是使流进雨水井的泥砂等杂物在井内沉淀,而不流入雨水管道中去,这样可以减少管道淤塞,但须经常清除沉淀物	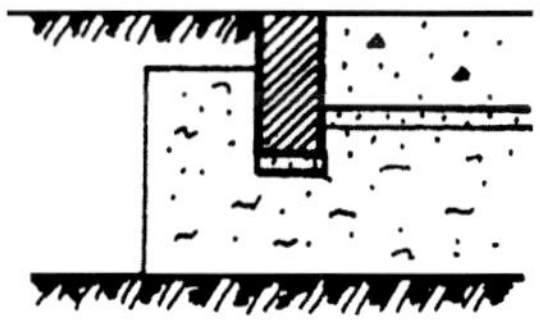 5 平道牙

现代园路铺装常用的砖材，主要有混凝土路面砖、水泥花阶砖、广场砖和黏土砖，其中，混凝土路面砖的品种较多，且最为常用，黏土砖多为青砖。

一、混凝土路面砖

1. 性能、特点和用途 混凝土路面砖又称水泥铺地砖，是采用水泥和密实骨料为主要原料，经加压或振动加压及其使工艺成型生产的，也有采用干硬性混凝土经压制而成。其表面分为有面层的和无面层的，混凝土路面砖的新型品种为彩色混凝土联锁砖，即以水泥、砂石、白水泥及适量颜料拌和后机压成型。联锁砖又称联锁花砖，品种花色形式多样，具有拼铺组合性好、耐磨、防滑、强度大和便于铺设及拆修等特点，多用于园路、广场和建筑外围地面，其造型有“工”字、“人”字和双曲面等。混凝土路面砖的常见样式及铺贴见图1、图2。

1 混凝土彩色路面砖的铺贴效果

2. 种类及规格尺寸

混凝土路面砖的种类及规格 表 1

种类		规格(mm) 厚度	规格(mm) 边长
人行道砖	普通砖	50	225×112 250×250 300×300
		60、100	300×300 500×500
	异形砖	50、60	按设计要求加工
车行道砖		60、80、100、120	按设计要求加工

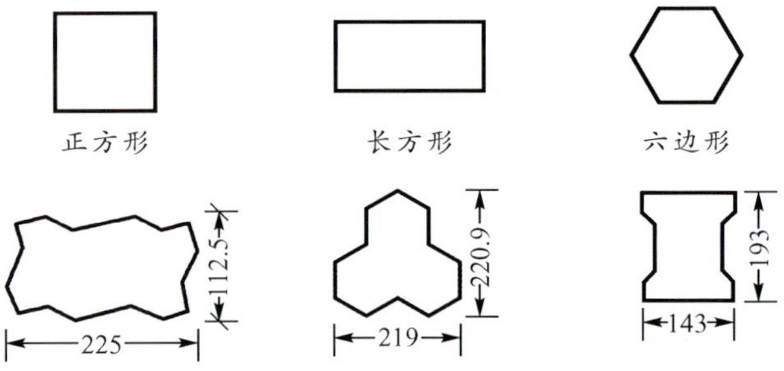

2 混凝土路面砖的常见样式

3. 物理力学性能

路面砖的物理力学性能标准(摘自JG446—91) 表 2

种类	等级	抗压强度(MPa) 平均值不小于	抗压强度(MPa) 单块最小值不小于	抗折强度(MPa) 平均值不小于	抗折强度(MPa) 单块最小值不小于	耐磨性 磨坑长度(mm)不大于	吸水率(%)不大于	抗冻性
人行道砖	优等品	30.0	25.0	4.0	3.2	32.0	8.0	冻融循环试验后，外观质量须符合表3的规定；强度损失不大于25%
	一等品	25.0	21.0	3.5	3.0	35.0	9.0	
	合格品	20.0	17.0	3.0	2.5	37.0	10.0	
车行道砖	优等品	60.0	50.0	—	—	28.0	5.0	
	一等品	50.0	42.0	—	—	32.0	7.0	
	合格品	35.0	30.0	—	—	35.0	8.0	

注 当人行道砖的厚度不大于60mm，且边长不小于300mm或边长与厚度的比值大于等于5时，应采用抗折强度检验。

4. 尺寸允许偏差及外观质量标准

路面砖的尺寸允许偏差及外观质量标准(摘自JG446—91) 表 3

项目			指标 优等品	指标 一等品	指标 合格品
尺寸允许偏差(mm)	厚度		±2	±3	±5
	边长		±2	±3	±4
整体外观			表面应平整，边角齐全。异形砖中的联锁型砖应有倒角		
外观质量	垂直度差(mm)不大于		1	2	3
	裂纹(mm)	贯穿	不允许		不允许
		非贯穿			长度不得超过20
	分层		不允许		不允许
	表面粘皮(cm^2)		不允许		不大于5
	掉角(mm)		不允许	两边破坏尺寸不得同时大于5	两边破坏尺寸不得同时大于10
表面花纹图案深度			不得超过面层(料)的厚度		
表面色泽			色泽一致		

二、水泥花阶砖

1. 特点和用途 水泥花阶砖是以白水泥或普通水泥掺以各种颜料或用彩色水泥经机械拌和、机压并经过充分养护而成。水泥花阶砖的面层图案样式丰富、色泽鲜明、光洁耐磨、质地坚硬，适用于园路、人行步道和各种建筑外围及入口铺贴，见图1。

2. 规格、性能 水泥花阶砖的规格、性能、重量和生产单位见表4。

1 水泥花阶砖的拼装纹样

水泥花阶砖的规格、性能和生产单位　**表4**

规格(mm)(长×宽×厚)	抗折强度(MPa)	重量(kg/块)	生产单位
200×200×17	2.8	1.5	广西南宁建筑装饰材料厂
200×200×18	2.8	1.7	广州粤东水泥制品厂
200×200×16	4~6	1.4~1.5	福建省第四建筑工程公司建筑装饰材料厂
200×200 150×50×(14,8) 150×75	抗压强度 27.6	1.2 0.4 0.2	重庆石门花砖厂
200×200×20	5.0	1. 4	重庆市第二建材厂
200×200×25	抗冲击力 460N/m²		重庆南坪建筑材料厂
200×200×15	6.0	1.5	浙江省嘉兴市花砖厂
200×200×15	5.7	1.25	四川什邡县彩色地面砖厂
200×200×16	4.5	1.4	成都市青白江区前进建材装修厂
200×200×15	7.5	—	无锡市第二建筑工程公司预制件厂

三、实心砖

1. 特点、用途 普通实心砖分为烧结黏土砖和压制灰渣砖两大类，是园林铺地最实用的材料。烧结黏土砖以黏土为原料，经成型、干燥、焙烧而成。压制灰渣砖是以粉煤灰(或矿渣、炉渣等)、石灰为主要原料，添加适量石膏和骨料经坯料制备、压制成型。实心砖是建筑的主要材料，用作铺地是实心砖使用范围的扩大。常用实心砖的样式与尺寸见图2。

2. 几种常用砖的标号及吸水率

几种常用实心砖的标号、吸水率及说明　**表5**

名称	标号	吸水率	附注
机制黏土砖 手工黏土砖 灰砂砖(硅酸盐砖) 炉渣砖 矿渣砖	75、100、150、200 50、75 75、100、150、200 75、100 150	8~6% 8~6% 16% 21.6% 10.7%	(1) 普通黏土砖依颜色分有青砖、红砖两种，重量一般为2.4~3kg/块。 (2) 灰砂砖不耐风蚀，不宜用于高温、温度大及有酸性侵蚀的工程，略重于黏土砖。 (3) 炉渣砖及矿渣砖不宜用于湿度大的房间、基础及高层建筑的承重墙

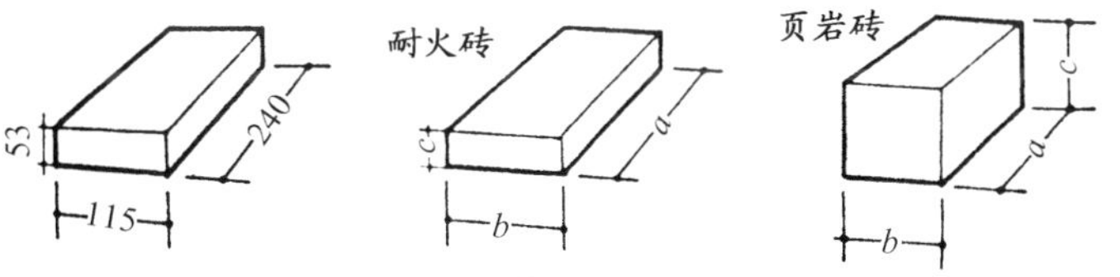

a　b　c

2 几种实心砖的样式与尺寸

四、铺地缸砖

1. 特点、性能 铺地缸砖系采用组织紧密的黏土胶泥压制成型，干燥后焙烧而成。主要用于园路、人行便道及其他类似道路的铺贴。

2. 规格性能

铺地缸砖的性能说明、价格、规格　**表6**

性能说明	参考价格(元/千块)	附图	规格(mm)	生产单位
(1) 色泽同耐火砖。 (2) 耐压强度高。 (3) 砖面划成16个方格	860	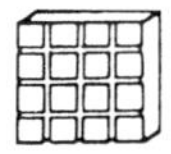	230×230×40	铜川市建筑陶瓷厂
砖面划有9个格	面议		250×250×40 200×200×40	沈阳市耐酸材料厂
耐酸碱	面议		185×185×45	山西省怀仁县国营陶瓷厂

实心砖的标准尺寸为240mm×115mm×53mm，见图2，其他几种砖的规格见表7和表8。

表7

名称	a	b	c
轻质大砖	480	240	60
	480	240	120
	1000	500	300
耐火砖	230	113	65
	230	113	55
	250	123	65
	250	123	55

表8

名称	a	b	c
页岩砖	113	110	100
	120	112	110
	117	112	106
	116	112	105
	118	111	110

注　页岩砖标号一般为200~300，最高达500号。

彩色混凝土砖是园路块材中最为常用的材料，联锁花砖的使用则更为广泛，既有人行道砖也有车行道砖。由于其特有的边形结构(双曲面、工字型、人字形等)，能使体量不大的砖块相互咬合、连为一体，加上多彩的面层，形成极好的铺贴效果，见图1~图4。

一、联锁花砖的构造与效果

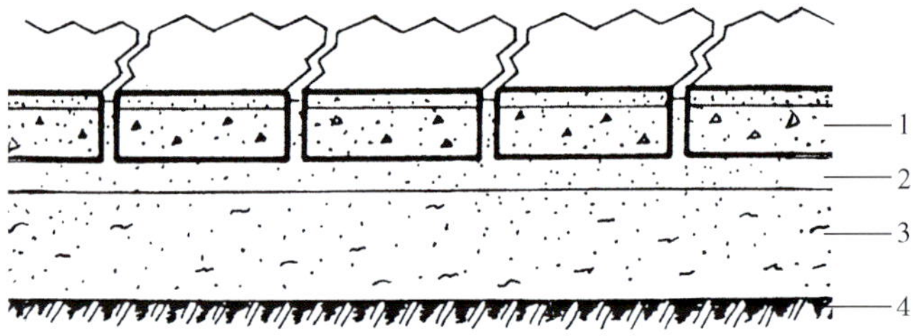

1 彩色混凝土砖路构造

1—100厚彩色混凝土花砖(彩色表面层20厚)；2—30厚粗砂结合层；3—50厚灰土；4—素土夯实

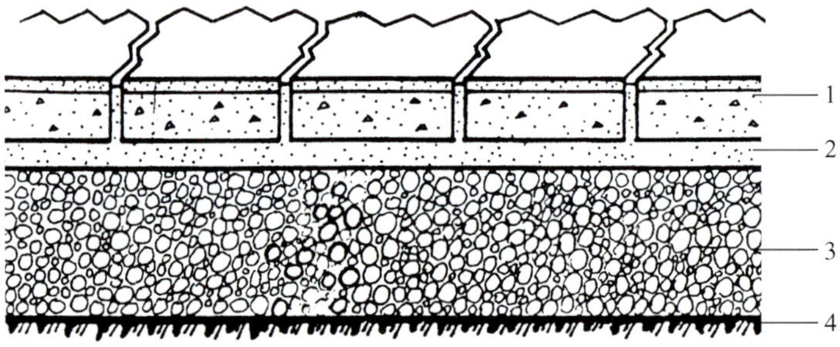

2 彩色混凝土块料路构造

1—100厚彩色混凝土花砖（面层20厚）；2—30厚砂垫层；3—200厚碎石层；4—素土夯实

3 红、黄两色“人字形”砖的组合铺贴

4 “人字形”砖密实与透气相结合的铺贴

二、园路块料地面的铺筑程序和方法

铺筑程序和方法

项次	分项名称	铺筑程序和方法
铺筑程序		路基定点放线→挖路槽→铺筑基层→铺筑结合层→铺筑面层→安装道牙
铺筑内容和方法	路基定点放线	路基平整完毕，按路面设计的中心线在地面上每隔20~50m钉一中心桩，弯道平曲线上应在曲头、曲中和曲尾各钉一中心桩。自由曲线的园路，应加密中心桩，并在各中心桩上标明桩号，再以中心桩为准，根据路面宽度及弯道加宽值定边桩，最后放出路面的平曲线
	挖路槽	依照路面设计宽度，在路基上每侧加宽20~40cm挖槽，路槽深度等于路面各层的总厚度，槽底的横坡应与路面设计横坡一致。路槽挖好后，应在槽底洒水湿润，然后夯实。路槽平整度允许误差不大于2cm
	铺筑基层	按设计要求准备基层材料，确定其可松性。灰土基层一般实厚为50~150mm(一步灰土)，基层虚铺厚度为200~250mm。人流量大的路面或北方冻胀区园路基层厚度可适当增加，并分层压实，为提高基层承载力和抗冻能力，可添加煤渣或矿渣，制成煤渣石灰土或矿渣石灰土，配合比为：煤渣或矿渣:石灰:土=7:1:2
	铺筑结合层(垫层)	所谓结合层，是园路块料路面构造中特有的，设置结合层能使面层块料与基层结合，并利于路面找平，见图1、图2
	铺筑面层	园路块料面层，因面层块料的不同，铺筑方法会有一定的差异，但应按设计要求施工。有拼花纹样的应保证其位置、大小的准确，使铺贴形式与设计达到一致。铺筑完的面层应平整、牢固
		设计有道牙的路面，道牙基础应与路基同步施工，以确保路面的整体效果和均匀密度。弯道和曲面的道牙应在施工前预制，道牙的结合层常采用水泥砂浆，以保证安装平稳牢固。道牙之间的接缝应使用水泥砂浆抹实。对于路堤式路基，道牙背后应用100~150mm白灰土夯实保护

三、常见的拼贴形式(图5、图6)

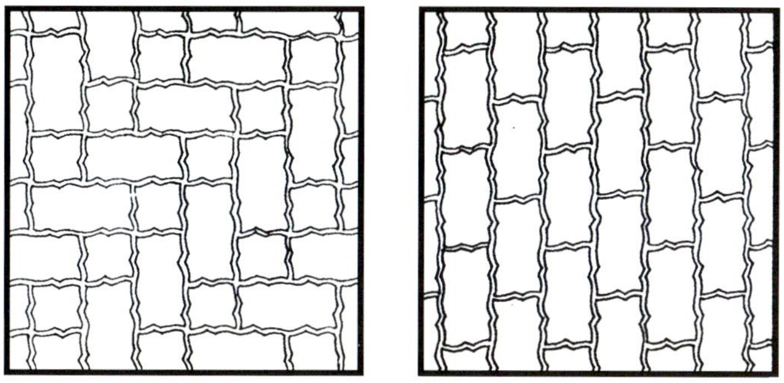

a　　b

5 双曲面(S形)联锁砖的两种组合

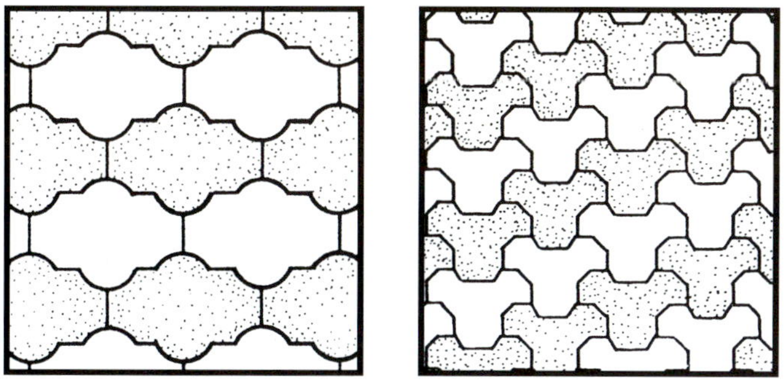

a　　b

6 联锁砖的深浅色对比的组合

10 无彩色面层的双曲联锁砖的墁砖铺贴(瑞士洛桑)

11 无彩色面层的双曲面砖路面(瑞士洛桑)

12 图11的路面局部(瑞士洛桑)

四、实例(图7~图32)

7 以红、黄、蓝、绿四色墁砖的场地铺贴(澳大利亚悉尼)

8 方形和圆形曲面砖的组合铺贴(澳大利亚布里斯班)

9 黄、红两色"人字形"联锁砖的组合(澳大利亚悉尼)

13 由长方形砖过渡的组合(澳大利亚悉尼)

14 单一色的人字形与长方形组合(澳大利亚悉尼)

15 双曲面(S形)联锁砖的车行砖道(澳大利亚悉尼)

16 由黄色人字形砖铺成的水边园路，碧水、蓝天与暖黄色形成冷暖对比（澳大利亚悉尼）

19 以三色双曲面砖组合的拼花地纹（马来西亚）

17 红色与灰绿人字形砖的拼花铺贴（澳大利亚布里斯班）

20 单色双组拼花的铺贴（中国上海）

22 用于主园路的双拼地纹（中国上海）

23 与地被花坛组合一体的曲线形园路上的“工字形”联锁砖（泰国）

18 以灰色为主调的椰林园路，配以红色为竖向指引的工字形铺贴（泰国曼谷）

21 用于不规则园路的双组拼花（泰国曼谷）

24 本园为图23的局部

25 供游人儿童嬉戏的路（澳大利亚悉尼）

28 以三种颜色的联锁与齐边形砖混合应用的宅路铺贴（德国）

26 两色联锁砖混合铺筑（澳大利亚悉尼）

29 海边公园的联锁砖铺筑（韩国）

31 宅前花园中的无彩联锁砖路（德国）

27 宅前的单色联锁砖铺筑（德国）

30 庭园中的红色联锁砖路（德国）

32 古堡庭院中的无彩联锁砖路（德国）

五、道路环境中的景观要素

以往，人们更多地重视道路最基本的满足行走、承载的功能，忽视铺地的造景作用，缺乏对铺地个性是景观环境的重要因素的了解，以及对其在展示景观魅力上不可缺少的基本理念的认识。

我们从图33~图35中可以清楚地看到，作为景观整体的一部分设计的园林铺地，不再仅仅是空间的一个界面和为人们提供一个舒适的浏览交通条件，更是作为表现要素参与到景观之中，并成为环境中左右最终景观效果的因素之一，彩色混凝土联锁砖在拼花地纹表现中扮演着重要角色。

34 工字形的联锁块料墁砖铺贴，红黄绿的三色对比，组合丰富。精美的铺装，更好地衬托了地面上的雕塑和小品(澳大利亚悉尼)

33 蓝绿色与黄色的互补对比组合，形成与大环境的呼应，精美的铺装使景观效果更为生动、艳丽(澳大利亚悉尼)

35 湛蓝的天空、碧绿的湖水、墨绿色的树丛和嫩绿的草地，可以想象出，如果没有暖黄色铺地的对比与衬托将会是什么样子。如此可见，道路铺装是在景观环境中的重要因素(澳大利亚悉尼)

方形砖和长方形小块砖，是彩色混凝土路面中最普通、最为常用的砖形，有比联锁花砖造价低、铺筑简便的特点。特别是其多种色彩面层的花色及灵活多变的拼贴，仍然能够取得较好的铺装效果，因此，十分广泛地被应用于公园的支路、游步道、绿地、广场和城市人行步道的铺装，见图1~图4。

一、方形砖、长方形砖路的构造与效果

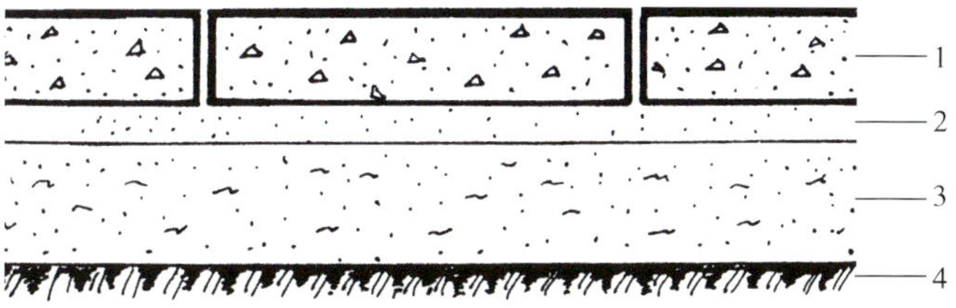

1 彩色混凝土砖路构造

1—混凝土方形砖、长方形砖；2—50 厚粗砂；3—150~250 厚灰土；4—素土夯实（说明：胀缝加 10×9.5 橡胶条）

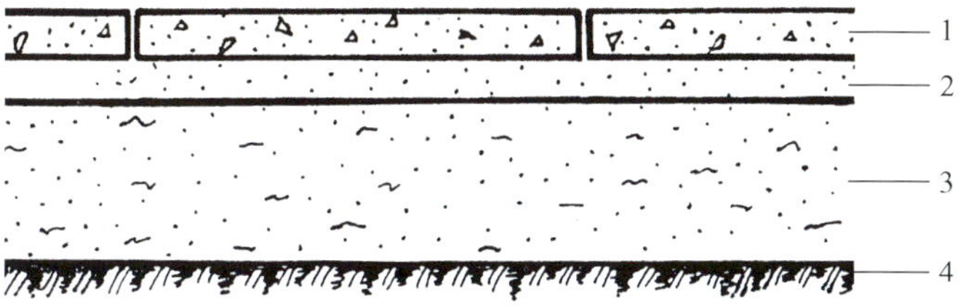

2 彩色混凝土砖自行车路构造

1—50 厚混凝土车行道方砖或长方砖；2—50 厚 1:3 白灰砂浆；3—150 厚灰土；4—素土夯实

3 室外庭园中的彩砖铺筑（澳大利亚堪培拉）

4 酒店入口处的园路铺筑（澳大利亚堪培拉）

二、常见砖材的铺筑形式

砖材铺筑在园林中有悠久的历史，演绎出图纹繁多的拼组形式，如齐缝式、十字条式、人字纹、丹墀、拐子锦、八件码、套八方和褥子面纹，见图5和图6。

5 砖材的铺筑形式（一）

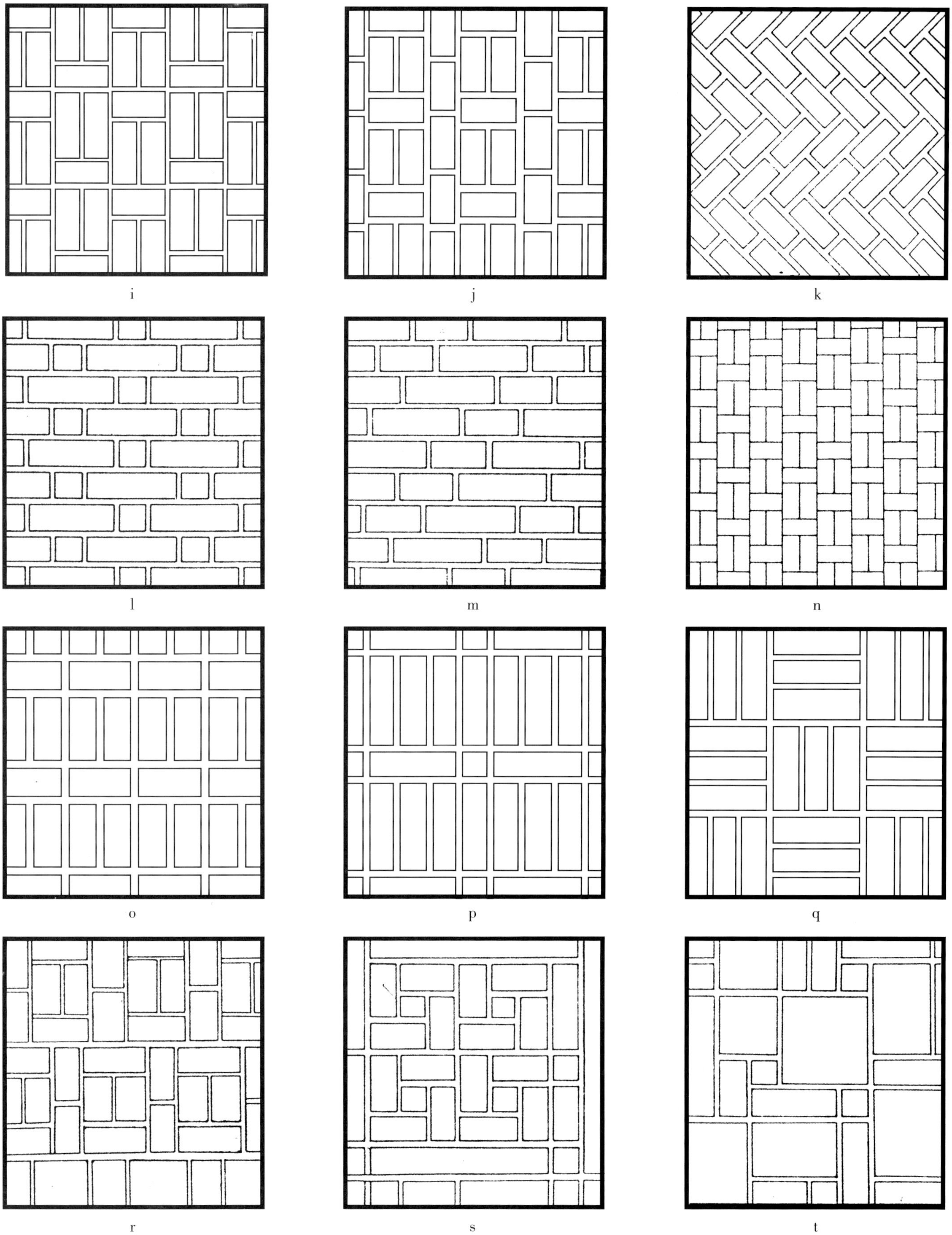

6 砖材的铺筑形式(二)

三、长条砖铺筑实例

1 灰中点红的园路铺筑(中国北京)

2 用单一青灰长条砖铺筑的公园支路(中国上海)

3 青灰之中点缀绿砖的园路(中国上海)

4 图3园路中的边缘收口局部

7 绿地中的红条砖铺筑(荷兰)

8 连接两景区的园路灰条砖铺筑(瑞士)

5 图3路中的拼色局部

6 图3路中绿压边砖转角局部

9 旅游度假村的入口红条砖铺筑(澳大利亚堪培拉)

10 两种长方砖、两种颜色的组合(澳大利亚)

11 橙色长条砖分档压边,暖灰砖作十字铺筑(澳大利亚)

12 原子球公园主园路边的散步道(比利时)

14 公园散步道的拐子锦式铺筑(澳大利亚)

15 宅前花园长条砖的拐子锦式铺筑(澳大利亚)

16 冷暖对比调中的暖黄色长条形砖的拐子锦式拼铺(澳大利亚)

13 红长条砖的拐子锦式铺筑(澳大利亚)

17 旅游度假村庭院中的长条砖游步道(澳大利亚)

18 双色砖的丹墀式铺筑园路(中国上海)

19 仿石纹长条砖的园路铺贴(中国上海)

20 长短不一粗毛面砖的丹墀式铺筑(中国上海)

21 图19的铺贴局部

22 图23的路牙石收口局部

23 绿地公园边的红条砖步道(中国上海)

24 青灰之中点缀红砖的双拼铺贴园路(中国上海)

25 图24的局部

26 图24的局部及压边收口

27 游廊下的长条砖十字铺筑(澳大利亚)

28 黄橙色长条砖的十字形铺筑(新加坡)

29 庭院木廊架下的红砖铺筑(澳大利亚)

30 私家庭园入口的彩条砖路(荷兰)

31 宅前的绿条砖拐子锦式铺筑(荷兰)

32 绿地中的红条人字形铺筑(荷兰)

33 青石分档压边的橙色砖十字条式铺筑(新加坡)

34 橙红色砖竖条式铺筑(新加坡)

四、混凝土方形砖铺筑

1. 方形砖铺筑形式

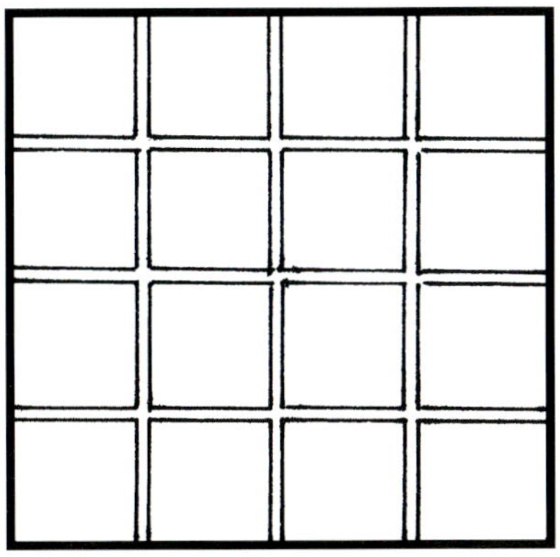

a 齐(对缝铺筑)

b 错缝铺筑

c 对比拼花铺筑

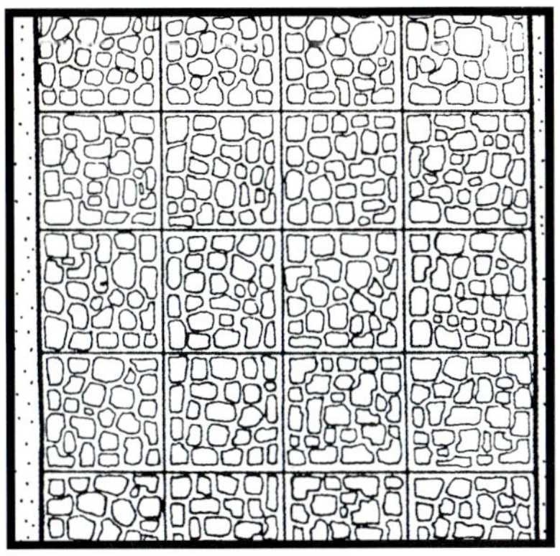

d 预制槽混凝土块铺地

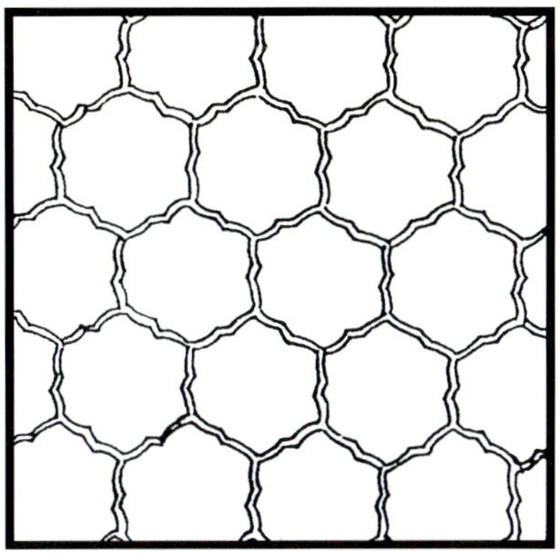

e 六边或花边地纹铺筑

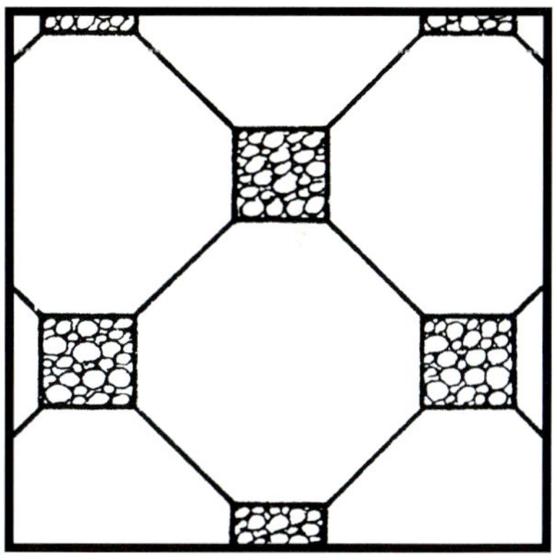

f 质地、大小不同方块砖拼花

1 混凝土方形砖的组合形式

2. 方形砖铺筑实例

2 彩色石粒面层的混凝土预制方砖,采用顺路方向的齐缝铺筑(法国巴黎)

3 彩石粒面层方砖的齐缝铺筑(法国巴黎)

4 庭院中的方块对缝铺筑(法国巴黎)

5 园林场地中的方砖齐缝铺筑(法国巴黎)

6 城市街边小庭园中的方砖铺筑路（瑞士日内瓦）

7 由石粒面层和砂浆面层两种方砖组合的齐缝铺筑路（瑞士日内瓦）

8 连续的齐缝形成纵向线型，具有导向性（法国巴黎）

9 庭园中的方砖齐缝铺筑（法国巴黎）

10 庭园入口路的方砖齐缝铺筑（法国巴黎）

11 庭园纵深入口园路的竖向齐缝铺筑，具有明显的引向性（法国巴黎）

12 丛林中的露台，混凝土方砖的齐缝铺筑（德国法兰克福）

13 绿篱边的单行砖铺筑（澳大利亚墨尔本）

14 混凝土方砖的齐缝棱形铺筑（德国）

15 宅前花园中的预制凹槽混凝土块铺地(意大利)

16 浅灰色方块齐缝铺筑，蓝灰色砖压边(马来西亚)

17 河畔边的方砖棱形铺筑(荷兰)

18 图17不同角度下的棱形铺筑

19 作棱形齐缝铺筑的水边园路(澳大利亚)

20 天坛祈年殿前方块错缝铺筑的甬道（中国北京）

21 彩色石粒面的双行对缝方砖铺筑(荷兰)

22 方砖错缝铺筑的园路(荷兰)

23 小块方砖的错缝铺筑(荷兰)

24 宅前篱下的小方砖铺筑的园路(荷兰)

25 海滨公园内的粗毛面砖错缝铺筑，具有很好防滑效果（澳大利亚）

26 海德公园中的红色园路，方砖错缝密实铺筑（澳大利亚）

27 草地边绿篱下的彩粒方砖园路（法国）

28 宅前花园中的红方砖小路（荷兰）

29 花园边的青灰小方砖园路（荷兰）

31 红色小方砖铺筑的园路（澳大利亚）

30 宅前彩砖路与青灰砖的对比（荷兰）

32 花纹面的小方砖园路（澳大利亚）

33 六边混凝土砖离缝铺筑的公园主路（奥地利）

34 公园主路和支路均采用六边砖离缝铺筑，统一感和整体性较好（奥地利）

五、彩色混凝土砖的拼花

1. 拼花形式举例

1 混凝土砖拼花纹（一）

2 混凝土砖拼花纹（二）

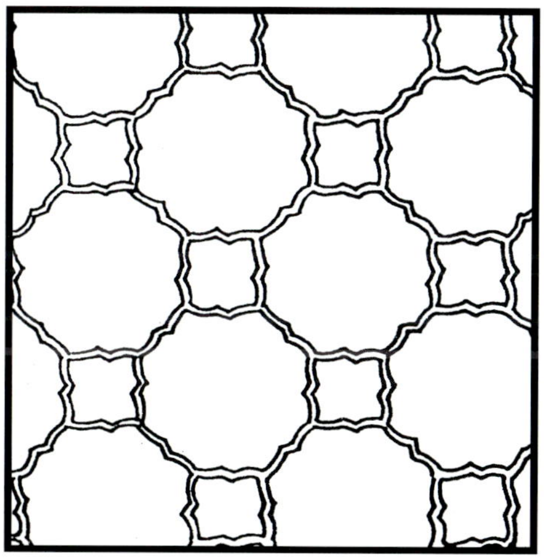

3 混凝土砖、花砖、六边形砖拼花纹

2. 拼花实例

4 红绿相间，以绿为底的拼花组合，图案与园路压边均采用红砖，红砖面积的比例较大有利于与周围绿茵形成补色对比，园路中的灰绿砖与草坪又有较好的同类色呼应（中国北京）

5 红、黄搭配的拼花组合，图案与图1所示完全相同（中国北京）

6 由大方砖裁切成不等边八边形，再与小方砖组合拼花（荷兰）

7 由蓝、黄两色小方砖拼花的小园路(荷兰)

8 宅前花园中的暖黄、浅灰拼花的小园路(荷兰)

9 滨海湾步行街中的彩色混凝土砖拼花(澳大利亚)

10 图9的局部,铺地共使用了十几种颜色的砖

11 由浅灰、橙黄彩方砖组合的拼花(澳大利亚)

12 彩粒面大砖与小条形砖的拼花(荷兰)

13 彩粒面大砖与小绿砖的拼花(荷兰)

14 红、黄、蓝、绿四色联锁砖的拼花(德国)

15 四色联锁砖的拼花(德国)

16 灰、红两色拼花的园路(荷兰)

六、彩色混凝土场地砖的拼贴

彩色混凝土场地砖，又称为混凝土广场砖，由正方形、三角形、梯形（两种）和六角形等五种类型组成。其表面层有平滑和粗毛两种，具有粗犷质朴、纹理自然和耐磨、防滑等特点，适用于园林场地、公共场所、人行道及庭院等环境的地面铺筑。

1. 常见的拼花样式

a

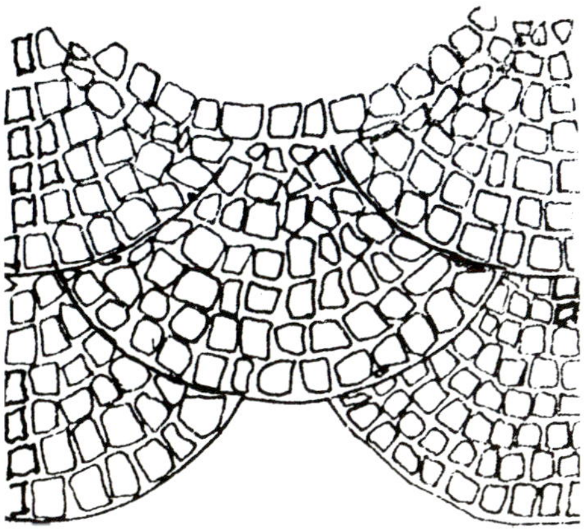

b

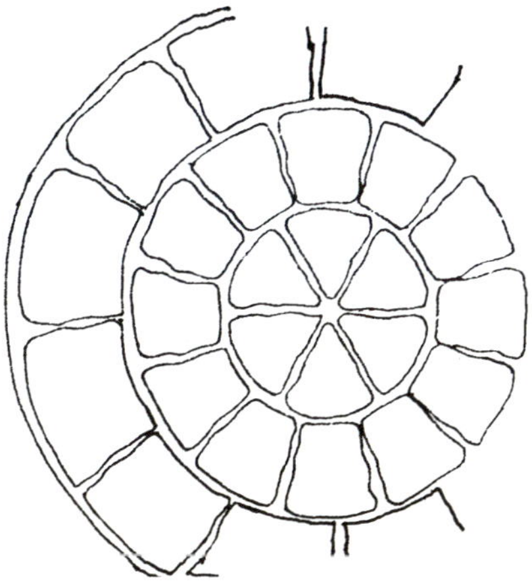

c

1 几种场地砖的拼花样式

2. 场地砖铺筑实例

2 园林场地中红白两色砖的拼花（中国上海）

3 图2场地铺筑局部

4 绿地道路中单一暖黄色的场地砖拼花铺筑（中国上海）

5 与石材组合的暖黄色场地砖拼花铺筑（马来西亚）

七、行车路、停车场的铺筑

1. 路面构造

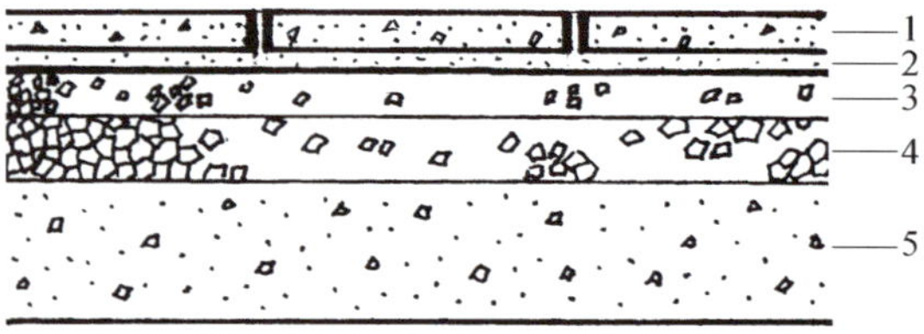

1 路面构造一(行车路)

1—60 厚混凝土砖;2—30 厚粗砂;3—碎石;4—级配砂石;5—素土夯实

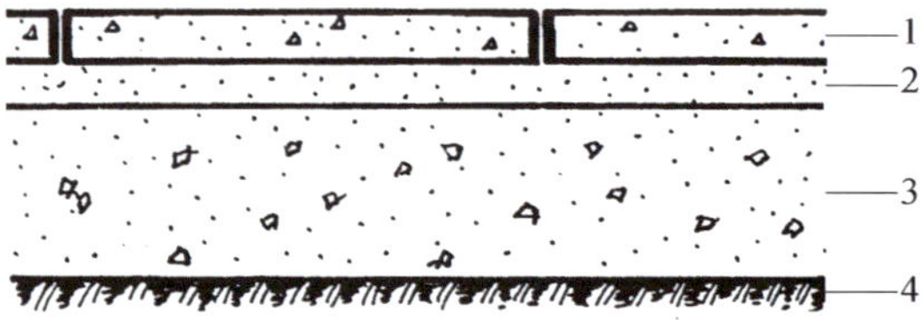

2 路面构造二(行车路)

1—50、60 厚长条砖、方砖;2—1:3 白灰砂浆;3—级配砂石;4—素土夯实

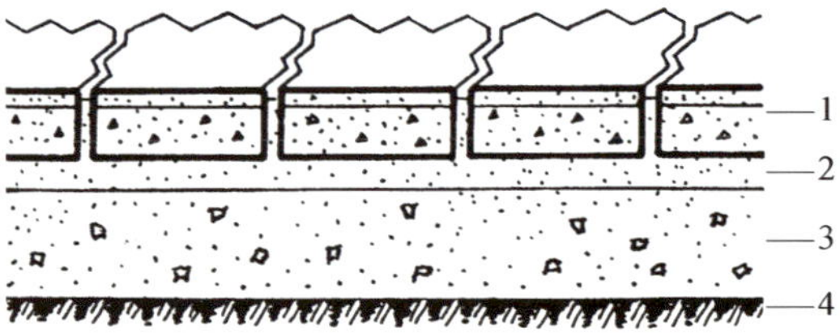

3 路面构造三(行车路、停车场)

1—100 厚彩色混凝土联锁砖、花砖;2—30 厚粗砂;3—级配砂石;4—素土夯实

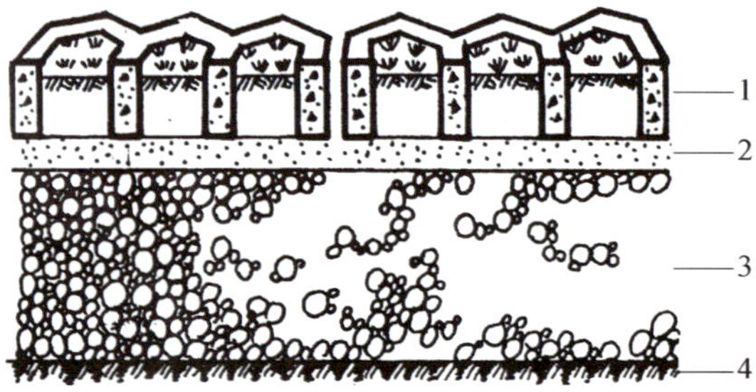

4 路面构造四(停车场)

1—100 厚混凝土空心砖(内填土种草);2—30 厚粗砂;3—250 厚碎石;4—素土夯实

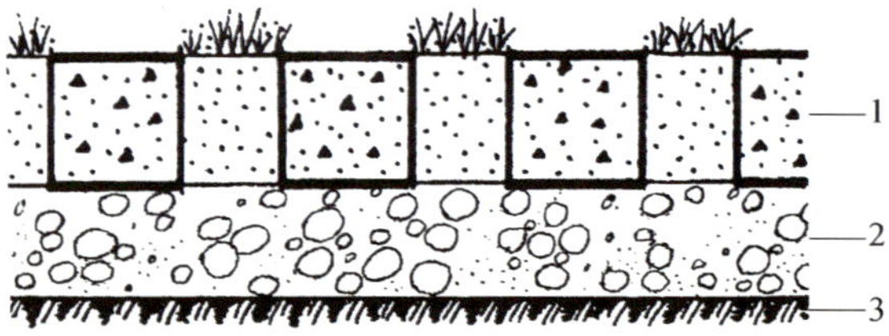

5 路面构造五(停车场)

1—200 厚混凝土方块砖和 200 厚培养土种草;2—200 厚培养土种草;3—素土夯实

2. 铺筑实例

6 穿越园林绿地的红砖行车路(澳大利亚)

7 绿地公园中的有灰砖压边的红色行车道(荷兰)

8 图7的相邻自行车道

9 图7行车道的 Y 形交叉口

10 绿地公园地下停车场的入口行车道(荷兰)

11 街道中的停车场及行车道(荷兰)

12 图11中的停车场

13 与行车道构造、用料相同的停车场(荷兰)

14 联锁砖铺筑的园路行车道(德国)

15 联锁砖铺筑的园林主干道(德国)

16 与公路相连的入口行车主干道(德国)

17 森林公园中的联锁砖行车道(德国)

18 长条砖铺筑的自然风景区中的行车道(德国)

19 车辙式双行混凝土砖行车道(荷兰)

20 粗毛面石粒混凝土砖行车道(荷兰)

21 长条砖拐子锦式拼铺的行车道(荷兰)

22 石粒面层砖与长条砖拼铺行车道(荷兰)

24 典型的车辙式行车道,双行混凝土石粒砖车轮道与石砾路面融于一体(荷兰)

23 泊车、行车两用的车辙式宅前路(荷兰)

25 土红与蓝灰砖拼花的停车场(澳大利亚)

26 联锁砖拼铺的宅前行车道(澳大利亚)

27 灰砖田字格铺筑的停车场(新加坡)

28 连锁花砖铺筑的停车场(德国)

29 联锁花砖铺筑的森林自然公园停车场(德国)

30 蝴蝶植物园入口处的停车场,暖黄色长条砖铺筑,红砖镶边(马来西亚)

一、黏土砖的特点及路面构造

黏土砖是所有砖材中使用最早、历史最悠久的一种，从考古的发现来看，我国在战国时期就已烧制过米字纹和几何纹铺地砖。秦汉以后，作为建筑最基本材料的“秦砖”不仅用于筑房，还用来铺地。黏土砖成为石材以外最常用的铺地材料。黏土砖按造型和用途不同分为实心砖和空心砖，实心砖使用广泛，而空心砖通常被用作植草砖。

1. 实心砖路面构造

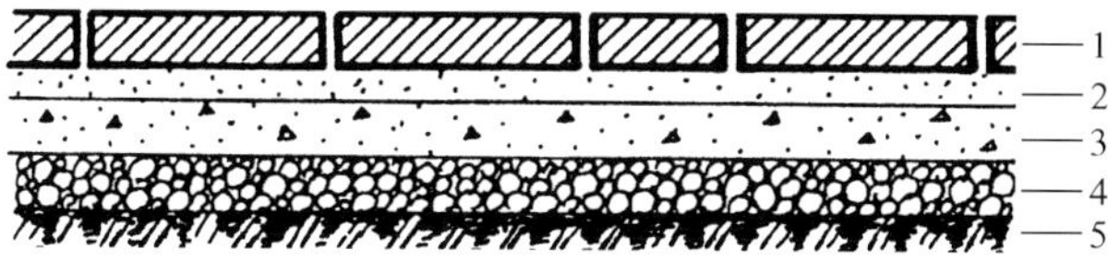

a 构造一

1—50 厚青、红黏土砖；2—30 厚灰泥；3—50 厚混凝土；4—50 厚碎石；5—素土夯实

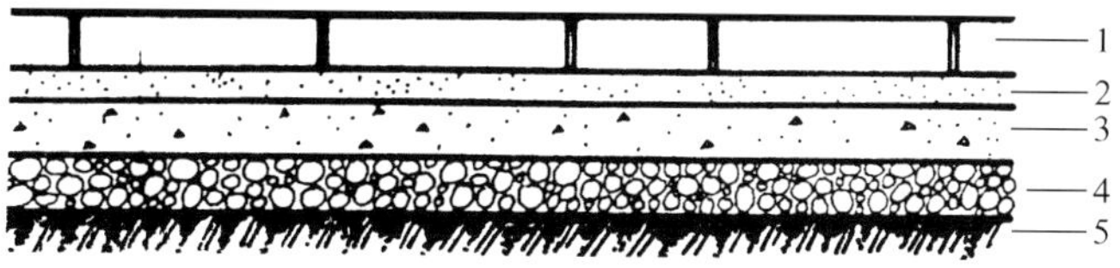

b 构造二

1—50 厚青、红黏土砖；2—30 厚青砖；3—50 厚混凝土；4—50 厚碎石；5—素土夯实

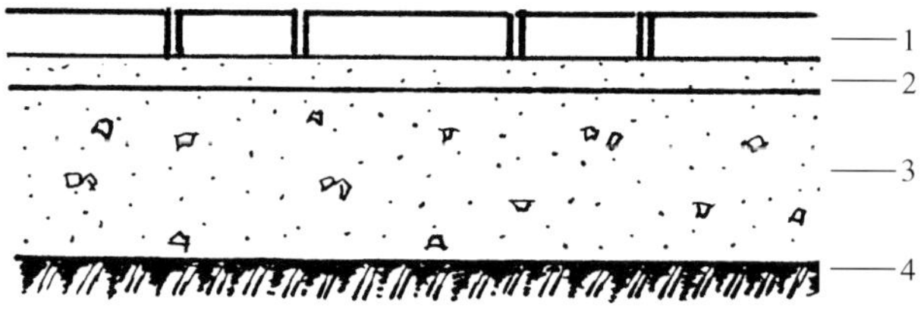

c 构造三

1—50 厚青、红黏土砖；2—30~50 厚 1∶3 白灰砂浆；3—150~250 厚碎石三合土；4—素土夯实

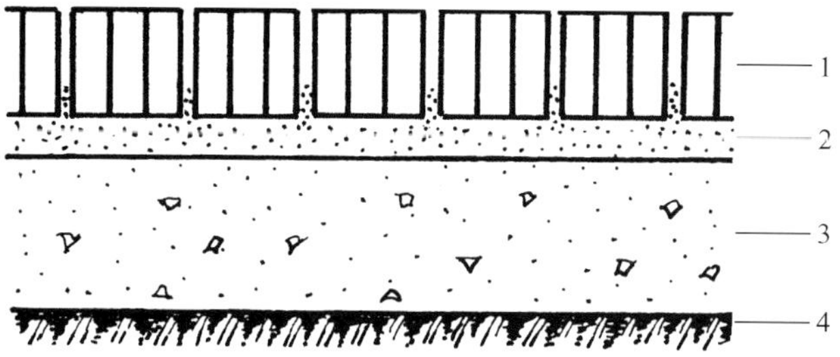

d 构造四

1—黏土砖横立竖排；2—50 厚 1∶3 白灰或水泥砂浆；3—150~250 厚碎石三合土；4—素土夯实

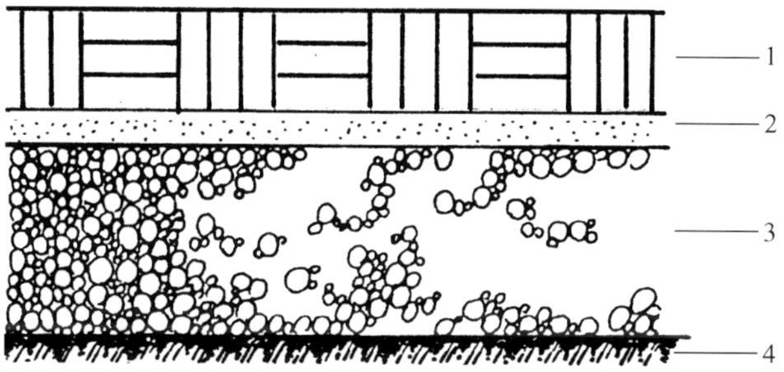

e 停车场构造一

1—黏土砖平、立间隔排列；2—30~50 厚粗砂；3—250 厚碎石；4—素土夯实

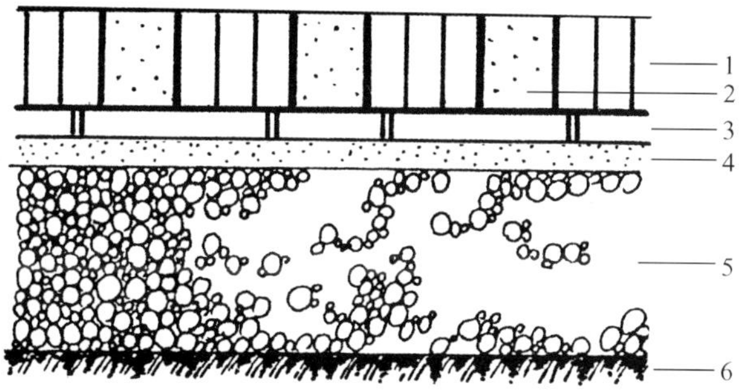

f 停车场构造二

1—黏土砖横立；2—与砖同高培养土种草；3—30 厚青砖；4—30 厚粗砂；5—250 厚碎石；6—素土夯实

1 实心砖路面构造

2. 空心花砖及其构造

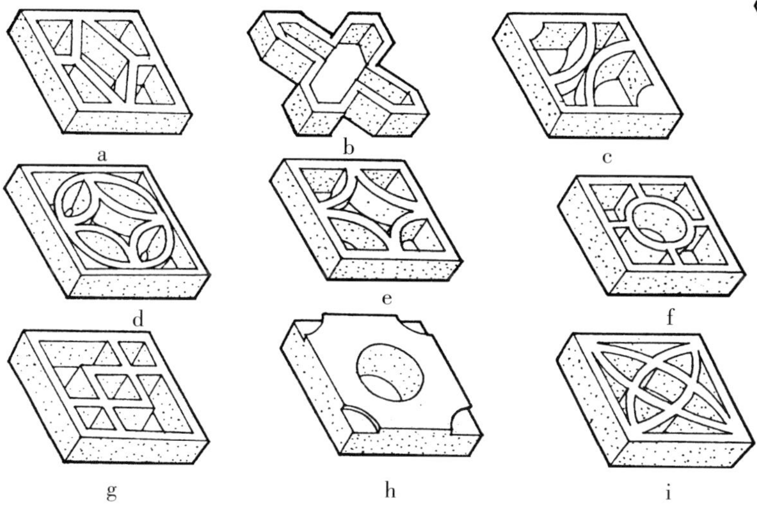

2 空心花砖的样式

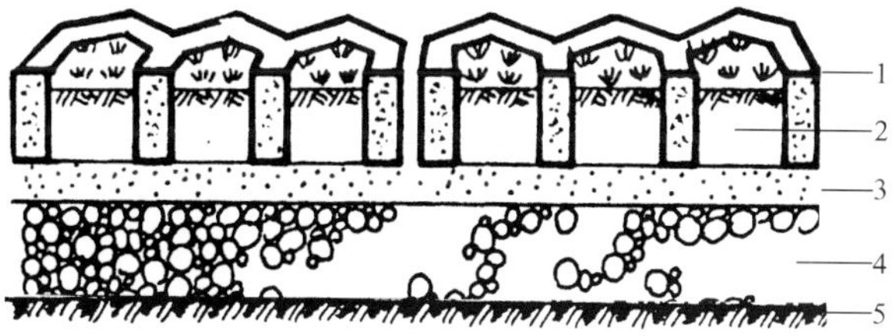

3 空心花砖路面构造

1—空心花砖；2—培养土种草；3—30~50 厚粗砂；4—150 厚碎石；5—素土夯实

二、铺筑实例

1 红黏土砖铺筑的蜿蜒山中的园路(新加坡)

2 采用十字条式、宽缝铺筑的园路，工艺细致工整(新加坡)

3 错缝平铺并有整砖压边的花园砖路(澳大利亚)

4 有纹的黏土砖在园中效果独特(澳大利亚)

5 红、青灰两色砖园路(荷兰)

6 宅前花园中的红砖铺筑，形成红绿互补色对比(澳大利亚)

7 耐火黏土砖铺筑在车库前，具有行车道的抗压强度(澳大利亚)

8 横立铺筑的红砖步道(荷兰)

9 暖黄与青灰横立组合的园路(荷兰)

10 超薄黏土砖横立铺筑的园路(荷兰)

11 大型黏土灰青砖的铺筑(法国)

12 宫苑中大青砖的园路铺筑,留缝宽大,质感粗犷,与精细园林形成对比(泰国)

13 掺有彩色石粒烧制的黏土砖的铺筑(荷兰)

14 暖黄黏土砖起拱式铺筑的园路(荷兰)

15 超薄红黏土砖铺筑的园路(荷兰)

16 宽缝竖向铺筑的大青砖路面(法国巴黎)

17 斜向人字形铺筑的疏林青砖小道（中国上海）

18 林中的十字交叉铺筑（中国上海）

23 人字形铺筑局部

24 人字形直向排列（中国上海）

19 青砖人字形交叉路的铺筑局部

20 绿丛中的跌梯步道（中国上海）

21 绿地灌木丛中的青砖步道（中国上海）

22 图21中的转角连接

25 青砖游憩步道与公园主路的连接（中国上海）

一、石材概述

石材路面是现代园路、场地的主要铺装形式之一，主要材料种类为天然花岗石、大理石、青石板、红石板、各种卵石和石砾等。铺装方式和类型有正方形、长方形规则地面和不规则地面、碎拼与冰裂纹地面、块石嵌草与步石地面、地石与卵石拼花地面、卵石地面、卵石拼花地面，以及各种类型石材的组合拼花地面等等。

园林石材路面使用的材料广泛，品种较多，花色丰富，非常有利于地面纹样的组合制作。石材路面具有耐磨损、强度高、刚度大和易清洗等特点。石材的面层类型多样，有光面、镜面、凿面、垛斧面和火烧面等，上述特点增强了石材在不同路面的应用并增加了材料的可选择性。一般来说，石材地面更适宜于人流活动大、地面磨损频率较高的场所。

二、花岗石板

1. 特点、性能和用途 天然花岗石属高级园林景观装饰材料，通常用于较高级的园林景观工程、场地和城市花园、广场。虽然具有刚度大、耐磨好和使用周期长等优点，但其工程造价高、施工难度大、工艺要求较严，主要用于环境要求高、国家重点工程、纪念性公园、景园和广场，以及高级宾馆、度假村的庭园等场所。

天然花岗石属火成岩，材质坚硬。它是由石英、长石和云母等主要成分的晶粒组成，因而岩质坚硬密实，抗压强度高，而孔隙率和吸水率极低，具有良好的耐酸、耐磨和耐久性能，是户外饰面和地面铺装的优良材料。此外，品质较好的花岗石，方块结晶颗粒细而均匀，石英含量多而云母少，不含黄铁矿等杂质，而其中的长石光净明亮。

2. 花岗石板材的品种规格

(1) 分类与品种 按用途、加工方法的不同花岗石板分为粗磨板、磨光板、剁斧板、机刨板和火烧板五种。

(2) 规格 花岗石的荒料尺寸见表 1，板材的规格见表 2。

按设计规格加大的尺寸(mm) 表 1

用料部位	长	宽	厚
台阶	20	20	—
地面	20	20	—
墙面(斗板)	20	20	—
盖板、重带	30	40	30
压面(台邦石)	30	30	20
柱面	20	20	—
拱旋脸	20	20	—
柱墩	20	20	—
栏板	60	40	30
柱子	60	30	30

粗磨、磨光天然花岗石板材的规格(mm) 表 2

长	宽	厚	长	宽	厚	长	宽	厚
300	300	20	900	600	20	305	305	20
400	400	20	1070	762	20	610	305	20
600	300	20	1070	750	20	610	610	20
600	600	20				915	610	20

3. 技术质量标准及性能

(1) 外观质量允许偏差 花岗石板外观质量允许偏差见表 3。

普型花岗石板材规格尺寸的允许偏差 表 3

分类		细面和镜面板材			粗面板材		
等级		优等品	一等品	合格品	优等品	一等品	合格品
长、宽度允许偏差(mm)		0 −1.0	0 −1.5	0 −1.5	0 −1.0	0 −2.0	0 −3.0
厚度允许偏差(mm)	厚≤15mm	±0.5	±1.0	+1.0 −2.0	—	—	—
	厚>15mm	±1.0	±2.0	+2.0 −3.0	+1.0 −2.0	+2.0 −3.0	+2.0 −4.0

(2) 板材平面度允许偏差 花岗石板平面度允许偏差见表 4。

普型花岗石板材平面度的允许极限公差 表 4

分类 / 允许极限公差(mm) / 板材长度范围(mm)	细面和镜面板材			粗面板材		
	优等品	一等品	合格品	优等品	一等品	合格品
≤400	0.20	0.40	0.60	0.80	1.00	1.20
>400~<1000	0.50	0.70	0.90	1.50	2.00	2.20
≥1000	0.80	1.00	1.20	2.00	2.50	2.80

（3）板材外观质量 板材的外观质量允许范围见表5。

外观质量允许范围 **表5**

序号	缺陷名称	板材部位与种类	允许范围
1	缺棱掉角	相邻两磨光面的棱角和机刨、剁斧板材的明棱 正面棱＞4mm×1mm≤10mm×2mm 正面棱≤2mm×2mm 底面棱角≤25mm×15mm或40mm×10mm	必须完整无缺 每米边长允许一处 每块板允许一处 每块板允许两处，其深度不得大于1/3板厚
2	斧纹、刨纹	剁斧板材的斧纹和机刨板的刨纹	应分布均匀，相互平行，刨面四角应在同一水平面上
3	剁面的坑窝	在≤0.2m^{2}面积上 在＞0.2~0.5m^{2}面积上	不允许有 30×30×3mm的允许两处
4	裂纹	剁斧、机刨、粗磨、磨光板材的一级品 粗磨和磨光板的二级品	不允许有 每块板允许一条，其直线长度不大于裂纹顺延方向板长的1/10
5	黏结修补	棱角缺陷处	允许修补，但应无明显痕迹，颜色和板面应基本一致
6	色线	裸露面上	不允许有
7	色斑	允许范围见表	
8	漏检率	一级品中≤10%的二级品，二级品中≤5%的等外品	

（4）板材表面色斑 花岗石板材表面色斑允许范围见表6。

表面色斑允许范围（mm） **表6**

平板长度	允许范围	粗磨和磨光板		机制、剁斧
		一级品	二级品	
≤800	≤50×30	不允许有	允许有两处	不允许有
＞800	≤50×30	不允许有	允许有	允许有一处

（5）板材角度偏差 花岗石板的角度偏差见表7。

板材角度的允许偏差 **表7**

分类 / 允许极限公差（mm） / 板材长度范围（mm）	细面和镜面板材			粗面板材		
	优等品	一等品	合格品	优等品	一等品	合格品
≤400	0.40	0.60	0.80	0.60	0.80	1.00
＞400			1.00		1.00	1.20

（6）板材棱角缺陷 花岗岩各种板材棱角缺陷见表8。

板材棱角缺陷允许范围（mm） **表8**

缺陷部位	最大允许范围	允许处数	
		一级品	二级品
正面棱	＞4×1≤10×2	每1m一处	每1m两处
正面角	≤2×2	每块板材一处	每块板材两处
底面棱角	≤25×5或40×10	每块板材两处	每块板材三处

（7）剁斧板材的剁面坑窝 板材剁面坑窝允许范围见表9。

板材剁面坑窝的允许范围（mm） **表9**

面积（m^2）	允许范围	允许处数
＜0.2	20×20×3	一处
0.2~0.3	20×20×3	两处
＜0.3~0.5	20×20×3	三处

（8）物理力学性能 花岗石板的物理力学性能见表 10。

物理力学性能 **表 10**

物理力学性能	密度 (g/cm³)	抗压强度 (MPa)	抗折强度 (MPa)	抗剪强度 (MPa)	吸水率 (%)
指标	2.5~2.7	117.72~245.25	8.34~14.72	12.75~18.64	1.0

（9）高温下的膨胀系数 天然花岗石的颜色主要由正长石的颜色和少量云母深色矿物的分布情况而定，颜色有黄麻、灰色、黑白、青麻、粉红色、深红色等。纹理均呈斑点状，颜色均匀，层次分明。制成的镜面、光面板材，光泽度极好，色彩丰富，质地典雅，装饰效果好。花岗石虽具有许多优异性能，但却不耐高温。因花岗石含有石英，在高温下会膨胀碎裂，这是因为花岗石中的石英，纯的为无色透明，熔化温度为 1710℃，但在 573℃时，体积发生剧烈膨胀致使比密度由 2.65 变为 2.53，其膨胀系数为 $(5.6–7.34)\times10^{-6}$/℃，硬度达 6~7。

（10）板材正面的外观缺陷 花岗石板的正面外观缺陷见表 11。

板材正面的外观缺陷规定 **表 11**

缺陷名称	规定内容	优等品	一等品	合格品
缺棱	长度不超过 10mm（长度＜5mm 者不计），周边每 m 长（个）	不允许	1	2
缺角	面积不超过 5mm×2mm（面积＜2mm×2mm 者不计），每块板（个）	不允许	1	2
裂纹	长度不超过两端顺延至板边总长度的 1/10（长度小于 20mm 者不计），每块板（条）	不允许	1	2
色斑	面积不超过 20mm×30mm（面积＜15mm×15mm 者不计），每块板（个）	不允许	1	2
色线	长度不超过两端顺延至板边总长度的 1/10（长度小于 40mm 者不计），每块板（条）	不允许	2	3
坑窝	粗面板材的正面出现坑窝	不允许	不明显	出现，但不影响使用

（11）质量要求 各种花岗石板的质量要求见表 12。

板材的质量要求 **表 12**

序号	名称	质量要求
1	规格公差	1）机刨和剁斧板材厚度的底带荒，不得大于预留灰缝的 1/2。 2）两面磨光板材，要两块或两块以上拼接时，其接缝处的偏差不得大于 1.0mm。 3）异形板材的线角应符合样板，允许公差为 $^{0}_{\pm 3}$mm 4）规格尺寸允许公差见表 3
2	角度偏差	1）机刨并经机械切边板材，其角度允许偏差和粗磨、磨光板材相同；经手工凿边的板材，其角度允许偏差和剁斧板材一样。异形板材的角度只允许有负公差（参见大理石规定）板材正面与不磨光侧面的夹角不应大于 90°。 2）矩形或正方形板材的角度允许偏差见大理石板材的角度允许偏差规定
3	平度偏差	平度允许偏差见表 4
4	棱角缺陷	1）边长不足 1.0m 而大于 0.5m 者，按 m 计；剁斧板材的斧纹和机刨板材的刨纹应分布均匀，相互平行，见表 8。 2）相邻两个磨光面的棱角必须完整无损
5	黏结修补	花岗石板材的棱角缺损缺陷可黏结修补，修补后不得有明显痕迹，颜色应和板面基本一致
6	划痕	允许有轻微的划痕，明显的划痕一级品不能有，二级品每块板可有一条
7	裂纹	机刨和剁斧板材不得有贯通裂纹；磨光板材和粗磨的一级品不得有裂纹；在二级品中每一块板材可有一条，其直线长度不得大于裂纹顺延方向板长的 1/10
8	色彩、色线和色斑	1）磨光板材和粗磨板材的颜色在每 100m² 中，目视测定基本一致。允许有颜色相近的色线、色斑等。 2）在板材的裸露面一级品不允许有不同颜色的色线，允许二级品有色线但长度应小于顺延方向的 1/10。 3）允许有 3cm 色线

4. 常用花色品种及产地 花岗石板的常用规格及产地见表 13。

天然花岗石板材的常用花色品种及产地　　表 13

型号	花色品名	规格(mm)	产地
603	巴厝白	600×600×18	福建
607	古山红		
608	后郭绿		
611	浙黑		
612	小田青		
613	东岳黑		
615	峰白		
623	芝麻灰		
633	内厝白芝麻		
635	溪红		
640	江白		
645	建红		
646	南埔红		
647	河市黑白		
648	埔红		
649	樟脚黑		
650	贵妃红		
654	芝麻青		
657	乳红		
692	意大利红		
—	中国绿	300×300×10 ~ 600×900×20	攀枝花钢铁公司花岗石厂
	墨玉		
	其他品种		
GB562	岑红	600×600×20 各种直径	广西北流石材有限公司
GB568	黑白		
GB592	小红花		
GB565	中国红		
GB595	茶花		
GB566	北流黑		
GB771	圆柱板		
GB594	虎斑		
G101	三合红	600×600×20	成都利安石材厂
G102	荥经红		
G107	玫瑰红		
G501	黑花岗		
G503	满天星		
G301	豹皮花		
G801	峨嵋雪		
G702	峨嵋紫		
G103	四川红		
—	中国红 #1、#2	600×600×20	四川
	四川红 #2		
	荥经三合红 #1、#2		

续表

型号	花色品名	规格(mm)	产地
—	米易绿		
	济南青		
	芝麻白		
	安县绿		
	黑花岗		
—	贵妃红	150×150×20	灵丘县花岗石公司
	玉堂绿	200×200×20，240×240×20	
	芝麻白	300×300×20	
	虎皮花	300×600×20，400×400×20	
	蔷薇花	400×400×20，400×600×20	
	大白青	500×500×20	
	墨玉	600×600×20	
	杏花	600×900×20	
—	印度红	600×600×20 其他规格可加工	西安石材厂
	三峡红		
	紫花岗		
	三合红		
	冰花红		
	天全红		
	孔雀绿		
	汉山青		
	荣经红		
	石棉红		
	米易绿		
	华山白	A:600×600 以下 B:600×900 1000×1000 厚度:20	河南
	伏牛红		
	伏牛黑		
	新乡红		
	菊花青		
	蝴蝶花		
	芝麻黑		
	枫尾红		
	森林绿		
	夜云朵		
—	陇州红(1)	300×300×20	陕西
	陇州红(2)	600×600×20	
	陇州红(3)	1200×600×20	
—	三峡红	各种规格、最大规格可达 $3.2m^2$ 以上	湖北
	三峡绿		
	水芙蓉 #1		
	水芙蓉 #2		
	芝麻绿		
	宜昌青		

续表

型号	花色品名	规格(mm)	产地
—	宜昌红		湖北
	玫瑰红		
	西陵红		
603	晋江峰白		
615	灰白		
617	崇武白		
623	海沧石		
606	石砻红		
633	巴厝细花		
640	晋江白		
657A	虎皮红		
635、636	安溪(浅)红		
654	莆田青		
655	莆田青		
664	罗源红		
665	福花红		
680	一点黑		
#A	三合红		
#A	荥经红		
#A	高宝红		
#A	亚州红		
优质板	汉白玉		
—	中米江		
—	中国蓝		
—	中国绿		
—	各种花色	600×600×20 300×300×20 其他规格可以加工	北京
$H \times G$		300×300、600×300 600×600、600×900 厚度 20、25、30 大板:2600×1200	厦门
一级板	托里红	600×600×20 最大规格:600×1800 厚度 20、30	新疆
二级板	托里红		
三级板	托里红		
一级板	新疆红		
二级板	新疆红		
三级板	新疆红		
一级板	雪花青		
二级板	雪花青		
三级板	雪花青		
—	伏牛红	600×600×20 其他规格可以加工	河南宝天曼石材有限公司
	伏牛黑		
	芝麻白		
	宝石红		
	宝石黑		

续表

型号	花色品名	规格(mm)	产地
进口	白麻	600×600×20 及其他各种规格	深圳
	金沙黑花岗		
	玫瑰珍珠		
	积架红麻		
	印度红麻		
	非晶麻		
	绿星		
	菊花岗		
	非晶麻		
	幻彩红		
	粉红麻		
	紫彩麻		
	鲸灰石		
	加多利红		
	金麻		
	中国红	300×300×20 400×400×20 500×500×20 600×600×20	山东
	三合红		
	将军红		
	沂水红		
	蒙山红		
	齐鲁红		
	万山红		
	太行红		
	五莲红		
	海阳红		
	莱阳红		
	蒙古黑		
	五连花		
	蓝宝青		
	济南青		
	鲁黑		
	石岛红		
	樱花红		
	印度红		
	挪威红		
503	太行红	600×600×20	洛阳
520	少林红		
508	梨花红		
543	珍珠黑		
557	森林绿		
551	雪花青		
704	芝麻黑		
521	彩云		
533	红巾梨		
535	凤尾红		
532	东方红		
704	芝麻白		
707	夜里雪		
540	卵花		

续表

型号	花色品名	规格(mm)	产地
	少林红A 少林红B 少林红C 凤尾红A、B 彩云 宝石花 玉莲花 石榴红 五连花 夜里雪 翡翠红 晚霞红	600×600×20 其他规格俱全	河南省登村 市石材总厂
—	齐鲁红 莒州红 奇彩红 万山红 将军红 竹园红 西里红 枫叶红 贵妃红 原始红 芝麻白 济南青A、B 沂蒙青	A:300×300×20 B:600×600×20 C:900×900×20 D:圆柱直径4块 E:圆柱直径3块 F:圆柱直径2块	
603 615 617 623 636、638 #1、#2 #A #A #A #A #A 680 684、685	晋江峰白 灰白 崇武白 海沧石 安溪浅红 中国红 芦定红 石棉红 石榴红 亚洲红 三合红 一点红 福建黑		西安西泉 石材公司

1 岑溪红

2 新疆红

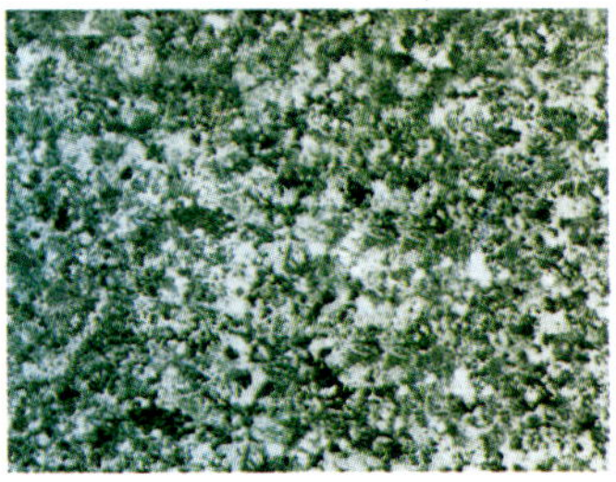
3 菊花绿

4 蒙古黑

5 巴厝白

6 晋江巴厝白

7 莱州樱花红

8 粉砂岩

9 泸定五彩石

10 金彩麻

11 齐鲁红

12 虎皮红

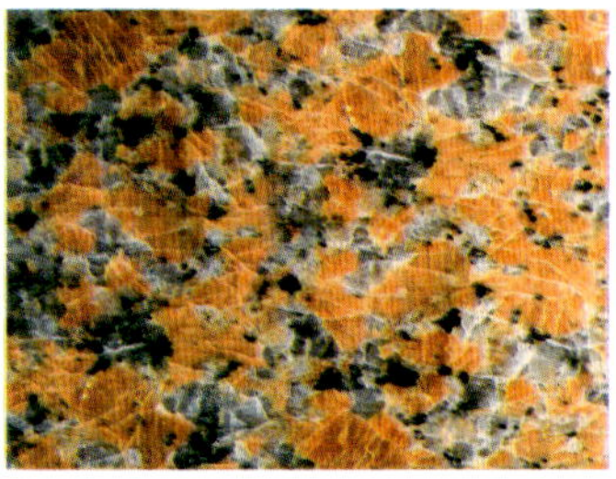
13 枫叶红

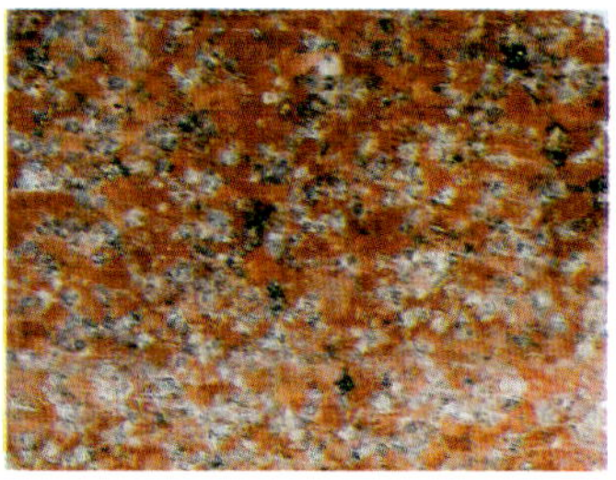
14 中国红

15 西施红

16 印度红

三、天然大理石板

1. 性能、特点与用途 天然大理石是一种高级铺装饰面材料，通常用于高级建筑工程和园林景观的装饰。大理石的色彩丰富、花纹多样，采用大理石作铺贴装饰，具有华丽气派光彩富丽的效果。

大理石是一种变质岩，属碳酸岩，主要成分为氧化钙、氧化镁及微量的氧化硅、氧化铝等。因而，大理石的颜色与其成分密切相关，除纯白色大理石成分较为单纯外，大多数大理石都是两种以上成分混杂在一起。由于成分复杂，所以大理石的颜色和纹理才变化多样、深浅不一，具有特殊的装饰韵味和自然美感。

大理石板化学成分的不同，决定了其色彩、纹理各异，而其使用性能和石质稳定性也各不相同。掌握大多数品种的性质和特性，对于设计人员选材用材和施工人员在施工中确定镶贴工艺，是极其重要的。一般来讲，在大理石众多的花色中，红色和深红色最不稳定，绿色次之，浅灰、灰白和白色成分单一，比较稳定，其中，白色最为稳定，不易变色和风化。这也就是为什么汉白玉栏杆、须弥座等在古典和皇家园林中应用广泛且历经数百年仍保持完好的原因。

由于大理石所固有的成分和性能特点，决定了一些含有杂质或杂质较多的品种不适宜用在室外，因而，园林工程和园路铺筑一定要选择那些成分单一、质地坚硬致密的品种。如果在拼花地纹中一定要用色深、质疏的花艳品种，一定要控制面积比例和用量。

2. 定型板材的规格 大理石板材产品分定型与不定型两种，常用定型产品的规格见表1。非定型产品的规格需订做。

大理石板材定型产品规格(mm) 表 1

长	宽	厚	长	宽	厚
300	150	20	915	610	20
300	300	20	1070	750	20
305	152	20	1200	600	20
305	305	20	610	305	20
400	200	20	610	610	20
400	400	20	1067	762	20
600	300	20	1200	900	20
600	600	20	1220	915	20
900	600	20			

3. 技术物理性能

(1) 物理力学性能 大理石的物理力学性能见表2。

大理石的物理性能 表 2

性能项目	技术指标
表面密度(kg/cm³)	2600~2700
抗压强度(MPa)	50~140
抗折强度(MPa)	3.5~14
抗剪强度(MPa)	8.5~18
吸水率(%)	<10
膨胀系数(10^{-6}/℃)	9.02~11.2
平均韧性(cm)	10
平均重量磨耗率(%)	12
耐用年限(年)	20 以上

(2) 大理石成分与颜色的关系 大理石所含成分与颜色的关系见表3。

大理石的成分与色彩的关系 表 3

白色	紫色	黑色	绿色	黄色	红褐色、紫红色、棕黄色	无色透明
碳酸钙、碳酸镁	锰	碳或沥青物	钴化物	铬化物	锰及氧化铁的水化物	石英

4. 技术质量要求

(1) 板材平整度 大理石板材平整度的允许极限公差见表4。

大理石板材平整度的允许极限公差 表 4

板材长度(mm)	允许极限公差值(mm)		
	优等品	一等品	合格品
≤400	0.20	0.30	0.5
>400~800	0.50	0.60	0.8
>800	0.70	0.80	1.00

(2) 板材角度 大理石板材角度的允许极限公差见表5。

大理石板材角度的允许极限公差 表 5

板材长度(mm)	允许极限公差值(mm)		
	优等品	一等品	合格品
≤400	0.30	0.40	0.50
>400	0.40	0.50	0.70

(3) 尺寸偏差 大理石板材规格尺寸的允许偏差见表6。

大理石板材规格尺寸的允许偏差 **表6**

部位 \ 允许偏差(mm) \ 等级		优等品	一等品	合格品
长、宽度		0、-1.0	0、-1.0	0、-1.5
厚度(cm)	≤12	±0.5	±0.8	±1.0
	>12	±1.0	±1.5	±2.0

5. 外观质量要求

(1) 外观缺陷规定 大理石板材外观缺陷规定见表8。

大理石板材外观缺陷规定 **表8**

名称	规定内容	优等品	一等品	合格品
裂纹	长度超过10mm的不允许条数(条)	0		
缺棱	长度不超过8mm、宽度不超过1.5mm(长度≤4mm,宽度≤1mm不计),每米长允许个数(个)	0	1	2
缺角	沿板材边长顺延方向,长度≤3mm,宽度≤3mm(长度≤2mm,宽度≤2mm不计),每块板允许个数(个)			
色斑	面积不超过6cm²(面积小于2cm²不计),每块板允许个数(个)			
砂眼	直径在2mm以下		不明显	有,不影响效果

(4) 磨光板材的光泽度 大理石磨光板材的光泽度见表7。

大理石板材主要品种的光泽度 **表7**

板材代号	板材名称	光泽度要求	
		一级品	二级品
101	汉白玉	90	80
102	艾叶青	80	70
104 078	墨玉桂林黑(晶黑)	95	85
234 075	大连黑、残雪	95	85
105	紫豆瓣	95	85
108-1	晚霞	95	85
110	螺丝转	85	75
112	芝麻白	90	80
311 413	雪花	85	75
058 059	奶油	95	85
076	纹脂奶油	70	55
056 322	抗灰、齐灰	95	85
063	秋香	95	85
064	桔香	95	85
052	咖啡	95	85
320 312	莱阳绿、海阳绿	80	70
217 217-1 217-2	丹东绿	55	45
219	铁岭红	65	55
055 218	红皖罗、东北红	85	75
405	灵红	100	90

(2) 外观质量要求 大理石板材外观质量要求见表9。

天然大理石板材的外观质量要求 **表9**

序号	项目	板材范围或代号、名称	外观质量要求	
			一级品	二级品
1	磨光面上的缺陷	整个磨光面	不允许有直径>2mm的明显砂眼和明显划痕	
2	不贯穿厚度的裂纹长度	磨光产品表面	允许有不贯穿裂纹	
3	贯穿厚度的裂纹长度	贴面产品贯穿的裂纹长度	不得超过其顺延长度的20%,且距板边60mm范围内,不得有大致平行板边的贯穿裂纹	不得超过其顺延长度的30%
4	棱角缺陷	在一块产品中 正面棱 正面角 底面棱角	不允许的缺陷范围: 长×宽>2x6之积 长×宽>2x2之积 长×宽>40x10之积 深度>板材厚度的1/4	不允许的缺陷范围: 长×宽>3x8之积 长×宽>3x3之积 长×宽>40x15之积 深度>板材厚度的1/2
		产品安装后被遮盖部位的棱角缺陷	不得超过被遮盖部位的1/2	
		两个磨光面相邻的棱角	不允许有缺陷	
5	黏结与修补	整体范围内	允许有,但处理后正面不得有明显痕迹,颜色要与正面花色近似	
6	色调与花纹	定型产品	以50~100m²为一批,色调、花纹应基本调和,不得与标准样板的颜色、特征有明显差异	
		非定型配套工程产品	每一部位色调深浅应逐渐过渡,花纹特征基本调和,不得有突然变化	

6. 常用花色品种及产地 大理石板的常用花色品种及产地见表 10。

大理石板常用花色品种及产地 **表 10**

型号	花色品名	规格(mm)	产地
—	白水晶 细花白 雪花白 灰网纹 黑白根 黑金花 大花白 万寿红 玫瑰红 香槟红 挪威红 紫罗兰 晚霞红	600×600×20 及其他各种规格	深圳
311 319 333 324 331 332 108	雪花白 云雾白 羊脂玉 虎皮红 山水云灰 墨玉 晚霞红	600×600×20 及其他规格	洛阳
—	虎皮红 云雾白 墨玉 晚霞红 雪花白 云雾玉 菊花青 大(小)冰花	600×600×20 及其他规格	河南
	雪花青 孔雀青 芙蓉绿 云灰 雪花白 普白 灰白 莱阳绿 珍珠花 珍珠红 条灰 墨玉	600×600×20 及其他规格	山东衮州市建材厂
	夕阳红 红奶油 莱阳绿 丹东绿 云彩花 灰宛螺 宛螺红 栖霞绿	600×600×20 及其他规格	山东
	汉白玉 墨玉		

续表

型号	花色品名	规格(mm)	产地
—	芝麻白 曲阳雪花 艾叶青 云花 山东雪花 晚霞 桂林黑 莱阳绿 螺丝转	300×300×10 400×400×10 300×600×12 400×600×12 400×400×12 600×600×15 及其他规格	北京
M802 M503 M803 M502 M801	雪花白 乌江黑 墨晶玉 贵州黑 蜀白玉	600×600×20	成都
416 418 420C 405 425	米黄石 木纹石 荷花绿 菱红石 黑色石	300×150×10 200×100×10 及其他规格	广东
—	汉白玉 云灰 雪花白 子母石 小花白 柳叶 艾叶青 平山红 胡芦花 竹叶 风景绿 云雾白 豹斑	600×600×20 其他规格可加工	西安
	莱阳绿 雪花白 云灰 木纹石 墨玉 奶油黄	300×300×20 600×600×20 600×900×20 圆柱直径 4 块 圆柱直径 3 块 圆柱直径 2 块	西安
	汉白玉 五彩玉 云雾玉 米黄玉 黑墨玉 木纹玉 紫红玉 雪花白(大小) 碧绿玉 海浪花 彩云花 晚霞红 虎皮黄 云雾绿	A:300×300 B:305×305 400×400 C:500×500 300×600 400×600 D:400×700 500×700 600×600 E:500×90 400×120 600×1000 F:600×120 600×150 1000×1000	河南宝天曼石材有限公司

四、青石板

1. 性能、特点与用途 青石板系水成岩，虽然没有大理石的柔润光泽，绚丽多彩，也不像花岗岩那样坚硬、强度高，但具有特殊的自然风格和地面装饰效果，其材性、纹理和构造使其易于加工成面积不大的薄板，表面也有一定的自然纹理，见图1和图2。

1 规则形光面青石板

2 不规则形光面青石板

2. 品种、规格 青石板通常加工成规则板和不规则板两种，规则板常加工成300~500mm不等边长的矩形块，见图1。其表面按加工处理工艺的不同可分为毛面青石板和光面青石板两种。

位于地面表层的青石板荒料，由于埋藏较浅，长期风化，较易开采为薄的青石板，如果岩石埋藏较深，则开采的荒料规格较大，能加工较厚的板材规格。位于地表的青石板虽能加工成较薄的青石板，但其抗压和耐久性差，地表深层的岩石加工而成的青石板，抗压强度高、耐老化性能好，但成本较高，因而，可根据不同的环境要求选择使用。

五、天然岩板

1. 性能、特点与用途 天然岩板在数亿年的形成和演化中，形成了层面结构的矿藏和石材矿床。其加工方式与其他石材的传统加工方式完全不同，即开采后按其原有层面结构劈裂制造而成。因此，其表面形成了非常丰富的自然纹理效果，既有相对平整的自然面，又有浮雕般变化的自然面；有凸凹不平的石材面，也有色彩极富变化的自然面，见图3。

天然岩板用于园林、景观环境中的道路铺装和建筑外墙装饰，不仅装饰效果质朴淳厚，还有回归自然之感。天然岩板按其成分可分为石英质岩板、砂岩板及其他类岩板三种类型。板形分为规则板和不规则板两种。

3 不同花色、颜色丰富的天然岩板组合

2. 品种、规格 天然岩板的产品型号、品名、颜色及规格见表1。

规则天然岩板的型号、品名、颜色及规格　　表1

型号及品名	颜色	规格(mm)
GS-1308 石英板	暗粉红	300×600
GS-1805 粉沙岩板	粉色	600×1000
GS-1085A 平面粉沙岩板	粉色	600×1000
GS-1085B 粉砂岩板	粉色	600×1000
GS-1085D 蘑菇粉砂岩板	粉色	200×400
GS-1013 木纹岩板	黄色	300×600
GS-1119 锈板	铁锈色	300×600
GS-1007 绿板	绿色	300×600
GS-1804 瓦板	紫红色	300×400
GS-1001 瓦板	冷灰	300×400
GS-1602 瓦板	黑色	300×200
石英质板岩 砂岩板岩 瓦板	各种颜色	100×200、200×300、300×300 厚度4~6、5~7、6~9、8~12、10~15、15~20、20~25、25~30

一、石材路面构造

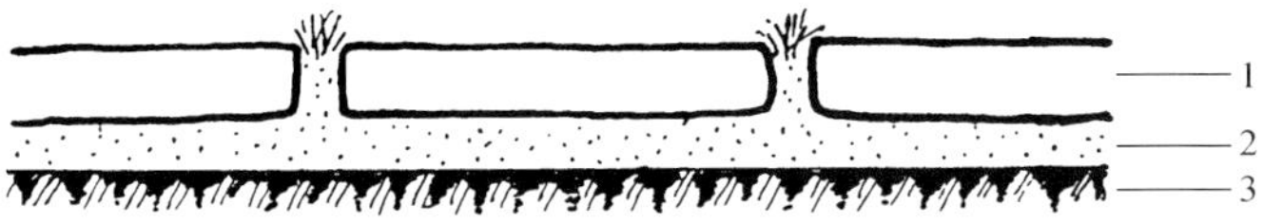

1 构造一

1—50~100 厚天然石板；2—50~80 厚黄砂；3—素土夯实

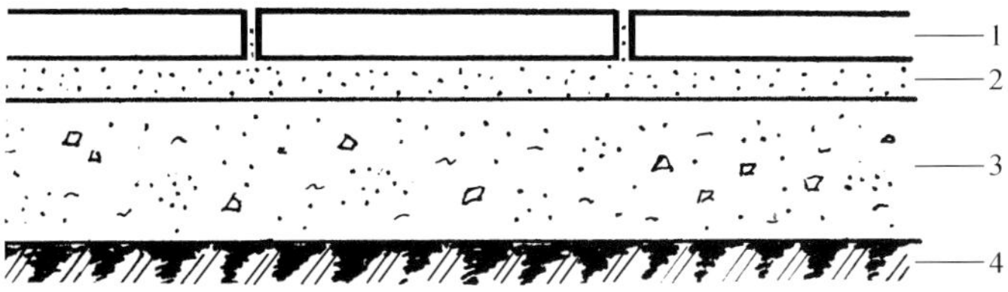

2 构造二

1—30~50 厚天然石板；2—20 厚 1∶3 白灰砂浆；3—150 厚碎石三合土；4—素土夯实

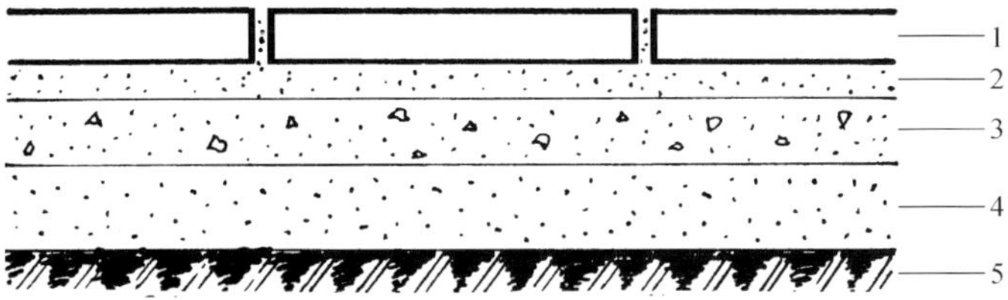

3 构造三(行车路)

1—18~25 厚石材；2—20 厚干硬性水泥砂浆；3—50 厚素混土垫层；4—100 厚 3∶7 灰土垫层；5—素土夯实

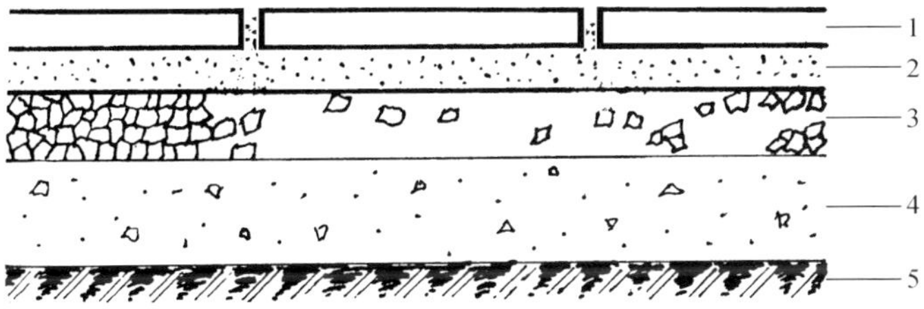

4 构造四(行车场)

1—80~120 石板；2—30 厚粗砂；3—黑色碎石；4—级配砂石；5—素土夯实

二、常见铺筑形式

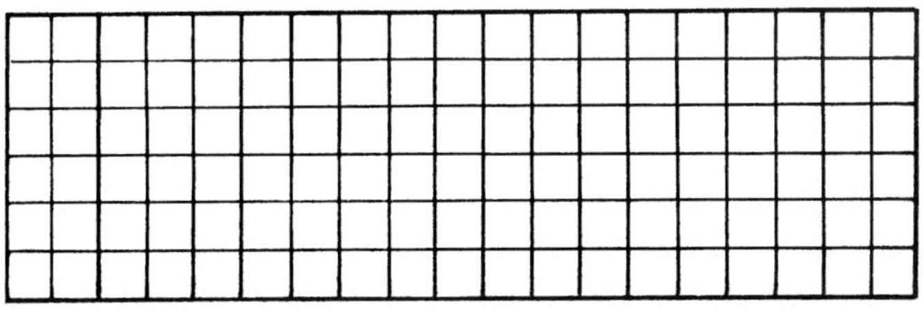

5 方形板的对缝铺筑

6 长形板的错缝铺筑

三、石材路面铺筑作法

石材路面的铺筑作法

项目名称		内容及说明
材料、构造及施工准备	材料及其参数	(1) **技术性能** 天然石材包括花岗岩、大理石、青石板、天然岩板及卵石等，其物理力学性能、化学性能见本章“材料的种类、性能与应用”一节。 (2) **品种与规格** 详见本章“材料的种类、性能与应用”一节
材料、构造及施工准备	构造	天然石材路面构造见本页图1~图4
材料、构造及施工准备	施工程序	施工程序：清理基层→放线、弹线→石板浸水湿润→摊铺砂浆结合层或粗砂结合层→试安标准块→铺贴→缝处理→养护
材料、构造及施工准备	施工准备	(1) 应先清理基层，再抹底层灰。要求平整、洁净。 (2) 对于铺设水泥砂浆结合层上的石材，施工前应将板材浸水湿润，这是保证黏结牢固、防止空鼓的有效措施。 (3) 用于干硬性砂浆和粗砂结合层上的石材，虽然不要求浸水湿润，但应清理干净石材结合面。 (4) 在施工路面或场地基层上弹出中心线，铺贴时，按分块的位置，每行依次挂线(起到面层标筋的作用)。地面面层标高由路面、场地周边柱水平线基准线返下找出。 (5) 正式铺筑前，应安放标准块，它是整个铺贴面水平标准和横缝的依据，在十字线交点处最中心点安放，十字中心线为中缝时，则在十字交点对角线安放标准砖，然后用水平尺和角尺校正
铺贴作法	施工要求	(1) 铺贴施工前，应将有缺陷、裂纹和局部污染变色的石材板挑选出来。 (2) 对于质量完好的进行套方检查，规格尺寸如有偏差，应磨边修正。 (3) 如果包装石材用的是草绳等易掉色材料，拆包前应防止受潮后污染石板。 (4) 施工和铺贴用的连接件、锚固件和工具应预先准备好
铺贴作法	铺筑方法	(1) 天然石材路面铺贴前，应对块材进行试拼，先对比颜色、拼花、编号，以便于正式铺筑时对号入座。 (2) 检查基层平整情况，如偏差太大，应在铺筑前，进行修补。 (3) 将基层清扫干净，然后找水平、弹线，再在找平层上，设标准砖或做灰饼，并找中找方，提前一天洒水湿润基层。 (4) 弹线后，先铺若干条石材作为基准，起标筋作用。 (5) 铺贴步骤应先道路或场地中线往两侧采取退步法铺筑。 (6) 采用水泥砂浆作黏结层的，铺筑 24h 后，应洒水养护 1~2 次。常规情况下应养护 2 天

四、实例

1 三种花色铺筑的林中花岗石路(中国上海)

3 由矩形和方形组成井字格局、灰色和蓝色穿插拼花铺筑的园路(韩国)

2 本图为图1的拼铺局部

4 在十字线处及交点对角线安放四大一小五块蓝色石块,与浅灰色组成单元拼花

5 纵向看釜山海滨公园拼花路面

6 大小方形和矩形的拼贴花岗岩地面,间隔点缀红色石块,使路面富于变化(中国上海)

7 由两排方形石材铺筑的园路(瑞士)

8 矩形石板横排错缝铺筑的步行道(荷兰)

9 由方形、三角形和多边形拼贴的园路(中国上海)

10 薄形方石板对缝铺贴的、不同高程的园路(中国上海)

11 矩形光面板材对缝铺贴的海滨步行道(澳大利亚)

12 由大小方形和矩形组合拼铺的园路(澳大利亚)

13 矩形对缝石铺路(新加坡)

14 由深浅两色组合的石材路面(中国上海)

15 长条石纵排错缝的铺筑(新加坡)

16 矩形石板铺筑的步行道(德国)

17 大方石和长条石间隔嵌装的园路(瑞士)

18 天然岩板对缝铺筑的庭院路(新加坡)

19 天然岩板铺筑局部(新加坡)

20 表面平整的天然岩板廊道铺筑(意大利)

21 石纹丰富的天然岩板园路铺筑(意大利)

22 方形与矩形结合的岩板园路(意大利)

23 大方形和小长条红石板结合的园路,色彩艳丽(澳大利亚)

24 作为公园甬道铺筑的天然岩板,矩形对缝(中国上海)

25 长槽凿毛面的长方形青石板铺筑(意大利)

26 长槽凿毛面青石板圆曲面铺筑(意大利)

27 短槽凿毛面青石板园路(意大利)

一、块石、碎石的种类及应用

块石和碎石通常是利用加工标准石材所剩的下脚角料加工成规则性的小块石和不规则的碎石。根据材质的不同分为花岗岩、青石、天然岩板和大理石等料材，块石在欧洲、地中海沿岸和美洲各国有着悠久的加工和应用历史；碎石的拼贴在中国古典园林中历史悠久。块石和碎石经设计人员巧妙构思和筛选铺装后，可以形成效果朴素、随形随色、拼铺自由和形式多样的路面组合，如图1和实例所示。

二、铺贴方法和构造

应在设计人员的现场指导下铺贴，才能取得较好的效果。块石和碎石多采用水泥砂浆作为结合层，具体作法和路面构造详见本章的“规则天然石材的设计铺装”一节。

1 由多种颜色、品种块石拼铺的路面（瑞士）

三、设计与拼铺形式

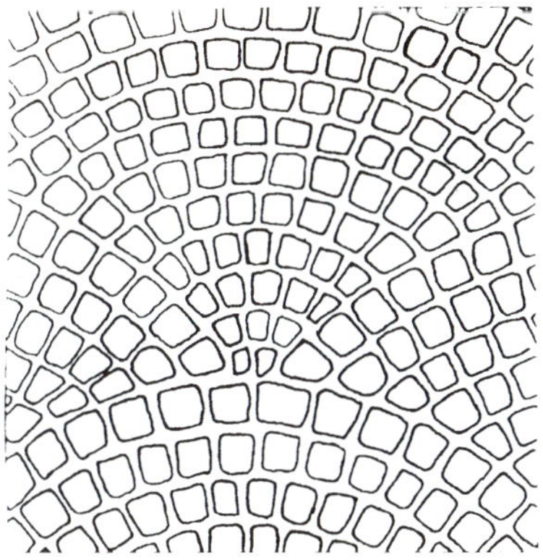

a

b

g

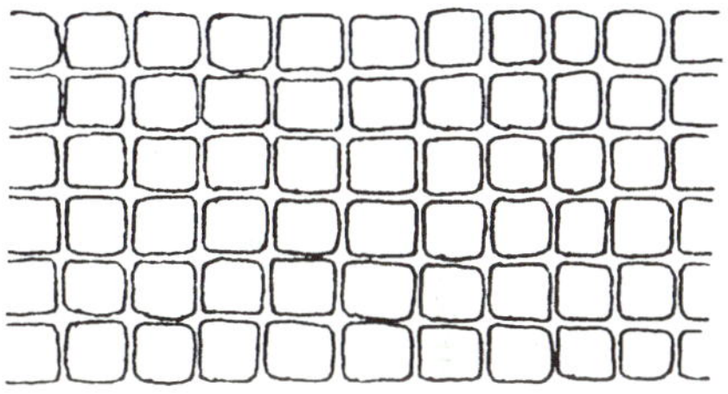

h

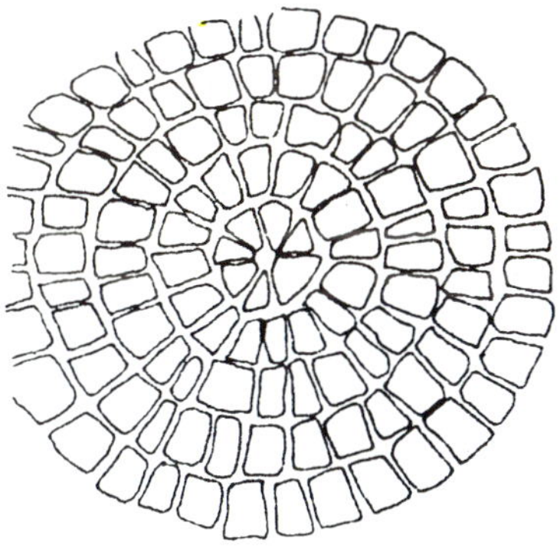

c

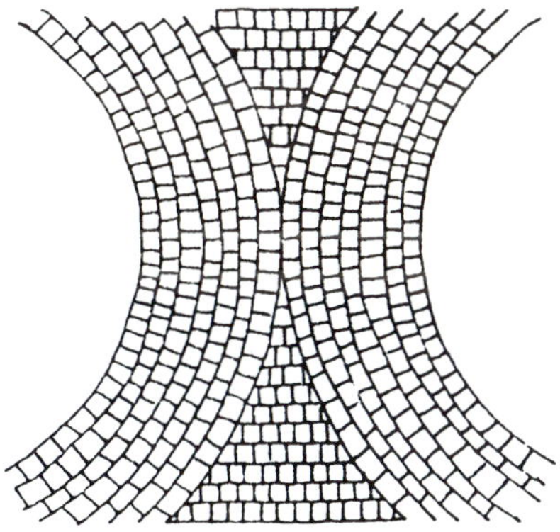

d

i

e

f

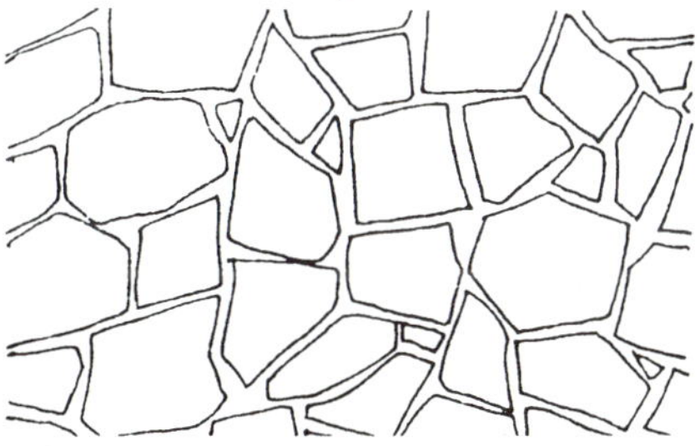

j

2 块石与碎石的拼铺形式

四、块石拼铺实例

1 块石扇形纹样拼铺的园路(奥地利)

2 从路的侧面可以看出,石块拼铺是由三组扇形纹样构成(奥地利)

3 块石双组扇形小园路(奥地利)

4 庭园绿茵中的块石小园路(德国)

5 由红、蓝、黄三色块石纵横拼铺的庭园小路(德国)

6 青块石扇形拼铺的滨河园路(澳大利亚)

7 毛面花岗岩块石横铺的园路(中国上海)

8 花岗岩块石拼铺的宅园路(荷兰)

9 纵向与圆形拼铺组合的块石园路(荷兰)

10 公园疏林中的块石园路(德国)

11 穿越植物园的块石行车路(德国)

12 古典园林对景线上的块石路(德国)

13 植物园棚架下的块石园路(德国)

14 横排错缝铺筑的步行道(瑞士)

15 园区入口的块石小径(卢森堡)

16 穿越绿地的块石路(德国)

17 绿地公园边的块石园路(德国)

18 河岸公园餐饮区的块石园路(澳大利亚)

19 穿越广场和步行区的块石车道(德国)

20 三种规格的块石组合路(法国)

21 彩石与白块石拼铺的波浪式地纹(意大利)

22 住宅入口前的块石波浪式地纹(意大利)

23 通往地下停车场的块石坡道地纹(意大利)

24 花园式住宅入口路的块石波浪地纹(意大利)

25 花园街道的块石铺筑(澳大利亚)

27 青块石的圆形场地铺筑(德国)

28 块石拼铺的园林景观步道(德国)

26 古城有轨车道的块石铺筑(德国)

29 块石错缝、水泥砂浆灌缝的人行步道(德国)

30 三种花色墁砖铺筑的块石广场(法国)

31 按标准黏土砖规格加工的块石纵向铺筑(中国上海)

32 块石的纵向错缝铺筑(中国上海)

33 道路分隔带上的块石铺筑(卢森堡)

34 光面与毛面块石的质感对比(中国上海)

35 冷暖色块石的色彩对比(列支敦士登瓦杜兹)

37 光面、深色块石的铺筑(列支敦士登瓦杜兹)

36 单一灰色块石的铺筑(澳大利亚)

38 暖灰色块石的场地铺筑(澳大利亚)

39 浅灰与深灰同色系的拼铺(法国)

40 宽缝、水泥灌缝的块石铺筑(法国)

41 粗毛面块石和宽缝形成粗犷的铺筑效果(法国)

42 多色、不同规格混铺的块石行车路(法国)

43 不同规格和形状随形拼铺的块石路面(瑞士)

44 红石材质的块石以单一色组成波浪式的地纹(马来西亚)

45 沿广场外铺设的红块石道路(马来西亚)

46 白色铺地广场外的行车路(马来西亚)

47 君士坦丁凯旋门外的古罗马块石路(意大利)

48 罗马遗址景园的场地块石铺筑(意大利)

49 台伯河岸的古罗马块石路(意大利)

50 老城区广场的粗面块铺筑(比利时)

51 岁月沧桑,磨砺得光滑明亮的块石地面,与灯光组成迷人的光环境(奥地利)

52 古巷中的块石光环境(奥地利)

53 皇宫广场上的块石地纹(比利时)

54 罗马贝格广场上的彩块石地纹(德国)

55 大小红块石拼铺的地纹(法国)

56 社区活动场地的灰色块石地纹(德国)

57 校园场地的块石地纹(德国)

五、碎石拼铺实例

1 度假村鸟禽园的碎石拼铺路(泰国)

2 植物园规则式园区的碎石甬道(泰国)

3 碎石的随意与园林规整的严谨形成对比(泰国曼谷)

4 浅绿色碎石与河塘色和绿茵相呼应(中国上海)

5 本图为图4的拼铺局部

6 碎拼大理石分行分组形成随意中有规则的格局(泰国)

7 本图为图6的拼铺局部

8 本图为图6的拼铺局部

9 光面青石板的随形随意拼铺(中国北京)

10 红碎石块的随形拼铺(中国上海)

11 多种碎石片的拼铺,色彩斑斓(新加坡)

12 以相同碎拼单元连续布置的步行道(新加坡)

13 逶迤在稻香园的青石碎拼路，料石护边，质朴大方（中国北京）

14 疏林草坪中的青石碎拼路（中国北京）

17 本图为图13、图14的局部

15 疏林草地中的岩板石碎拼小园路（中国北京）

16 碎拼大理石小园路（意大利）

20 宅园中的碎拼岩板路（意大利）

18 本图为图15岩板小园路局部

19 水泥灌浆密缝的碎石拼路（中国北京）

21 庭园中的红岩板碎拼路（意大利）

22 绿茵中的岩板碎拼路(中国北京)

23 地柏丛中的岩板碎拼路(中国北京)

24 大小块混拼的岩板路,粗犷潇洒(中国北京)

25 棕榈林中的石板碎拼路(新加坡)

26 水景园里的石板碎拼路(中国上海)

27 庭院中的岩板碎拼路(意大利)

28 红石堤中的青石板碎拼园路(中国上海)

29 遗址残垣中的青石碎拼路(德国)

30 纪念园中的碎石园路(意大利)

31 宅园中的红石板碎拼路(意大利)

六、冰裂纹拼铺

1. 冰裂纹特点与应用 冰裂纹拼铺虽然属于碎拼石地面范畴，但其与一般碎拼地面有很大区别，它不像碎拼地面那样只经筛选而无需加工就可随形铺筑。冰裂纹具有逼真的水面冰裂效果，冰裂纹的显著特点是多呈边缘整齐的三角形和多边形石板。因而，需在现场严格切边加工方可拼铺，并用水泥砂浆或石灰砂浆填补灌缝。由于随形随意性受到很大的限制，就要求必须在设计人员的严格指导下才能施工。

冰裂纹地面要根据环境要求和场地特征选择不同的石材品种进行拼铺，才能达到预期效果，冰裂纹的缝隙可根据具体环境要求可宽可窄，常见做法有凹缝、平缝和凸缝三种。

2. 拼铺样式

拼铺样式见图1、图2。

3. 路面构造 冰裂纹石材碎拼路面的构造，参见本章的“规则天然石材的设计铺装”一节。

1 冰裂纹地面

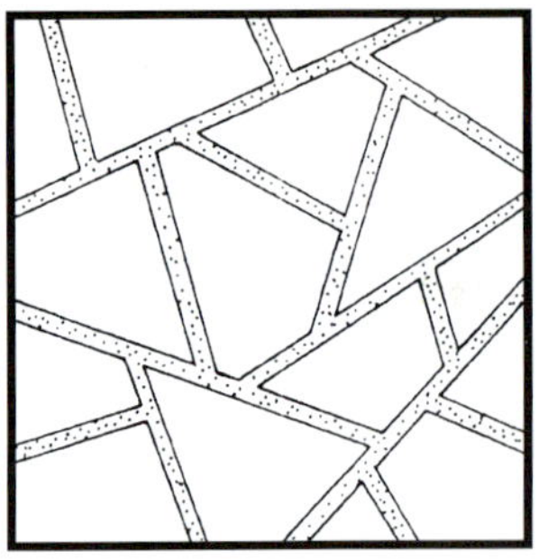

2 冰裂纹嵌草路

4. 铺贴作法 冰裂纹石材碎拼路面的铺贴作法，参见本章的“规则天然石材的设计铺装”一节。

5. 冰裂纹拼铺实例

冰裂纹拼铺实例见图3～图15。

3 翠绿色石材，呈粗毛面的效果，冰裂纹的拼铺（中国上海）

4 切割齐边的岩板石冰裂地面拼铺细部（中国上海）

5 造型切割略随意的冰裂路（中国上海）

6 大板块的冰裂纹园路（瑞士）

7 红石板密缝冰裂拼铺(中国上海)

8 灌木林边的冰裂红石板园路,红、绿对比,鲜艳醒目(中国上海)

9 花灌丛里的红石板冰裂纹路(中国上海)

10 红石板冰裂纹拼铺细部(中国上海)

11 公园檐廊中的岩板冰裂纹路(澳大利亚)

12 庭园水边的冰裂纹路(泰国)

13 庭园建筑边的冰裂纹路(泰国)

14 度假村通往庭园的冰裂纹石阶路及平台(澳大利亚)

15 森林公园山顶观景台上的红石冰裂路(新加坡)

七、水泥缝石板块地纹

1. 主要特点与应用 水泥缝石板块地面，是碎拼石材的一种类型，与一般碎拼石材地面和冰裂纹地地面不同的是，水泥缝石板块地面的拼缝的细腻处理和面层的色彩、纹理的一致性。有些地面做法还对拼铺后石板表面进行刮浆覆色的再处理，不仅使面层焕然一新，还具有人工饰面的美。

水泥缝石板块地面材料来源虽与一般碎拼石基本相同，但其加工、施工工艺复杂、细致，不仅要求石板拼缝吻合严密，而且，缝隙处理工艺讲究。石材面层要求凸凹一致，平整中有变化，铺贴完的路面具有色彩统一、质感一致、缝隙美观的效果。

水泥缝石板块地纹具有材料价格低、加工制作工艺代价较高和施工周期长的特点，虽具有较好的环境效果，却限制了它的广泛应用，通常仅用于较高级的园林工程。

2. 地纹效果 水泥缝石板块地面主要采用青石板和红石板做面层，拼铺的地纹效果见图1和图6。

3. 拼铺形式

拼铺形式见图2、图3。

1 青色岩板石拼铺的地纹效果(中国上海)

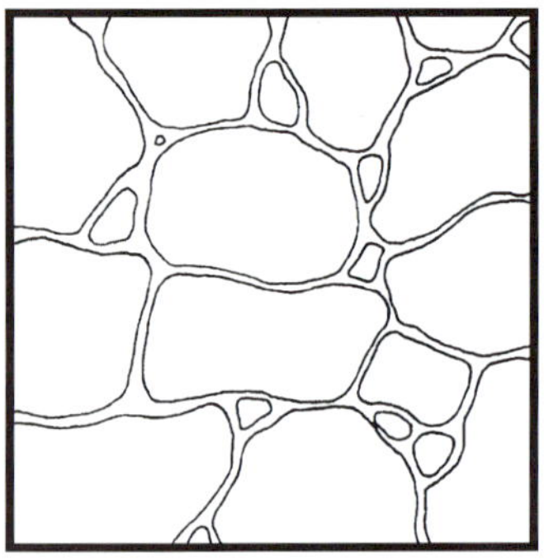

2 水泥缝石板块拼铺

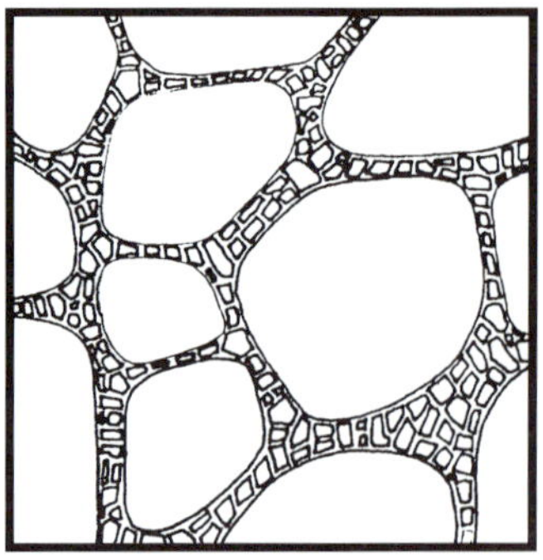

3 石板块与碎石拼花

4. 路面构造

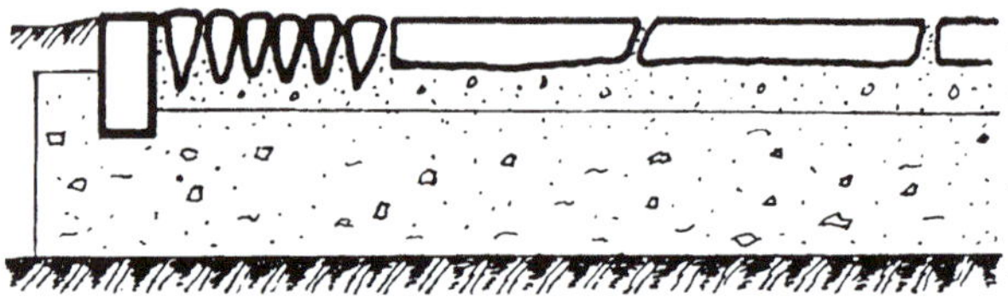

4 水泥缝石板块地面构造一

1—30~50 厚青、红石板(或 100~250 厚弹石)；2—50 厚干硬性砂浆(或煤屑白灰结合层)；3—150 厚碎砖三合土；4—素土夯实

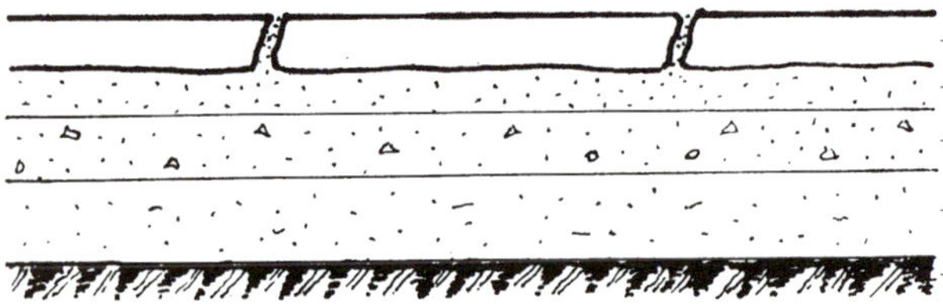

5 水泥缝石板块地面构造二

1—30~50 厚青、红石板；2—20 厚干硬性水泥砂浆；3—50 厚素混凝土垫层；4—100 厚 3∶7 灰土垫层；5—素土夯实

6 水泥缝石板路局部，拼合严密，勾缝工艺细腻

5. 实例

1 面层经过再处理的红石板水泥缝地纹(中国上海)

3 面层经过处理的青石板水泥缝地纹(中国上海)

2 面层未作处理的红石板水泥缝地纹(中国上海)

4 面层未作处理的天然质感的青石板水泥缝地纹(中国上海)

5 大块青石板与小碎石拼花的地纹，无论是大石块还是小碎石均讲究拼缝的吻合、严密，缝隙处理工艺细致

一、特点与应用

石板嵌草与步石，是石材和植草相结合的一种园路。石板嵌草是间隔铺筑的、厚度在 100~150 的岩石板或青石板，然后再在石板间的缝土中种草。步石则是置于地上的石块，多在草坪、林间、岸边或庭院等较小的园林空间中使用。石板嵌草和步石均由天然石板或修整的大小石块布置而成，具有随意、潇洒、轻松、活泼和自然有趣的环境效果。

石板嵌草与步石因其布置的间隔有序，又具有极强的连续性和韵律感，因而，极易与自然环境相协调。它所产生的韵律，除了能赋予环境活跃感和富有生气外，还能吸引观赏者的注意，并起到丰富和充实空间效果的目的。此外，石板嵌草和步石路还具有明显的环境动势，能表现出速度感和情趣。

二、设计要点

（1）无论是石板嵌草，还是步石路，都应选择质地坚硬、耐磨损的石材，避免使用那些质地松软的砂岩和大理石等。

（2）石板应表面平整又不光滑，步石的形状除表面平整外，中间略为凸起龟甲形为好，这样可防滑、防表面积水。

（3）石板和步石块的规格、大小应根据环境需要选择，但石板不宜小于 200×400，步石石块不宜小于 300~400mm，以便踏脚行走。

（4）布置石板或步石石块时，要根据环境及土质状况，按石板嵌草与步石路面的构造作法施工。要深埋浅露，石板高出地面约 20~30mm，步石石块露地面约 50~70mm。

（5）嵌草石板间距视环境和石板大小而定，人的两脚步行跨距约为 600mm，再结合石材本身的面积，因此，石与石的中心间距应以此为度，并应有适当的曲度。

（6）置石方向应与人前进的方向相垂直，这样能给人以稳定感。选材应色调一致，切忌杂乱。

三、石板与步石块的类型

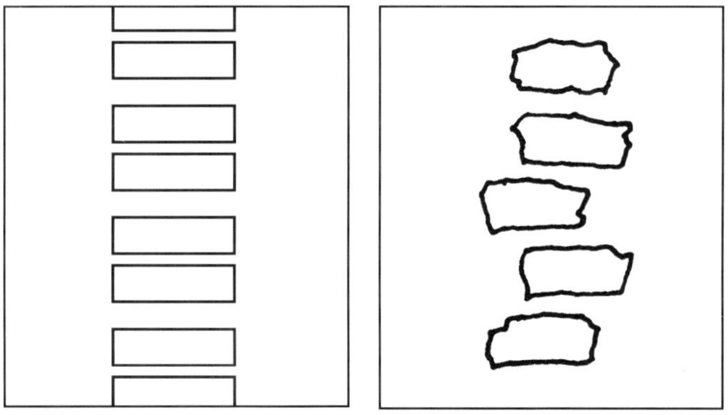

a 规则式石板　　b 不规则式石块

1 石板与步石块的类型

四、石板嵌草路的构造

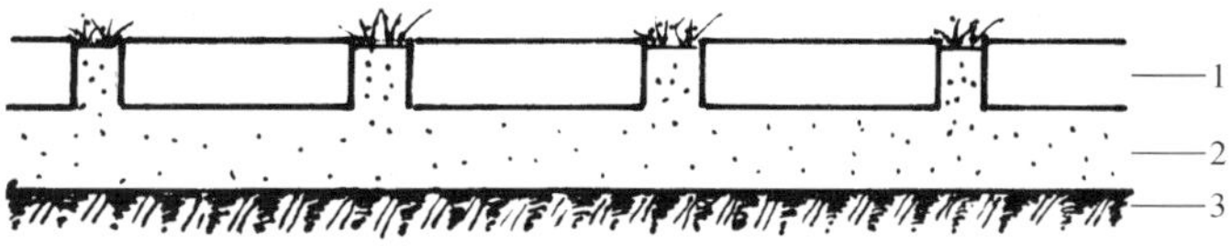

2 石板嵌草路构造一

1—100~150 厚石板；2—50~80 厚黄砂；3—素土夯实

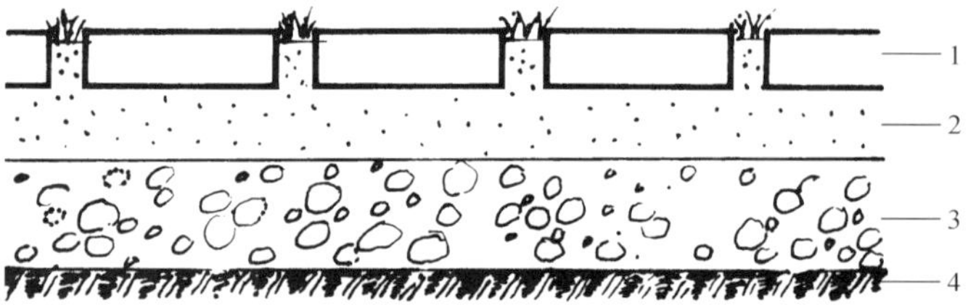

3 石板嵌草路构造二

1—100~150 厚石板；2—50 厚培养土种草；3—250 厚砾石三合土；4—素土夯实

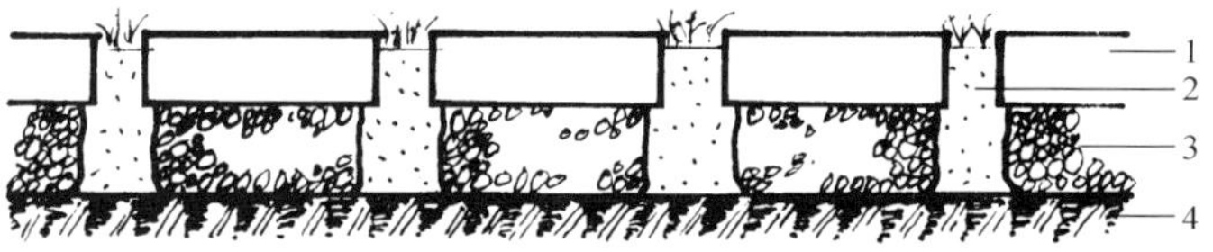

4 石板嵌草路构造三

1—100~150 厚石板；2—培养土种草；3—250 厚砾石；4—素土夯实

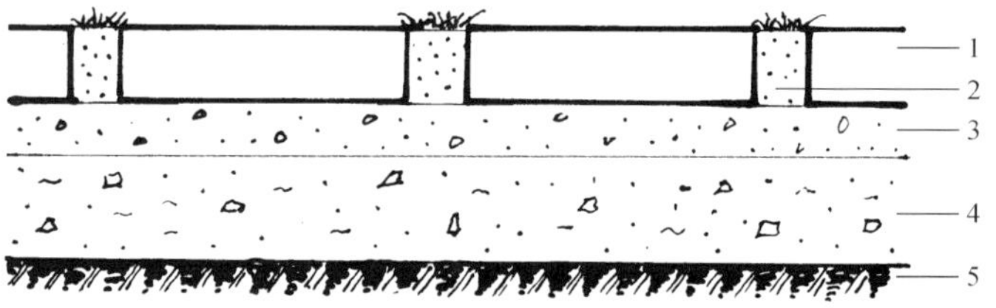

5 石板嵌草路构造四

1—100~150 厚石板；2—填土种草；3—50~80 厚煤渣（或煤屑）；4—150 厚碎砖三合土；5—素土夯实

五、步石的构造

6 步石构造一

1—块步石；
2—80~100 厚碎石；
3—素土夯实

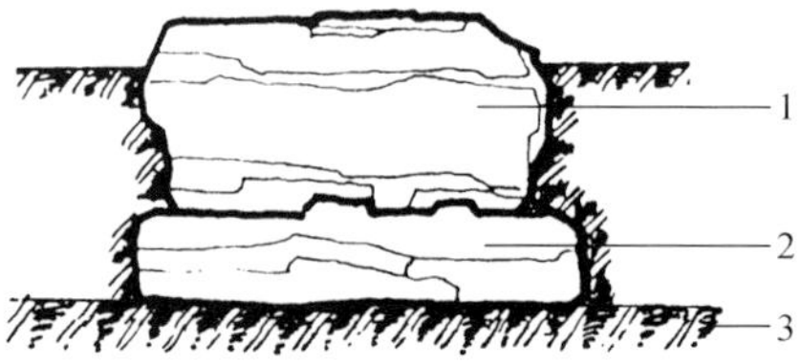

7 步石构造二

1—块步石；
2—垫石；
3—素土夯实

六、石板嵌草与步石路拼铺、布置形式

1. 石板嵌草路的拼铺形式

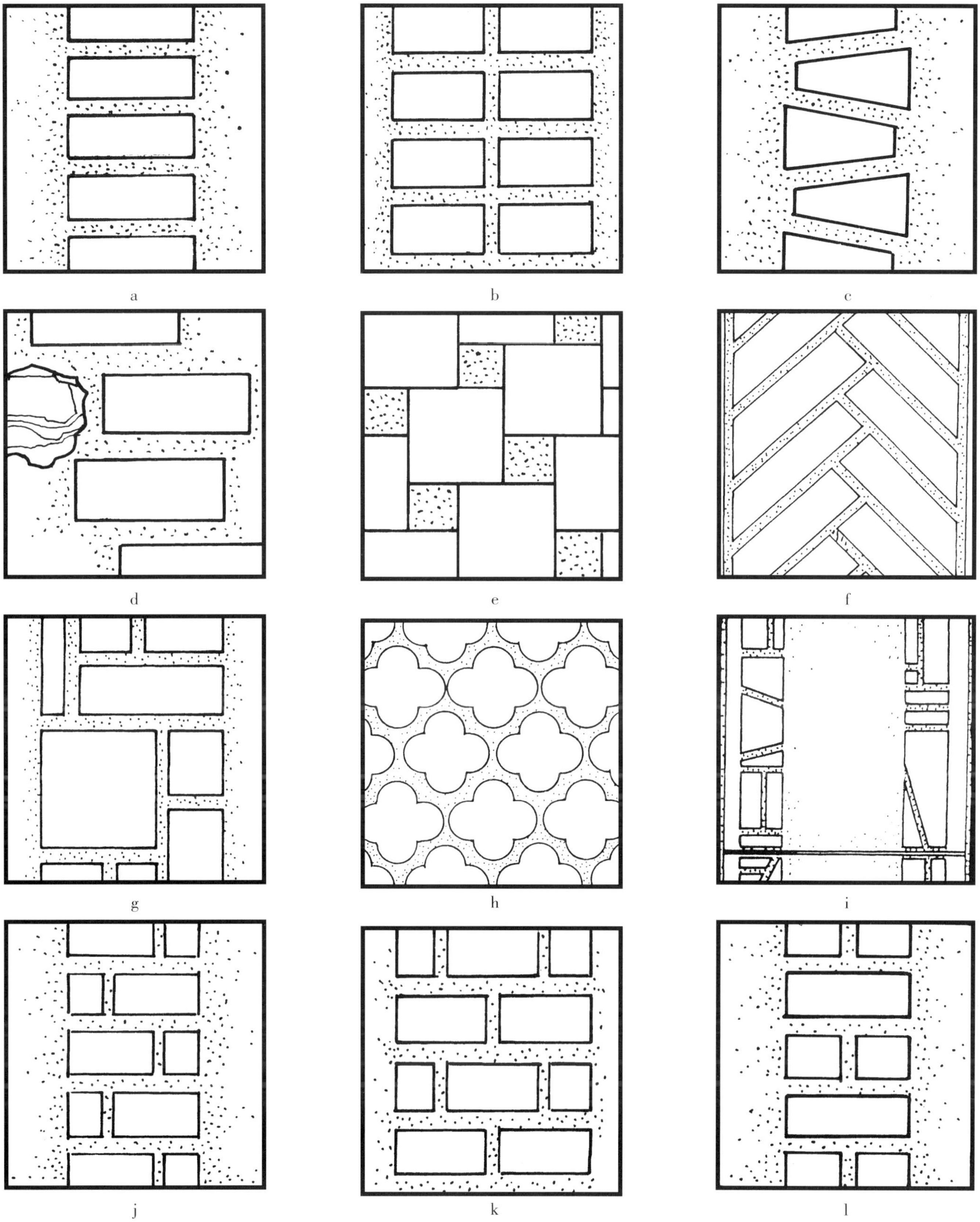

1 石板嵌草路的拼铺形式

2. 步石置石组合形式

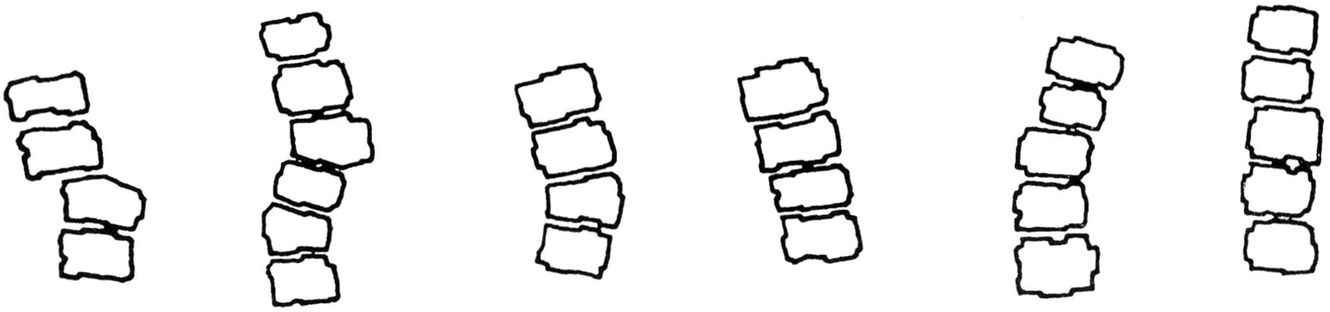

a 双联置石法　b 三联置石法　c 四联铺法　d 四联斜置法　e 五联弯斜置石法　f 五联纵直置石法

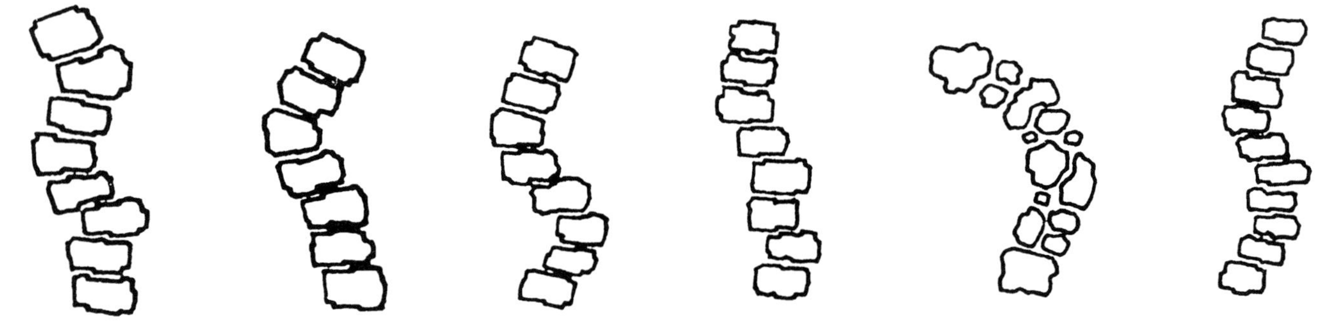

g 二三联组合置石　h 三四联组合置石　i 蛇行置石法　j 千鸟翔置法　k 自然随形置石法　l S 形自然置法

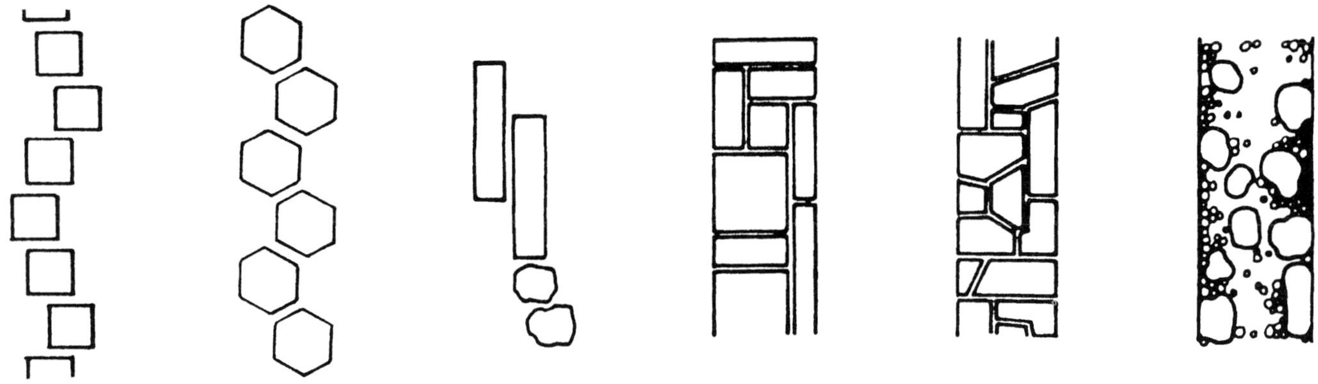

m 方形料石组合法　n 六角料石组合法　o 料条石置石法　p 平料条石置石法　q 平料异形组合法　r 料石、砂砾铺法

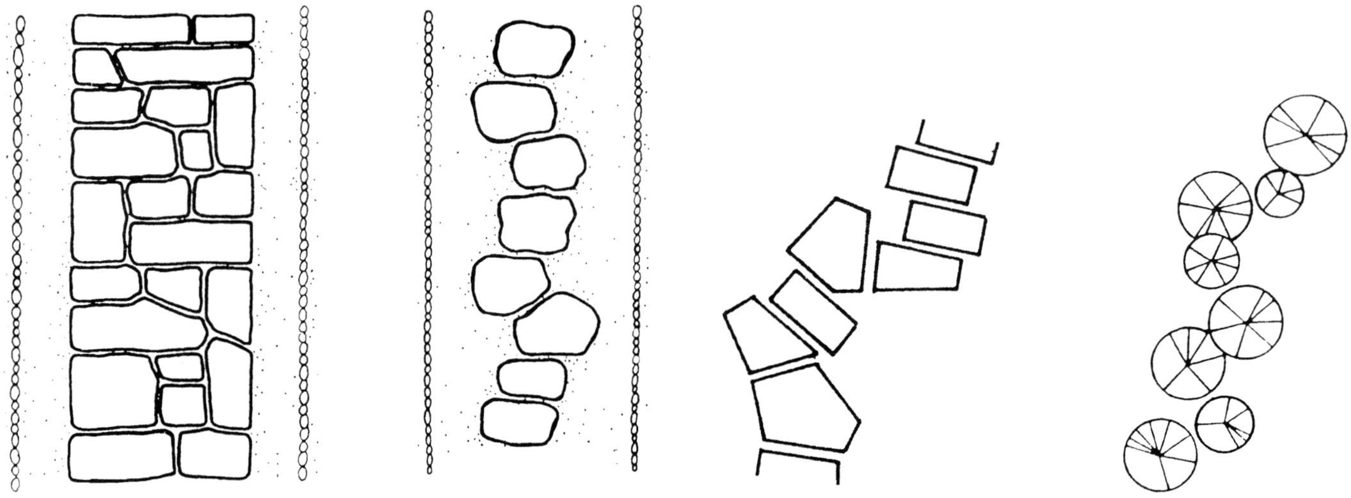

s 多种料石组合的装饰性步石路　t 装饰性的单行步石路　u 几何形置石法　v 圆石组合法

2 步石置石的铺筑形式

七、实例

1 由两块和三块拼合的长条青石嵌草路(中国江苏)

2 石板与嵌草几乎等距的铺筑路(中国江苏)

3 整块长条青石板窄嵌草缝的路(中国北京)

4 双行纵向等距布置的石板嵌草路(中国北京)

5 蛇行于山坡疏林内的花岗岩板嵌草路(中国上海)

6 有高差的坡地岩石板嵌草路(中国上海)

7 方花岗石板嵌草花园路(意大利)

8 掩映在绿茵、落叶中的石板嵌草园路(奥地利)

9 植物园中的步石嵌草路(意大利)

10 本图为图11的局部

11 散布在暖色调方块石铺地中的自然形青石板,形成旱地步石(中国上海)

12 本图为图13中的岩石步道局部(德国)

13 绿地中有高差的黑岩石步道,也成为坐卧的好地方(德国)

14 多种规格料石拼铺的步石(中国上海)

15 组合松弛、外缘整齐的嵌草石步石(中国上海)

16 多块组团的料石步园路(中国北京)

17 料石拼组的数字形石步石 (中国北京)

18 红石板主路边的青石块步石(中国上海)

19 砂砾路中的大块卵石步石(中国上海)

20 招孩子们喜爱的卵石步石 (中国上海)

21 本图为图19的布置局部

一、材料特点及应用

卵石，俗称鹅卵石、五彩石、石球、石蛋，按材料来源有天然卵石和人造卵石之分。天然卵石又分为海卵石、河卵石和湖卵石，目前广泛使用的多为取自海滩和河床的天然卵石。

所谓人造卵石，是指采用球磨机研磨加工的五彩卵石。天然卵石具有卵形自然质朴、价格低廉等特点，但也有大小不一、规格差异大等缺点。机加工卵石虽然形体没有天然卵石自然，但卵形一致、规格统一。

天然卵石主要有灰色、青色和暗红三大色系，可供选择的多种颜色有白色、黑色、黄色、红色、混色、绿色、灰色和虎皮纹、银白色等。天然卵石取自海滩、河床并经过筛选、分检后直接用于施工，因而，具有无污染、强度高、耐酸碱、不变色等特点。

天然卵石主要用于园路、花坛装点、假山水池和建筑装饰等工程。一些粒径在160mm以上的大块卵石，还可直接用于路边花园、树池和草坪等处的摆放陈设和水池置石护岸。

各种卵石都可以用于地面铺贴，园路是卵石工程量大、耗材最多的卵石施工项目。除了有特殊拼花装饰要求的以外，一般卵石路面要求卵石颗粒大小均匀、色彩尽量一致。

应严格按照设计图案精确放大样，并请设计人现场确认符合要求后方可施工。铺贴时，要求将卵石嵌入砂浆大于1/2，除了大型卵石有横向铺贴要求外，一般粒径的卵石应竖向接拼排列，不得平铺。

卵石园路不仅具有较好的装饰性和粗犷的质感，还具有光线柔和、排水性能好和雨天防滑等优点。由于其颗粒和卵形特征，近年来，又被广泛用于有足疗效果的健身场地和保健园路。

二、粒径规格

卵石按其大小分为小粒径、中粒径和大粒径三种类型。可供选用的粒径规格(mm)有：5~10，10~30，20~40，30~50，40~60，50~80，60~100，80~120，100~160和160~320等。

三、卵石路面构造

卵石路面构造见图1~图4。

四、铺贴形式

铺贴形式见图5~图7。

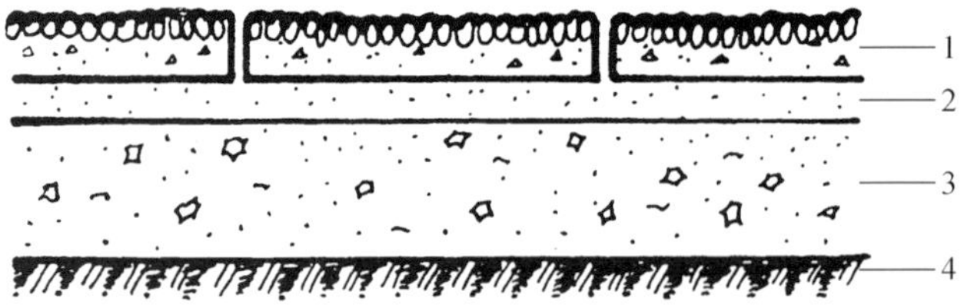

1 卵石路构造一

1—70厚混凝土栽50~80卵石；2—30~50厚混合砂浆；3—150~250厚碎砖三合土；4—素土夯实

2 卵石路构造二

1—30~50厚砂浆栽30~60小卵石；2—50厚混凝土垫层；3—150~250厚碎砖三合土；4—素土夯实

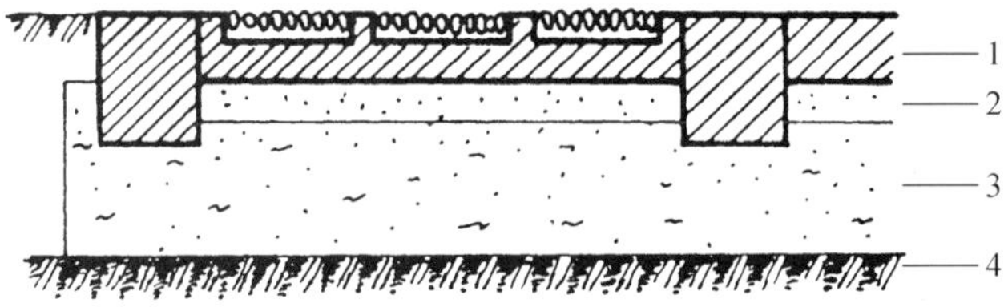

3 卵石路构造三

1—70厚预制混凝土嵌卵石；2—50厚混合砂浆；3—一步灰土；4—素土夯实

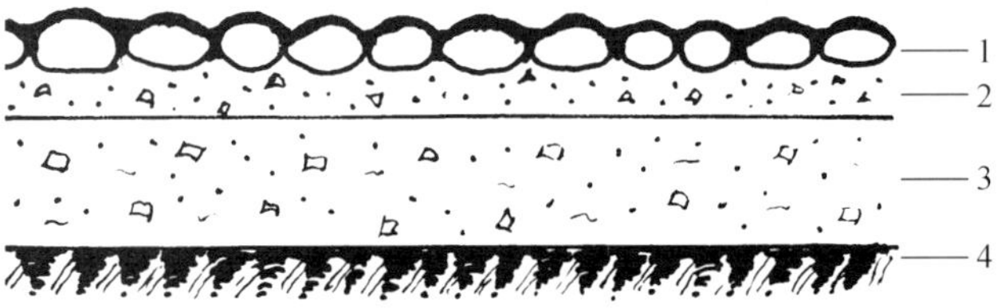

4 卵石路构造四

1—粒径160~320大型卵石；2—150~300厚混凝土；3—250~350厚碎砖三合土；4—素土夯实

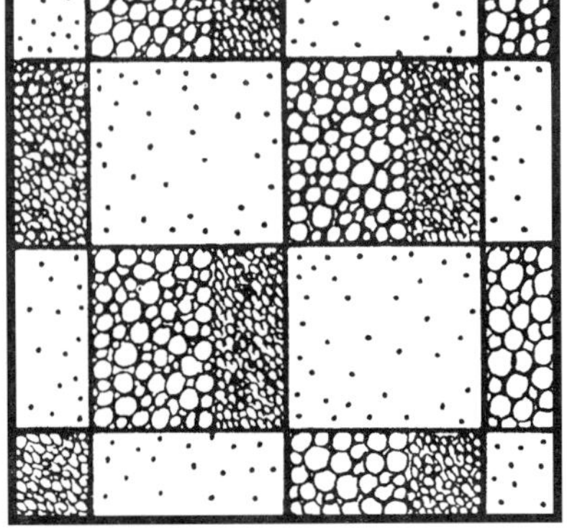

5 不同粒径和色彩卵石铺贴

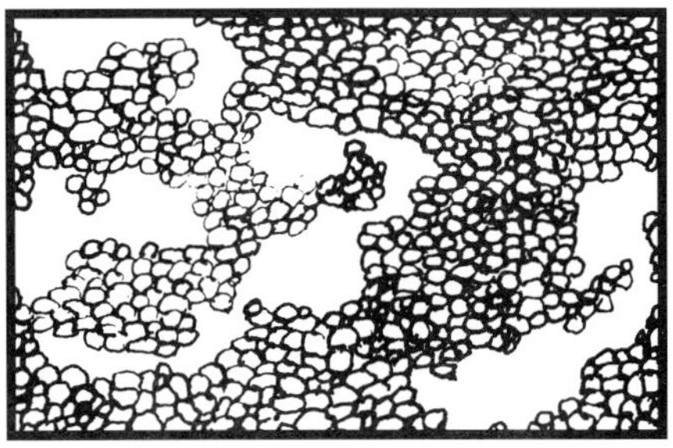

6 墁地平铺的卵石路面

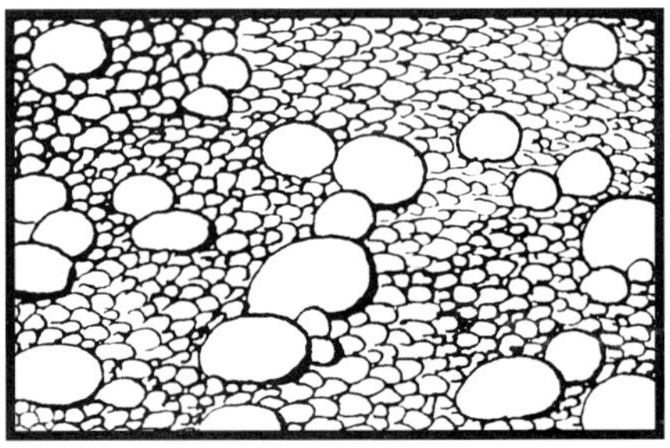

7 平铺与隆起相结合的路面

五、卵石铺贴实例

1 由黑、绿、黄绿和琥珀色组合铺贴的卵石路(中国上海)

2 图1中的卵石路及路牙石局部

3 分档铺贴的卵石路(中国上海)

4 花灌丛中的卵石路(中国江苏)

5 路边坐椅地面的卵石平铺(澳大利亚)

6 灌木林中同色、同粒径的卵石路(中国北京)

7 暖黄色卵石中点缀深色石的路面(中国上海)

8 疏林草地中的暖黄色卵石小径(中国江苏)

9 绿地林中墁铺卵石路，粒径均匀，工艺细致（中国上海）

10 下凹的卵石路边，用大卵石作路牙石，起到挡土墙的作用（中国上海）

11 两边高中间低的中分路面有利排水（中国上海）

13 有青石板护边的绿茵卵石小径（中国北京）

12 图9环境中的分支小路

14 图11的中分局部

15 穿越疏林草地的卵石小径（中国北京）

16 由混凝土砖分格铺贴的卵石路面(中国上海)

17 图16的铺贴局部

18 石椅与卵石路(中国上海)

19 大块卵石平铺路面及护岸、挡土墙(中国上海)

20 图19的铺筑局部

21 水泥砂浆匀平缝的大块卵石铺筑(中国上海)

22 花坛间的小粒径卵石步道(中国上海)

23 森林公园中的林间中粒径卵石小径(中国江苏)

24 湖畔疏林中的大粒径卵石路(中国江苏)

25 河卵石铺路、饰面的潭中小步桥(中国江苏)

26 大粒径河卵石铺路的跨溪石桥(中国江苏)

27 广场中间砂浆嵌铺与竖栽相结合的卵石路(中国江苏)

28 古石桥上的卵石路(中国江苏)

一、设计要点

（1）石板应选择结构致密、石质稳定和强度较高的品种，例如，花岗岩板、青石板和岩板等，如果选用大理石板，应择其灰色和白色系中性能强度较优者。

（2）与卵石拼花的石材，色彩、纹理应简洁单一，使石板整体、统一，如果花色品种繁多，会减弱卵石的对比质感。

（3）选择卵石时，应注意使其花色与石板形成强对比。铺栽前，应对卵石进行筛选和精分，按设计要求拼铺。

（4）石材和卵石要严格按其各自的铺贴构造和作法施工。

二、石板与卵石拼花地面构造

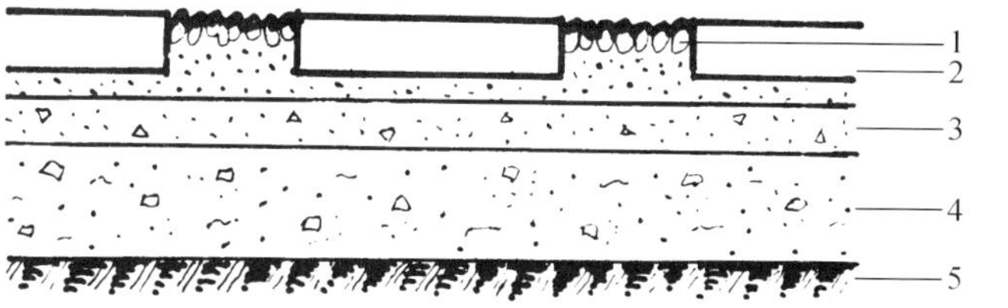

1 石板与卵石拼花地面构造

1—均匀粒径的天然卵石；2—20~50 天然石板；3—砂浆结合层；4—150~250 厚碎砖三合土；5—素土夯实

三、石板与卵石拼花形式

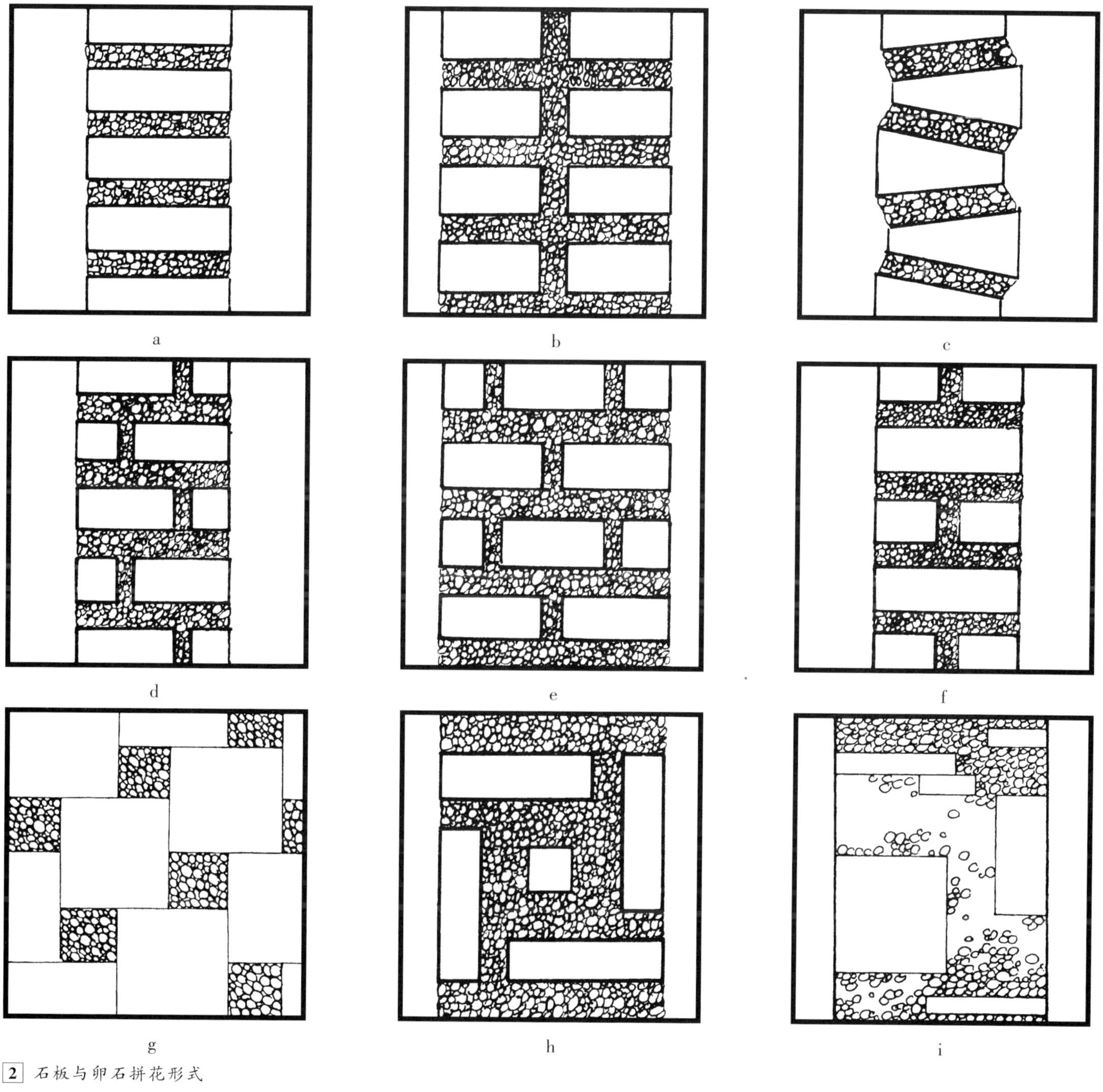

2 石板与卵石拼花形式

四、石板与卵石拼花实例

1 长宽等距、间隔相等的拼花路（中国上海）

2 本图为图1的拼铺局部

3 本图为图4的拼铺局部

4 宽石板、窄卵石嵌缝的拼铺路（中国上海）

5 二、三连石板与卵石拼铺（中国上海）

6 弯延在草丛中的石板与卵石路（中国上海）

7 宽板窄缝的拼铺路（中国上海）

8 本图为图5的拼铺局部

9 石板镶边、卵石铺路（中国江苏）

10 石板嵌草、石板卵石拼花路（中国江苏）

11 草灌丛中凹陷的石板、卵石拼花路(中国上海)

12 图11中的道路在公园整体环境中的效果

13 本图为图15中的拼铺局部

14 本图为图15中的路牙收口局部

15 连续、有规律的错位置石,极富韵律(中国上海)

16 毛面岩板密缝拼贴，卵石左右护边(中国上海)

17 本图为图16的拼铺局部

18 本图为图19的拼铺局部

19 碎拼青岩板、卵石左右护边路(中国上海)

20 三连石板错缝与卵石拼花路(中国北京)

21 四连一心石板与卵石的拼花组合(中国江苏)

22 本图为图23中的拼铺局部

24 公园休憩区的石板卵石拼花路(中国上海)

26 与图25为同园不同环境的道路环境(中国上海)

23 粗毛面岩板二连错缝与卵石拼花路面(中国北京)

25 凿痕青石板密缝铺贴、卵石左右铺栽护边(中国上海)

27 本图为图25中的道路局部

28 暖黄卵石墁铺与白大理石嵌边的青灰卵石拼花(中国上海)

29 本图为图28拼花中的局部,白大理石、暖黄卵石与青灰卵石组合得十分精美

32 深绿花岩与白色小粒径卵石拼花路(中国北京)

30 本图为图28拼花局部

31 图28锐尖角石板与卵石拼铺(中国上海)

33 本图为图32拼花局部

34 本图为图33的细部

35 石条卵石拼花路与石板路的交接咬合(中国上海)

36 石条、卵石拼花尖角与石板路连接收口

37 本图为图36的局部

38 深绿石板与浅色卵石组合(中国上海)

39 不规则石板与卵石的组合

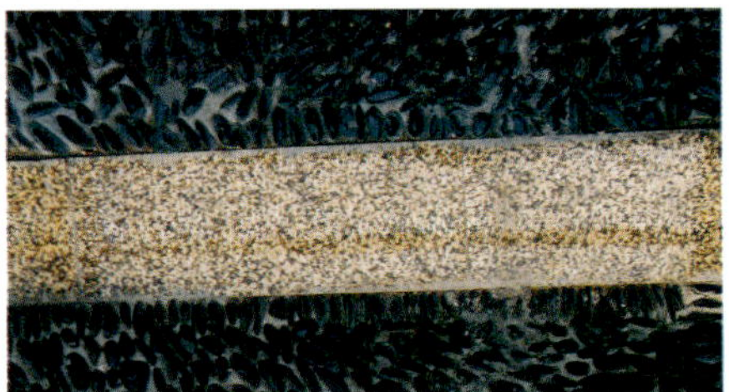

40 黑卵与浅色石板的组合(中国上海)

41 本图为图38的局部

一、特点与应用

陶瓷制品的生产与使用在我国有着悠久的历史，用陶瓷材料铺贴墙地面，亦是一项传统的装饰工艺。在江苏吴江龙南村一处5000年前的聚落遗址发掘中，即发现一条用碎陶片铺成的、长15m的宅路。这是人类遗迹发现证明最早使用陶瓷材料铺地的实例。

陶瓷是陶和瓷两种材料的总称。以往在建筑、园林工程中使用的陶瓷材料，大部分属于陶瓷或炻质，很少有瓷质的。随着社会需求和技术水平的提高，陶瓷材料的花色、品种和性能、用途都有极大的变化，不仅在实用性、装饰性上有很大提高，还出现了多种精度高、装饰性好的新型瓷质地面砖，例如，质地与花岗岩一样坚硬、耐磨并具有天然石材纹理的高级铺地块材。

陶瓷三种质地材料的基本特性分别如下。

1. 陶瓷 分粗陶和精陶两种，吸水率为9%~22%，断面粗糙无光、不透明，敲之声音粗哑，根据表面处理，又分为无釉和施釉两种。

2. 炻质 分细炻质和粗炻质两种，又称为半瓷、石胎瓷。其坯体较致密，达到了烧结程度，吸水率为4%~10%，颜色深浅不一，材质介于陶质和瓷质之间。用于户外道路、场地的铺地砖多数属于该种类。

3. 瓷质 分精瓷和粗瓷，其结构致密，气孔率极小，基本不吸水，其强度和硬度较高，并有一定的半透明性，一般都施有釉层。全瓷铺地砖通常只用于较高级的建筑和园林工程。

陶瓷铺地砖的品种很多，常用的主要包括彩釉大地砖、瓷质抛光地砖、防滑地砖、斗底砖、劈离砖、大阶砖和炻质广场砖等等。其中，斗底砖、大阶砖和劈离砖是用组织紧密的黏土压制成型，干燥后经焙烧而成，用作铺筑时，与砂、砂浆和沥青结合层黏结。

陶瓷铺地材料，具有色调均匀、砖面平整、易于清洗、抗腐耐磨、施工方便等优点，而且拼铺随意，能满足设计创意在工程实施上的各种图案组合，有着极好的艺术表现和装饰效果。因此，特别适宜于建筑、园林环境中的彩色地纹、艺术铺装和复杂地纹的应用，也较适合于交通频繁路面的铺贴。陶瓷材料用于户外的不足之处在于其防滑性和耐冻性稍差，因而，在雨雪天较多的气候条件下，应谨慎选用。

二、材料品种、规格及参数

1. 几种地面砖的特点和用途

几种地面砖的特点和用途 表1

品种	特点	用途
红地砖	吸水率不大于8%，具有一定吸湿防潮性	适用于地面铺贴
各色地砖	有白、浅黄、深黄、其他色等，色调均匀，砖面平整，抗腐耐磨，大方美观，施工方便	适用于地面铺贴
瓷质砖	吸水率不大于2%，烧结程度高，耐酸耐碱，耐磨度高，抗折强度不小于25MPa	特别适用人流量大的地面，梯级铺贴
劈开砖	吸水率不大于8%，表面不挂釉，其风格粗犷，耐磨性好，有釉面的则花色丰富，抗折强度大于18MPa	室内外地面，墙面铺贴，釉面劈开砖不宜用于室外地面
梯沿砖（又名防滑条）	有各种颜色及单色带斑点，耐磨防滑	用于楼梯踏步、台阶、站台等处，作防滑用

2. 陶瓷铺地砖的规格及尺寸允许偏差

铺地砖的规格及尺寸允许偏差 表2

主要规格尺寸(mm)	尺寸允许偏差		
	名称	基本尺寸(mm)	允许偏差(mm)
50×50 150×150	边长(L)	L<100	±1.5
200×50 100×50		100≤L≤200	±2.0
150×75 200×200		200<L≤300	±2.5
100×100 152×152		L>300	±3.0
300×200 108×108	厚度(H)	H≤10	±1.0
200×100 300×300		H>10	±1.5

3. 陶瓷铺地砖的物理性能

铺地砖的物理性能标 表3

吸水率(%)	耐急冷急热性	抗冻性能	弯曲强度(MPa)	耐磨性(mm^3)
3~6	经3次急冷急热循环，不出现炸裂或裂纹	经20次冻融循环，不出现破裂或裂纹	平均值≥25	磨损量平均值≤345

4. 陶瓷铺地砖的表面质量及变形要求

陶瓷铺地砖的表面质量及变形要求 **表 4**

缺陷名称		质量标准		
		优等品	一级品	合格品
表面质量	斑点、起泡、熔洞磕碰、坯粉、麻面、疵火、图案模糊	距离砖面1m处目测，缺陷不明显	距离砖面2m处目测，缺陷不明显	距离砖面3m处目测，缺陷不明显
	裂纹	不允许		总长不超过对应边长的6%
	开裂			正面，不大于5mm
	色差			距离砖面1.5m处目测，不严重
变形（%）	平整度	±0.5	±0.6	±0.8
	边直度	±0.5	±0.6	
	直角度	±0.6	±0.7	
背纹		凸背纹的高度和凹背纹的深度均不得小于0.5mm		
夹层		任一级别的无釉砖均不允许有夹层		

5. 劈离砖的技术性能

劈离砖的各项技术性能 **表 5**

项目	指标
吸水率(%)	＜6
抗折强度(MPa)	＞20.4
冷热性	稳定
耐酸耐碱性	分别在70%浓硫酸和20%的氢氧化钾溶液中浸泡28d，表面均无变化
莫氏硬度	＞6
热膨胀系数	4~8×10^{-6}K^{-1}(20~100℃)
有害元素	不含铅和放射性元素
耐温变性	-15~+20℃冻融循环20次，不脆不裂

6. 广场砖的技术性能及参数

(1) 技术性能 广场砖系一种仿石材的陶瓷砖，由六角形、三角形、梯形（两种）和方形五种规格组成。其表面粗犷质朴，纹理清晰自然，具有耐磨、防滑等特点，见图1。

广场砖各项技术性能指标 **表 6**

抗折强度(MPa)	抗压强度(MPa)	抗冻性	吸水率(%)	耐酸、碱性
27.61	363.7	-15~+20℃冻融循环5次，无裂纹和剥落	1	在70%浓硫酸溶液、20%氢氧化钾溶液中分别浸泡4d，表面无腐蚀痕迹

(2) 广场砖的类型

1 广场砖的五种造型

(3) 广场砖的规格型号

广场砖的规格型号、价格及生产厂家 **表 7**

规格型号(mm)	参考价格(元/m^2)	生产厂家
60×60×18(AA型)	面议	佛山市石湾化工陶瓷厂
108×108×18(AB型)		
80×108×18(AC型)		
108×108×80×18(AD型)		
108×108×18(AE型)		
65×65×18(K$_2$型)	0.3元/块	佛山市石湾鹰牌陶瓷集团公司
118×110×18(K$_3$型)	0.66	
118×85×65×18(K$_4$型)	0.81	
118×118×80×18(K$_5$型)	1.04	
118×118×18(K$_6$型)	1.24	

7. 陶瓷铺地砖的常用花色品种、规格及生产厂家

常用铺地砖的花色品种、规格 **表 8**

规格(mm)	花色品种或技术指标	品牌、厂家
285×285 306×306 400×400	吸水率：≤0.5% 硬度(莫氏)：≥7 抗弯强度：平均≥37MPa 耐急冷急热性15~105℃经多次循环，不出现裂纹 抗冻性能：-15~+20℃冻融循环20次不裂 深度耐磨损性：磨去的体积损失不大于150mm^3	银田牌渗花瓷质耐磨砖（佛山市石湾华鹏陶瓷厂）
306×306 306×306 400×400 400×400 400×400 400×400	渗花砖(5BG) 抛光渗花砖(FBGA) 磨边渗花砖(FBGA) 抛光渗花砖(FBGA) 抛光渗花砖(FBGB) 抛光渗花砖(FBGC)	华鹏牌渗花地砖（佛山市石湾华鹏陶瓷厂）
200×200 200×300 300×300 330×330 300×300 330×300	上透明釉，无釉系列(共8个品种) 抛光砖(8个品种) 执行欧共体EN176标准	港联牌高级玻化瓷地砖（山东淄博青龙建筑陶瓷有限公司）
300×300	多种花色	宇达牌彩釉地板砖（山东莒南北方陶瓷有限公司）

续表

规格(mm)	花色品种或技术指标	品牌、厂家
300×300	金 331~335 号 金 361 特 皇 331~335 号 皇 361 特	金星牌防滑牌花地砖（金皇（西安）瓷砖有限公司）
400×400 300×300 400×400 300×300	抛光砖(共 27 种花色) 耐磨砖(共 27 种花色)	全舵牌瓷质地砖(广东南海市南庄陶瓷集团高级装饰砖厂)
300×300×8	有 3310、3350、3330、3320、3340、3360 几种花色	玻化瓷质地砖(宁波现代建材股份有限公司)
200×200 200×280 200×300	防滑砖 梯级砖 有多种花色 吸水率:＜3% 硬度(莫氏):＞6 耐磨强度:＞1500 转 抗弯强度:＞27MPa	金山牌防滑砖、梯级砖(广东潮州市彩釉砖厂)
100×200×7	产品指标达到欧洲 EN176 标准要求	鼓山牌彩釉地砖(邯郸陶瓷集团总公司第五瓷厂)
300×300×8 400×400×9 300×300×8 400×400×9 300×300×8 400×400×9 300×300×8 400×400×9 300×300×8 400×400×9 300×300×8 400×400×9 300×300×8 300×300×8	斑点砖(共 4 种型号) 渗花砖 全色砖 斑点磨光砖 渗花磨光砖 全色磨光砖 艺术砖 磨光艺术砖	彩花牌玻化瓷质地砖(佛山石湾恒顺陶瓷有限公司佛山石湾恒丰陶瓷有限公司)
310×310 280×280	有多种花色	陶城牌瓷质耐磨砖(石湾建华陶瓷厂)
200×200 200×300 250×250 300×300 330×330 300×400 400×400 400×600 600×600	吸水率:平均≤0.5% 抗弯强度:≥27MPa 硬度(莫氏):≥6 耐急冷急热性:105~110℃至 15±5℃ 水急冷热循环 10 次不裂 抗冻性:-15~+10℃以上冻融循环 20 次不出现裂纹及剥落	粤海牌耐磨瓷质砖(佛山市石湾粤海建材厂)
200×100×9 300×300×8 400×400×9 500×500×10 600×600×11	瓷质耐磨砖:(防滑系列、NO-类、NK-类、NB-34、35、88，渗花系列 NR-类)	海鸥牌瓷质耐磨砖、防滑石晶砖、梯级砖(佛山石湾耐酸陶瓷厂、石湾利华装饰砖厂)
300×300×8 400×400×9 500×500×10 600×600×11	防滑石晶砖	
152×64×9 152×64×9 152×76×9 152×76×9 300×280×8 300×300×8 300×150×8	梯级砖: 绿斑/棕斑系列 其他色系列 绿斑/棕斑系列 其他色系列 梯极板系列	

续表

规格(mm)	花色品种或技术指标	品牌、厂家
300×300 400×400	瓷质玻化砖	恩特牌地砖(四川恩特建筑材料有限公司)
500×500	瓷质无釉砖	
300×300 400×400 500×500	瓷质抛光砖	
330×330 330×330 400×400 330×330 400×400 330×330 400×400 400×400	玻化砖 渗花砖 磨光砖 渗花磨光砖 防滑磨光砖	湾江牌玻化砖(广东佛陶集团股份有限公司湾江艺术陶瓷厂)
140×350 140×450 160×350 160×450	渗花梯级挡板砖	鹰牌瓷质玻化砖(佛山市石湾鹰牌陶瓷集团公司)
260×350 260×450 310×350 310×450	渗花倒角梯级砖	
260×350 260×450 310×350 310×450	渗花抛光倒角梯级砖	
350×350 450×450	搪边渗花砖	
350×350 450×450	渗花抛光砖	
140×350 140×450 160×350 160×450	渗花抛光梯级挡板砖	
300×300×8	吸水率:＜0.1% 抗折强度:＞40.0MPa 表面硬度(莫氏):6 抗划痕性:＜205mm^3 翘曲度(表面)不平整:+1-0.8mm	印花牌玻化砖(青岛印花陶瓷企业有限公司)
200×200 300×300	各色防滑型(4 种花色)	白鹅牌瓷质地砖、梯级砖、彩釉地砖(广东佛陶集团石湾陶瓷厂)
350×350	渗花砖	
300×300 400×400	各色磨光砖(6 种花色)	
400×400×9 300×300×8	有抛光和不抛光两类，花色有斑点、全白、彩色等十多个品种	冠中牌玻化砖(广东湛江冠中陶瓷有限公司)
300×300		永固牌白坯全瓷地砖(徐州彭纬陶瓷有限公司)
300×300×8	高度防滑	昌盛牌彩釉地砖(山东淄博青龙建筑陶瓷有限公司)

续表

规格(mm)	花色品种或技术指标	品牌、厂家
300×300(不抛光) 300×300(抛光) 400×400(不抛光) 400×400(抛光)	高级全瓷地砖	华辰牌高级地砖(山东淄博华辰集团总公司营销公司)
200×200 300×300 梯级砖	技术指标符合国家有关标准要求	耐磨高级瓷质砖(佛山南海上元陶瓷实业公司)
200×200 300×300	有白、黄、棕、黑、绿、蓝、灰等多种颜色,20种花色品种	华顺牌瓷质耐磨砖(广东南海市华南彩釉马赛克厂)
200×200×14 240×240×14 300×300×14	地面砖	彩釉地面砖(湖北襄樊劈离砖厂)
240×115×52×12 240×122×12 240×(52+52)×11	楼梯踏步砖	
240×115×11	楼梯平砖	
200×200 300×300 330×330 400×400 450×450	纯色系列、彩点系列、聚晶系列、梦幻系列 吸水率≤0.1% 抗折强度:>46MPa 莫氏硬度:7 抗冻性:合格	斯米克牌玻化地砖(上海斯米克建筑陶瓷有限公司)
200×200×12 200×200×15 200×200×18 200×200×20	特殊地砖、超强、超厚、超耐磨、并具有极强的耐化学侵蚀性	
300×300 400×400	质量达到有关标准要求	协山牌地板砖(福建万通(集团)龙山陶瓷厂)
250×300 300×300	有白、黑、棕、黄、绿、蓝、灰等多种花色品种	奥河牌防滑砖、梯级砖(广东恩平南方墙地砖厂)
300×300 400×400 500×500	瓷质砖(30种花色)	大象牌地砖、梯级砖(常熟建筑总厂)
300×300 400×400 500×500	抛光镜面砖(30种花色)	
	梯级砖	
198×198 298×298 398×398	高级石质砖、耐磨万年砖、有多种花色品种	东龙牌地砖(东龙厦门陶瓷有限公司)
300×300 300×300	彩釉面地砖 全瓷地砖	荣和牌地砖(西安荣和高级陶瓷有限公司)

续表

规格(mm)	花色品种或技术指标	品牌、厂家
300×300 400×400 300×300 400×400 400×400 260×200 300×300 280×300 300×300 400×400 300×300 400×400 400×400	瓷质砖(普通色) (特别1色) (特别2色) 瓷质梯级砖(一般色) 高级磨光砖(普通色) (特别1色) (特别2色)	上元牌高级瓷砖(广东上元建筑陶瓷总厂)
400×400×9 400×400×9 300×300 200×200 300×300 300×400	高级瓷质耐磨砖(有12种花色) 高级抛光耐磨砖(有12种花色) 防滑型彩釉砖 云状型彩釉砖	华达牌耐磨砖、防滑砖(广东三水市陶瓷总厂)
300×300×5	花色代号有:3101、3102、3103、3104、3105、3106、3107、3108、3109、3110、3111、3112	彩城牌瓷质耐磨砖(石湾人民瓷厂)
200×200 300×300 400×400	产品有多种花色、按欧洲标准EN176-84检验	石湾牌瓷质耐磨砖(佛山市石湾建筑陶瓷厂)
400×400 200×200 300×300	全瓷砖	333牌地砖(佛山东陶集团)
300×300 200×200 300×300	防滑全瓷地砖 半瓷釉面砖 另有多种花色	
400×400 300×300 200×200	瓷质渗花砖、抛光砖 瓷质耐磨地板砖、抛光砖、瓷质刻花防滑砖	冠珠牌瓷质刻花防滑砖、耐磨砖(广东南海市明珠装饰砖有限公司)
300×280 300×200 260×200	梯级砖	
300×300×8 400×400×8.5 300×150×8 400×400×8.5 300×300×8	斑点砖(单色、粉红、枣红) 抛光砖(单色、全色) 斑点砖(单色、粉色、枣红) 全色砖 梯级砖	润达牌玻化瓷质地砖(广东石湾润达陶瓷厂)
300×260×9	有多种花色	红狮牌梯级砖(石湾美术陶瓷厂)
400×400 300×300×8	全瓷地砖(各色斑点)	全瓷、釉面地砖(佛山市润达陶瓷厂、潮州市华庆陶瓷厂)
300×300×8 300×300×8	釉面印花砖 釉面防滑砖	

一、陶板路面构造

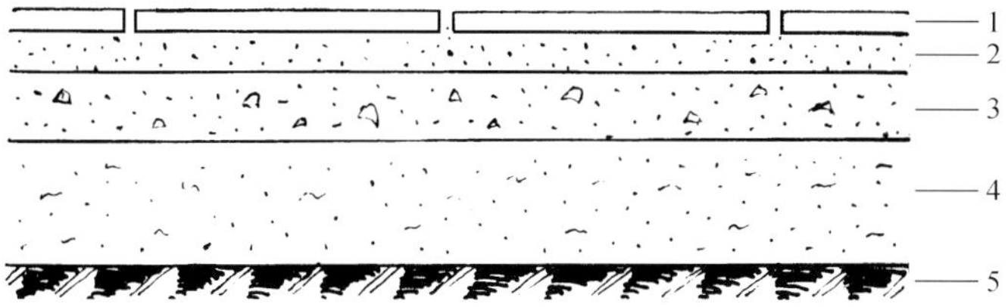

1 路面构造一

1—各种陶板铺地砖；2—砂浆结层；3—混凝土垫层 50 厚；4—100 厚 3∶7 灰土垫层；5—素土夯实

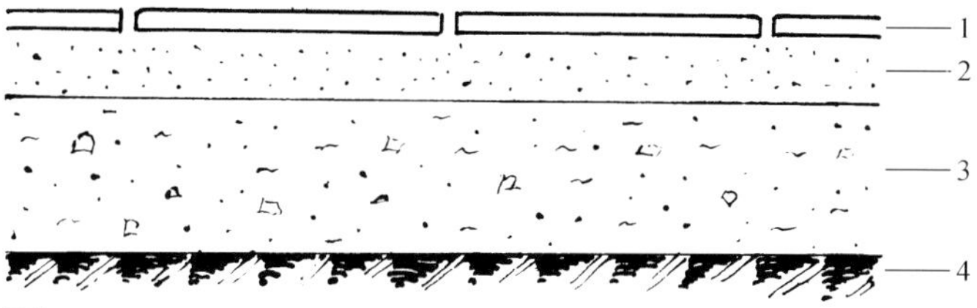

2 路面构造二

1—各种陶板铺地砖；2—50 厚砂浆层；3—150 厚碎砖三合土；4—素土夯实

二、陶板铺贴排列布置式样

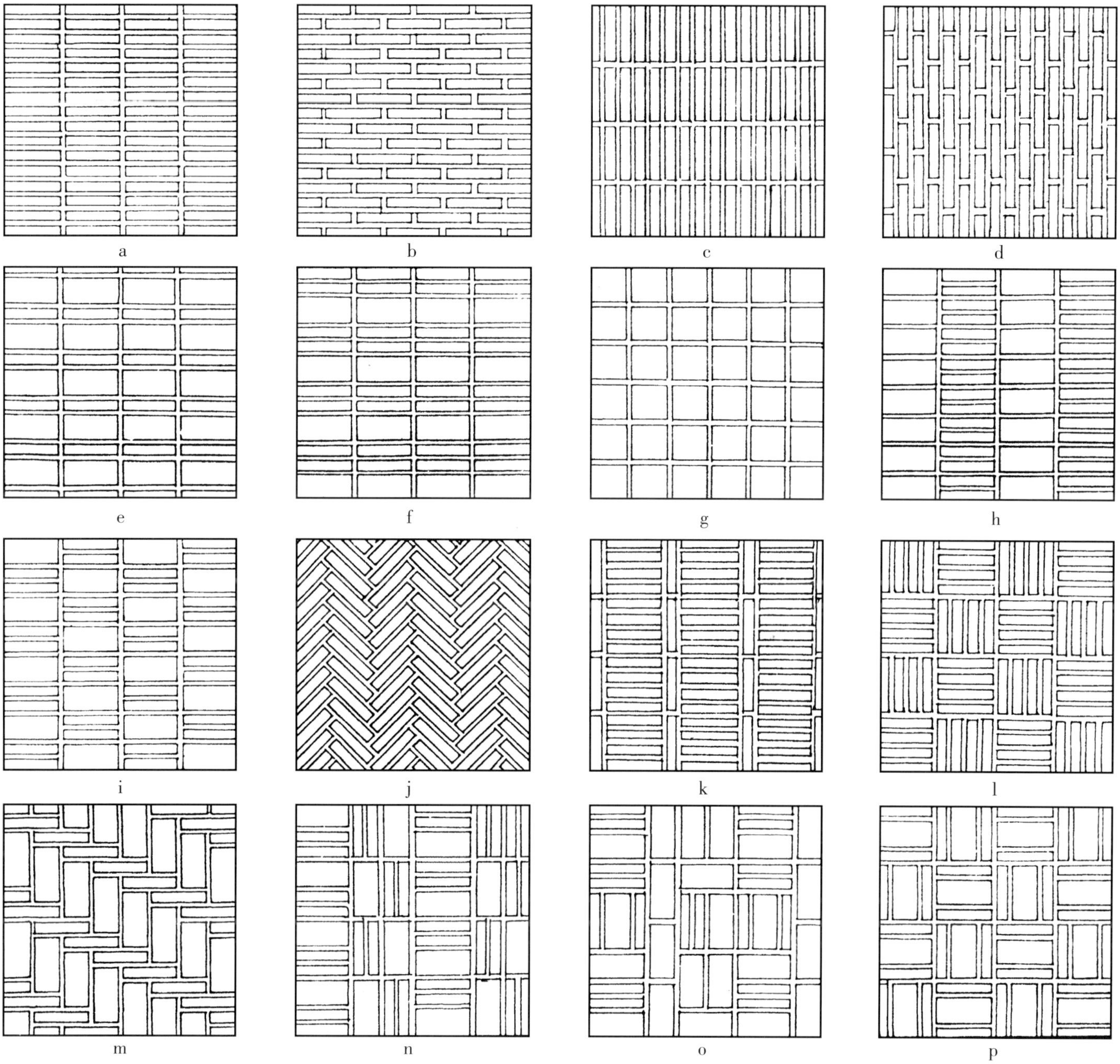

3 陶板排列布置形式

三、陶板铺地砖的铺贴作法

陶板铺地砖的铺贴作法

名称	内容及说明
材料及施工要求	在使用前应对面砖进行挑选，标号和品种不相同的砖不得混用。如有裂缝、掉角、扭曲变形砖和小于半块的碎砖应予剔除。 砖面层下的垫层、结合层以及面层填缝所用的砂，应采用洁净的不含有机杂质的砂。在砖面层铺砌之前，填缝用砂要过 3mm 筛子。 陶瓷装饰材料主要在饰面工程中应用，其规格、品种、颜色繁多。镶贴方法和工艺虽不尽相同，但基本工序是相同的，其主要工序是：基层准备、选材、装饰施工设计、放线、配制黏结剂、安装饰面板，最后进行擦缝和清理面层。按上述工艺，选择易出现质量通病的工序，建立质量管理点，应用质量管理卡，将管理内容、测定方法、测定时间、实施对策，以及责任者等作出规定
斗底砖、劈开砖及红地砖	（1）斗底砖主要用于建筑物的屋面或楼地面，铺贴前应根据外观规格和烧结质量进行预选。外观规格好、烧结质量优的用于主要房间或面层，较差的则用于次要房间或双层铺砌的底层。铺砌屋面斗底砖由檐口向屋脊方向进行，对于木基层，斗底砖则应挑出檐口约 100mm，对于混凝土基层，一般铺到圈梁外侧，挑檐部分不铺。 （2）大面积屋面或地面应该分仓，一般间距为 12m，做成伸缩缝。对混凝土基层，应先洗刷干净，没有坡度的地面或屋面应先找坡。对木基层则应该刷防腐沥青。屋面四周要留有伸缩余地，不可直接顶住女儿墙或将女儿墙砌在斗顶砖屋面四周边上，否则阻碍伸缩，导致起壳。屋面斗底砖的排列，一般为正十字，在室内，可根据需要做成正十字，斜十字或顶字形。黏结灰土砂浆最好提前 1 小时拌好。 （3）铺贴时，应先弹边线找好规矩，弹好四周边线，在边框排砖，将砖缝宽度调整一致，缝宽为 10~20mm。湿润基层后，按调整后的位置铺砌四周，作为定位砖带，如周边过长，不便拉线，应于其中一部分铺砌四周作为定位砖带，铺完后，再铺其他部分。注意铺砌前洒水，湿润基层及泛水坡度。 （4）排线铺时应按砖带位置逐行拉线铺砌。铺砌砂浆屋面常用石灰黏土砂浆，园林建筑室内或亭、廊、榭、阁地面亦常用石灰黏土砂浆，厚度为 15~20mm。刮平砂浆后，将斗底砖背面放在沙浆上，搓揉至沾满灰浆，并挤出砖底空气，然后就位。在砖中心揉挤压实，再刮除缝内挤出的砂浆。每铺贴 10 块，用靠尺检查表面平整度，需要时，适当调整砖缝。用瓦刀将灰缝轻轻夯打推压密实，一般深约 7mm，缝底成方形，不可成弧形

续表

名称	内容及说明
斗底砖、劈开砖及红地砖	（5）如铺单层，即可用 1:5:1 水泥石灰砂浆勾缝。如为双层，底层不必勾缝，要求灰缝表面光滑，与斗底紧密连接。然后湿润底层，铺砌面层斗底砖，再夯缝、勾缝。施工时须注意，上层砖的中心应对准下层砖的十字接缝处，使上下层砖缝在前后左右错开半砖。 （6）伸缩缝处理的方法常用以下两种：①用沥青胶（玛瑺脂）或其他防水油膏填嵌密实；②在伸缩缝两侧各砌一皮顺砖，其中间隔 30mm 左右，在顺砖之上，铺砌一层斗底砖
陶瓷地砖铺贴	（1）铺贴前，先用线在墙面标高点上拉出地面标高线和垂直交叉的定位线。按定位线的位置铺贴大地砖。然后在刷干净的基层地面上平铺一层 1:3.5 的水泥砂浆，厚度控制在 10mm 左右，再用 1:2 的水泥砂浆抹在地砖背面，将地砖缓放在地面上，用橡皮锤敲实，并使地砖面层与地面标高线一致。 （2）如果铺贴的房间较小，一般可做 T 形的标准高度面，对于面积较大的房间（20㎡以上），应按房间中心十字形做出标准高度面，也就是以十字线为中缝，在十字线交叉点对角处安放两块地面砖，作为整个房间的高度标准和水平标准，并须用 90°角尺和水平尺严格较正。 （3）大面积施工是在以铺好的标准砖的高度面为依据进行的，铺贴时紧靠已铺好的标准砖面高度开始施工，铺贴 8 块以上时，应及时用水平尺检查平整度，对高的部分用橡皮锤敲平，低的地方应起出砖后，用水泥砂浆垫高，并用拉出的对缝平直线来控制地砖对缝的平直
缸砖铺贴	（1）缸砖一般呈暗红色，也有黄色和白色，它的色彩丰富，缸砖面层适用于建筑物的地坪、阳台、露台、走廊等，常用的规格有正方形 150mm×150mm×13mm、100mm×100mm×10mm，长方形 150mm×100mm×20mm 和六角形等。 （2）铺砌缸砖应先浸水 2~3h，取出晾干备用，在找平层上撒一层干水泥面，洒水后随即铺砌。 （3）在基层上刷好水泥浆，按地面标高留出缸砖厚度做灰饼。用 1:3 干硬性水泥砂浆（以粗砂为好）做找平层。冲筋、装挡、刮平，刮平时砂浆要拍实，浆厚约 2cm。 （4）留缝铺砌法是根据排砖尺寸弹线，铺设从门口开始，在已经铺好的砖上垫上木板，人站在板上往里铺，横缝用分格条铺一块放一根；竖缝根据弹线走齐，随铺随清理干净，缸砖缝宽不大于 6mm，铺砌后次日用 1:1 水泥砂浆灌缝。铺砌 24h 后，浇水养护 3d，每天不得少于 3 次。 （5）碰缝铺砌法是不需弹线找中，一般由门口往室内铺贴，铺砌后，用素水泥浆擦缝处理，而后清洗干净面层。铺完 24h 后浇水养护 3~4d

四、陶板铺贴实例

1 在绿地广场一侧活动区人流频繁的场地道路铺贴防滑耐磨陶板(马来西亚)

2 公园游览小径陶板及褐铁石路牙(马来西亚)

3 城市公园停车场边的陶板步道(新加坡)

4 花园式街区的陶板铺地砖步道，绿花丛与红地面对比鲜明(新加坡)

5 规整式花园中的灰蓝色陶板地面(泰国)

6 图5陶板铺地局部

7 人行桥上的陶板拼花路面(中国上海)

8 本图为图7中镶嵌梅纹样的井字形陶板路

9 图8中梅花纹样细部

10 城市公园中的陶板场地铺贴(马来西亚)

11 休闲娱乐环境中的红色陶板园路(新加坡)

12 宅前的红色陶板小路(意大利)

13 和式庭园中的陶板铺地(日本)

14 城市休闲娱乐环境中一条红陶板铺贴的步行街(新加坡)

15 佛寺中的红陶板铺地(泰国)

16 佛殿前的拼花陶板铺地(泰国)

17 用陶瓷广场砖铺贴的步行道(德国)

18 公共大型建筑前的庭园陶板路(马来西亚)

19 公共环境中的陶板拼花地纹(澳大利亚)

20 由大矩形和小方形组合的席纹陶板铺地(澳大利亚)

21 与图20为同一建筑环境中的席纹陶板铺地局部

22 大型综合体建筑内步行街的席纹陶板铺地(澳大利亚)

23 商业广场中的陶板步道(瑞士)

24 商业步行街的灰、白陶板铺贴(瑞士)

25 人行过街桥上的灰色陶板(澳大利亚)

26 海滨娱乐中心庭园中的陶板路(澳大利亚)

27 海滨娱乐中心庭园陶板小园路(澳大利亚)

28 庭园檐廊下的陶板路(澳大利亚)

29 海滨娱乐中心庭园中的陶板铺贴平台(澳大利亚)

30 海滨娱乐中心庭园式餐饮街的陶板铺贴(澳大利亚)

31 海滨娱乐中心庭园花坛间的陶板小径(澳大利亚)

32 海滨娱乐中心喷泉边的陶板场地(澳大利亚)

33 度假村大堂的仿石陶板地面(澳大利亚)

34 大堂三色仿石陶板地面(澳大利亚)

35 度假村大堂的红陶板地面(澳大利亚)

36 多色混铺的度假村入口地面(澳大利亚)

37 度假村大堂休息区的仿石陶板地面环境(澳大利亚)

38 城市广场中红色陶板条和马赛克的拼铺(德国)

39 本图为图38 建筑入口前场地的陶板铺贴(德国)

40 港湾休闲娱乐区步行街的陶板铺贴(澳大利亚)

41 城市公园水景边的陶板地面(澳大利亚)

42 公园广场砖小径(澳大利亚)

43 城市商业中心场地的红陶板铺贴(澳大利亚)

44 陶板马赛克板块地面(瑞士)

45 宅前花园中的陶板路(澳大利亚)

46 陶板宅路环境(澳大利亚)

47 灌花丛中的陶板宅路(澳大利亚)

48 陶板广场砖铺贴的宫苑路(马来西亚)

49 两色陶板广场砖拼花的公园活动场地(中国上海)

50 冷暖两色陶板的纵向拼铺(中国上海)

51 作为主园路的沿行道树铺贴的蓝色陶板林阴步道(中国上海)

52 与图53同一环境的宅路局部

53 红色陶板广场砖为中线的住宅区园路(法国)

55 陶板广场砖铺贴的公园入口道路和场地(中国上海)

54 陶瓷广场砖拼铺的波浪纹地面(中国上海)

56 本图为图55中的道路局部

57 陶瓷广场砖铺贴的园路和场地(中国上海)

58 红色陶板广场砖铺贴的园路(德国)

59 红色陶板广场砖铺贴的场地(德国)

一、古代铺地纹及其演进

彩色地纹及艺术路面的设计应用,在中国有着悠久的历史。例如,早在战国时期就已用几何纹砖铺地,汉代已采用五彩卵石和方砖墁地,西汉时期更出现了具有防滑功能的馒头砖,铺在甬路的两侧,中间铺大方砖,形成古代砖组合铺地纹。馒头砖部分很像现在的人行道供步行,中间铺大方砖部分就像今天的快车道,用以通行车辆。从两汉的墓室里可看到用长方形砖组成的席纹墁地,据考证这可能和古人席地而坐的习惯有关。这一时期的铺地还处在重使用功能的阶段。

随着宗教的盛行和绘画、雕刻艺术的发展,园林铺地迅速发展,形式亦丰富多彩。到魏晋、唐、宋时代,园林铺地得以进一步发展,例如,当时流行的一种"宝相"纹铺地,是一种以莲、菊等花卉为特征的程式化的图案,即一种匠意的花头,体现出园林设计的意境和对自然形象的态度。图案造型多采用圆、曲线、斜线、三角形、条纹、小方、菱形、波浪形和旋涡形,线条流畅而富于变化。这些图案纹样多采用"素平""压地稳起""减地平钑"的手法雕刻出来。刀法阴阳锐纯,配合巧妙;构图虚实疏密,色彩浓淡浮沉,具有极好的浮雕艺术效果。其种类丰富,包括了诸如几何纹砖、太阳纹砖、引驼砖、牵马砖、莲纹砖等各种形式,植物纹样有忍冬纹、蔓草纹、奇兽葡萄纹等。这些图案概括、抽象、顿挫有力,气韵粗犷古朴,在严谨的布局中形成了独具艺术风格的特征。

我们从故宫御花园精巧雅致的铺地中可以一睹明、清彩色地纹和艺术纹样的园路。在御花园 $12000m^2$ 的面积中,约有 2km 长的雕砖卵石嵌花甬路,其中是由长 80~150cm、宽 40~70cm 的 1200 多幅生动的图案画组成,而每幅画面则是采用精雕的砖、细磨的瓦和由 200~3000 粒各种规格彩色石子拼铺而成。图案内容十分丰富,有历史故事、民间传说、吉祥如意、花鸟鱼虫和文房四宝等,充满生活气息,意趣无穷,表达出吉祥、愉快的情趣,其中有很多仍为明、清时代的珍品。随着材料、工艺的现代化,现代园路中将各种面质的石材、砖材、陶板、彩色水泥和金属材料组合使用,形成了形式多样、色彩缤纷的现代彩纹和艺术路面铺装。

二、中国古典铺地纹样

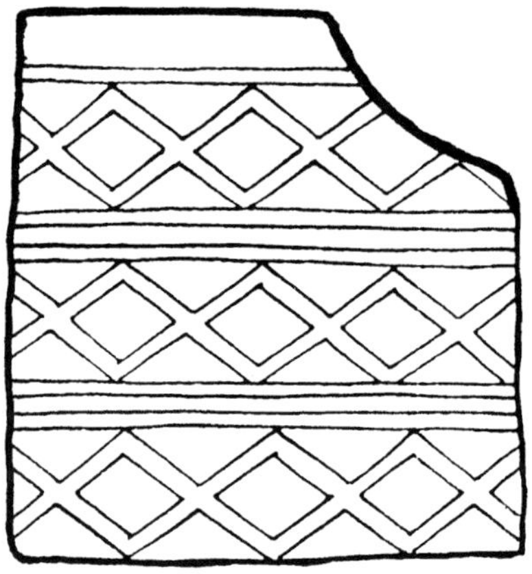

1 几何纹铺地砖(残片)

2 胡人引驼砖

3 蔓草纹

4 奇兽葡萄纹

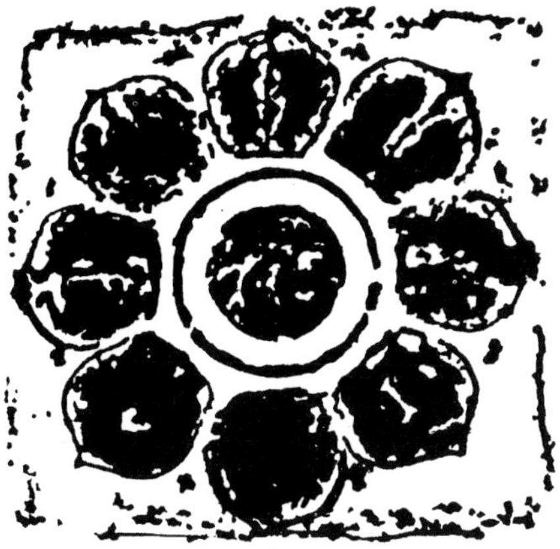

5 莲纹(隋)

6 蝴蝶纹(唐)

7 如意纹(唐)

8 太阳纹铺地砖(秦)

9 狮纹(唐)

10 胡人牵马砖(汉)

11 莲纹砖(唐)

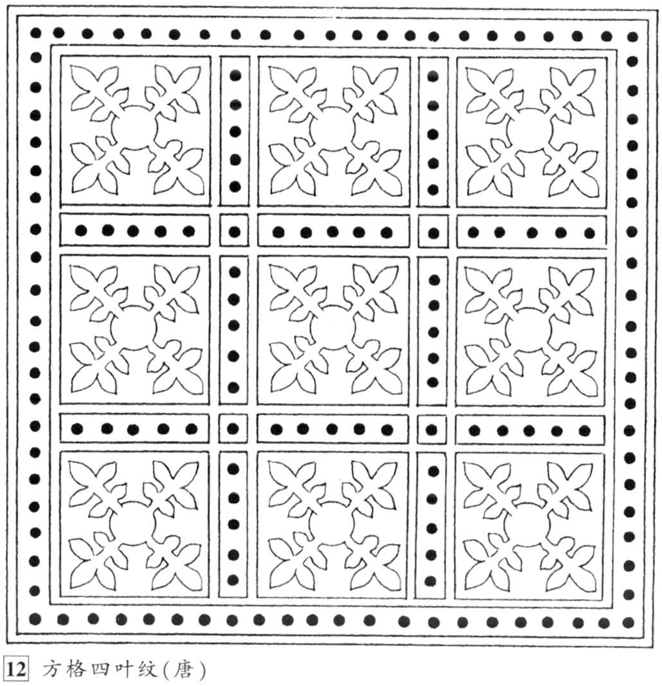

12 方格四叶纹(唐)

13 石榴纹(唐)

14 云头如意纹(唐)

15 莲花纹(唐)

16 莲花纹(宋)

17 莲花纹(唐)

18 折瓣莲花纹(唐)

19 大丽花纹(宋)

20 莲花纹(五代)

21 绳纹(唐)

22 莲花纹(唐)

23 莲花纹(唐)

24 涡纹(宋)

三、现代铺地彩纹

1 天然石材与卵石拼花

2 长石条与卵石拼花

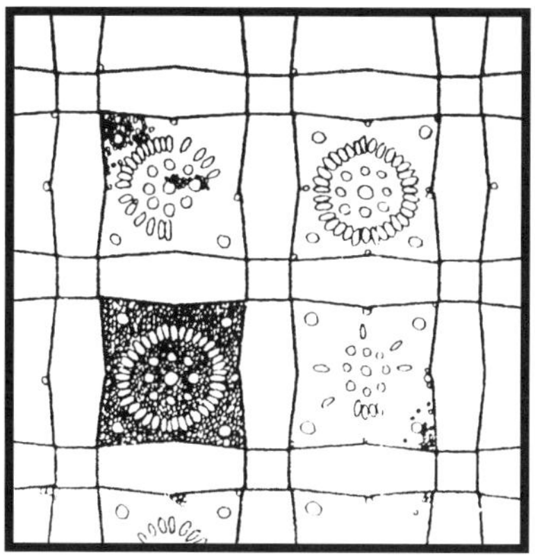

3 混凝土块与卵石拼花之一

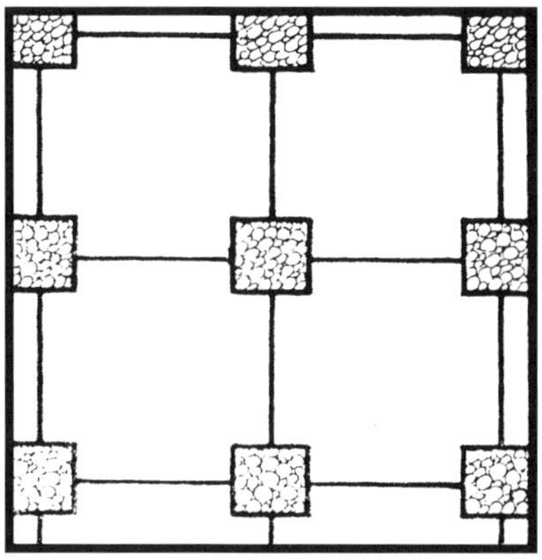

4 混凝土块与卵石拼花之二

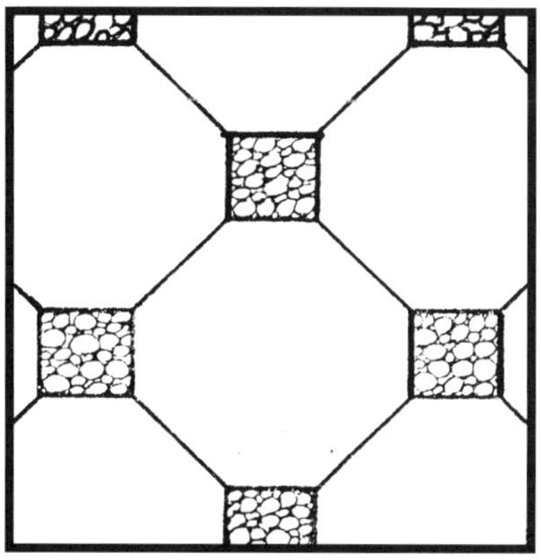

5 混凝土块与卵石拼花之三

6 彩色石块、混凝土或陶板拼花

7 混凝土花砖嵌卵石铺地纹

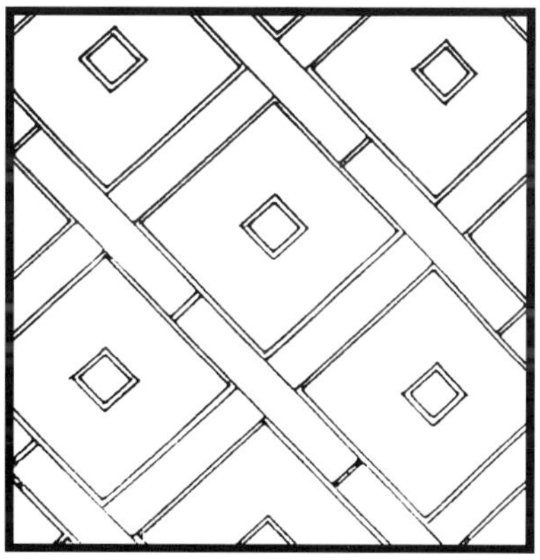

8 井字格石材嵌彩砖地纹

9 花边花岗石与彩石拼花

10 彩色花砖与卵石拼花地纹

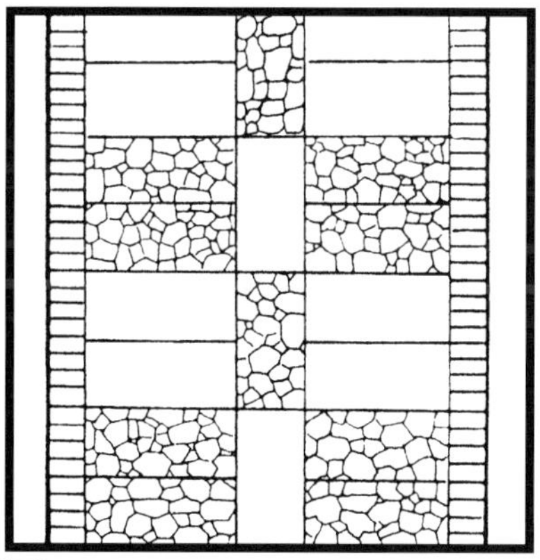

11 彩色碎石与石材(或砖)拼花

12 花岗岩凿莲纹铺地

四、花街铺地纹

花街铺地是指采用碎石、卵石、瓦条和碎瓷片等材料，经过设计，组合成各种精美图纹的彩色铺地，具有圆润细腻、朴素粗犷，寓意深远、意境独特，多彩多姿、花纹如锦和装饰性强、防滑排水等特点。

1 攒六方

2 十字海棠

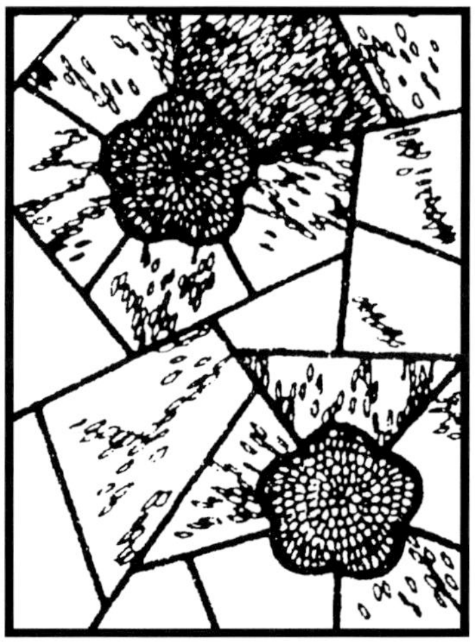

3 冰纹梅花

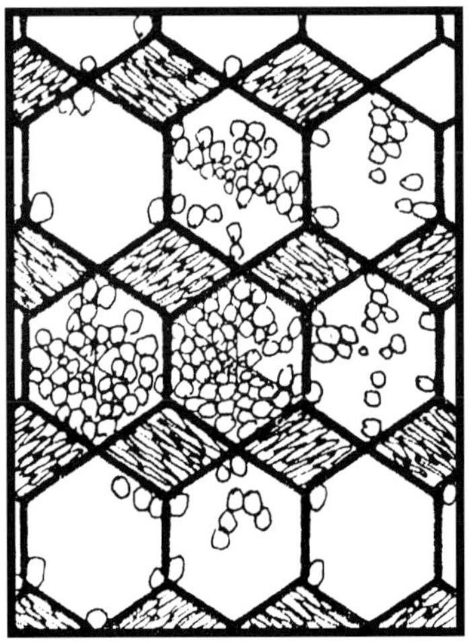

4 套六方

5 海棠菱纹

6 万字海棠

7 波浪纹

8 长八方

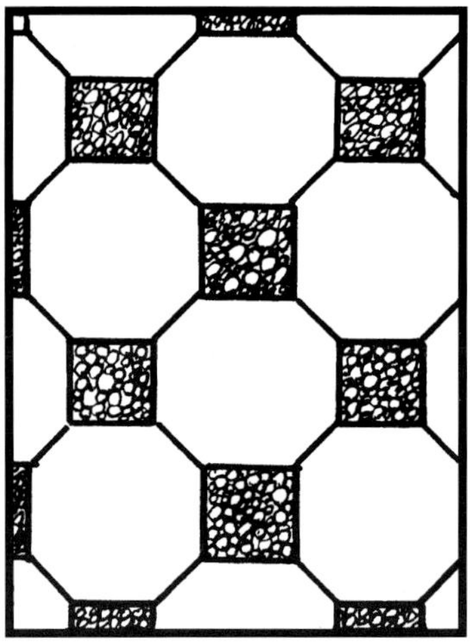

9 四方八角

10 海棠芝花

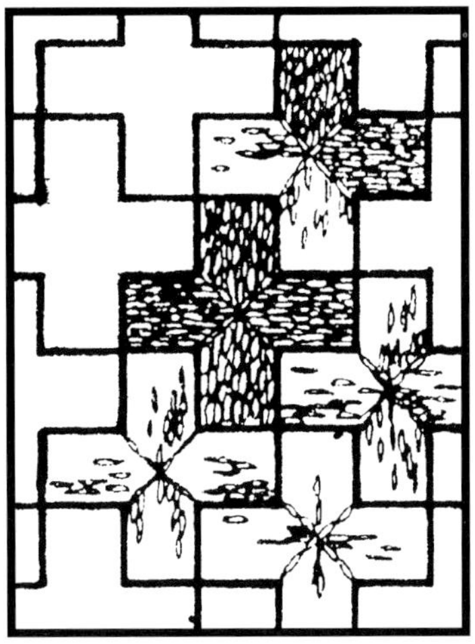
11 软锦万字

12 金钱海棠

五、故宫御花园铺地纹

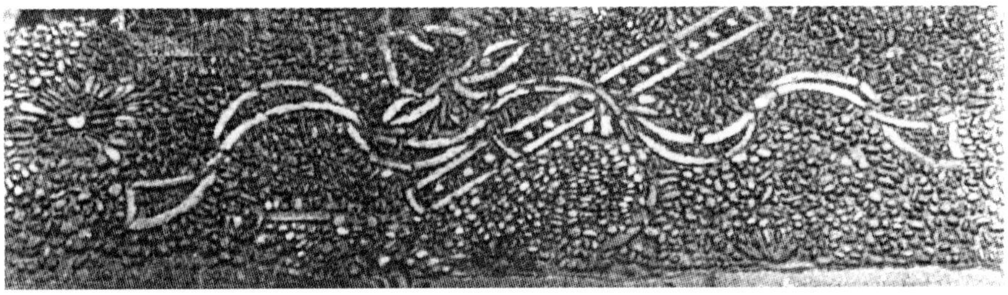
1 韩湘子的横笛(暗八仙铺地纹)

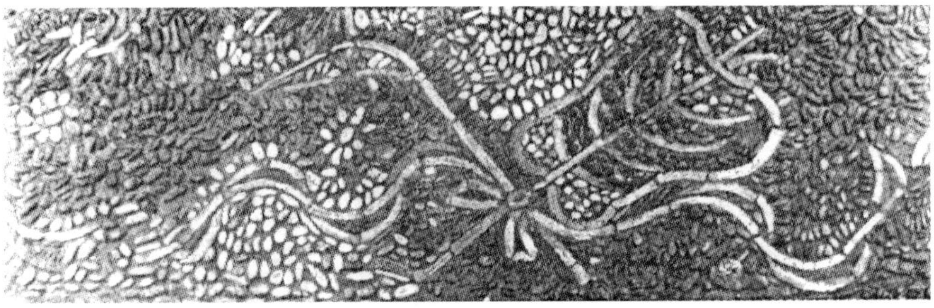
2 汉钟离的扇子(暗八仙铺地纹)

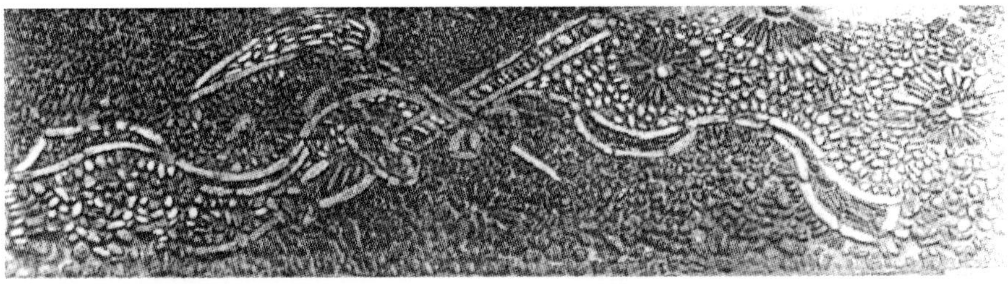
3 吕洞宾的宝剑(暗八仙铺地纹)

4 赵颜求寿(神话故事)

六、中国吉祥铺地纹样

1 清代鹿纹砖刻

2 清代鹿纹砖

3 蝴蝶纹

4 汉代舞鹤纹

5 清代孔雀开屏砖纹

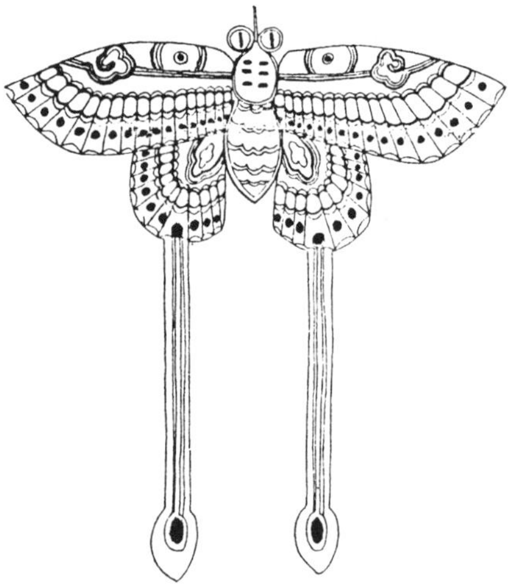

6 长蝴蝶纹

7 鹤迎朝日图

8 清代双喜红梅纹砖

9 蝴蝶纹

10 蝙蝠纹

11 福、禄、寿吉祥文字

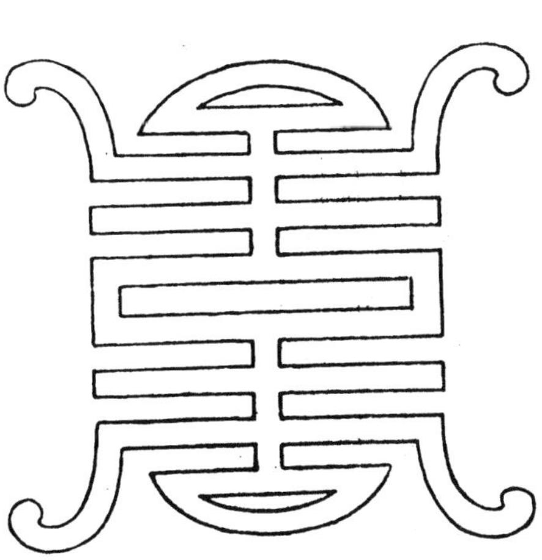

12 长寿字

13 长春寿字

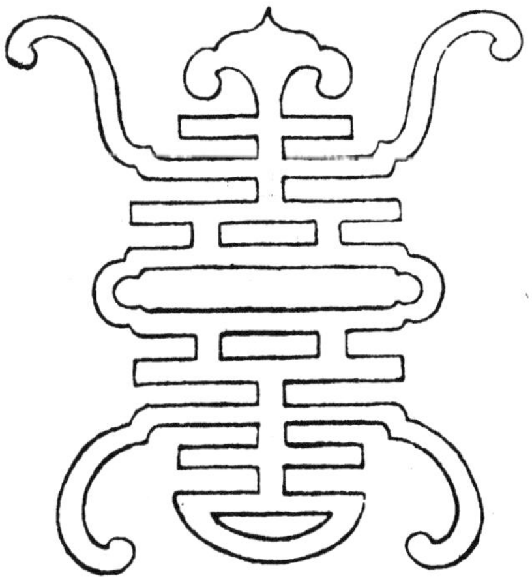

14 长寿字

15 团寿字

16 五福拱寿

17 组合寿字纹

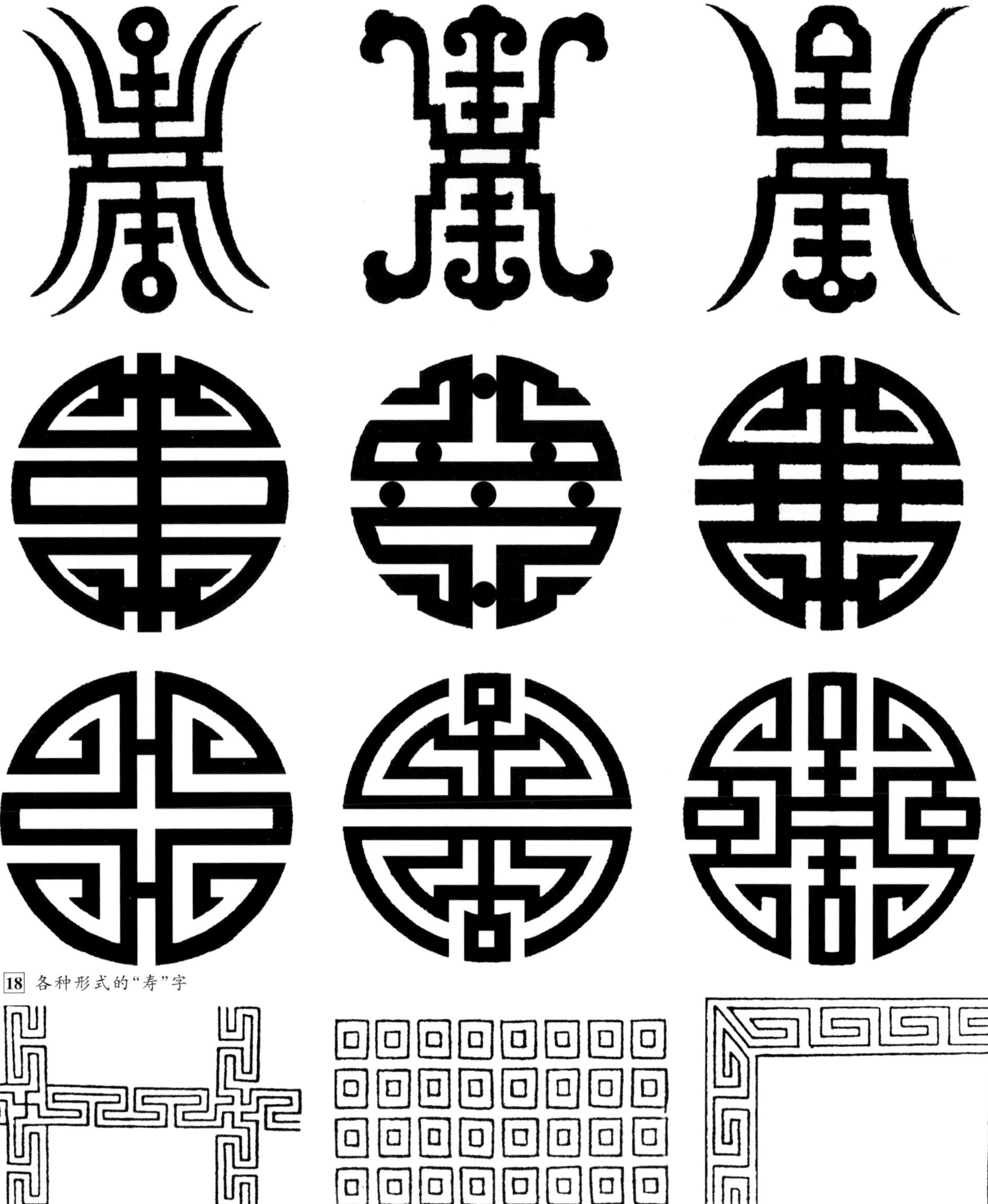

18 各种形式的“寿”字

19 井字回纹

20 回纹锦

21 矩形框回纹

22 福寿连续纹

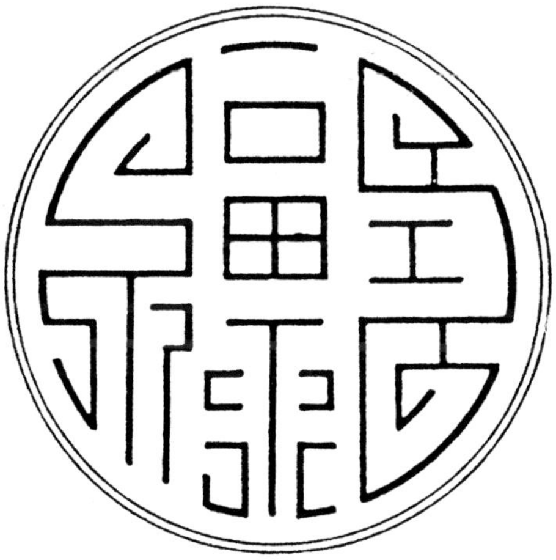

23 福、禄、寿共用文字纹

24 云头纹

25 云勾勾纹

26 各种回纹

27 回纹

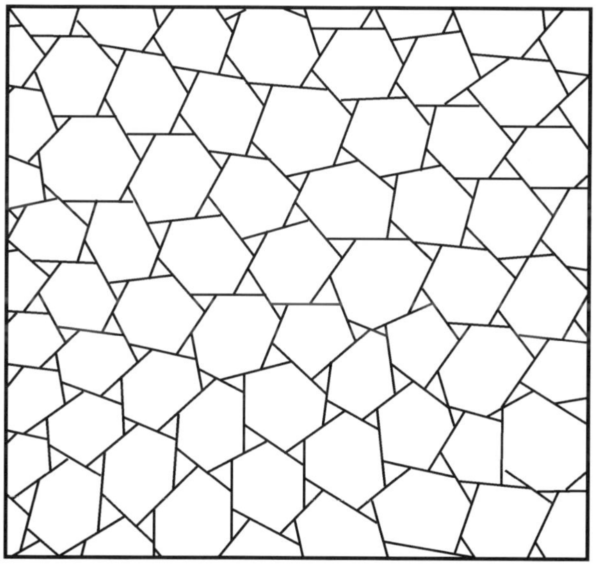

28 冰竹纹

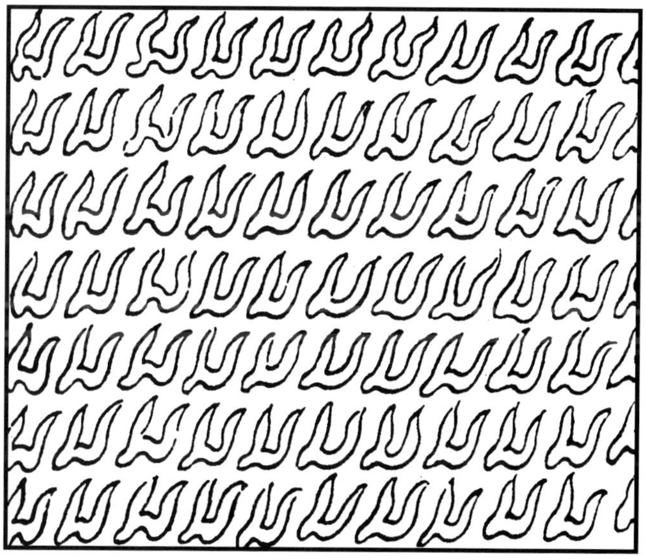

29 风纹

30 水波浪纹

31 两种水波浪纹

32 太极图

33 神盘

34 八卦图

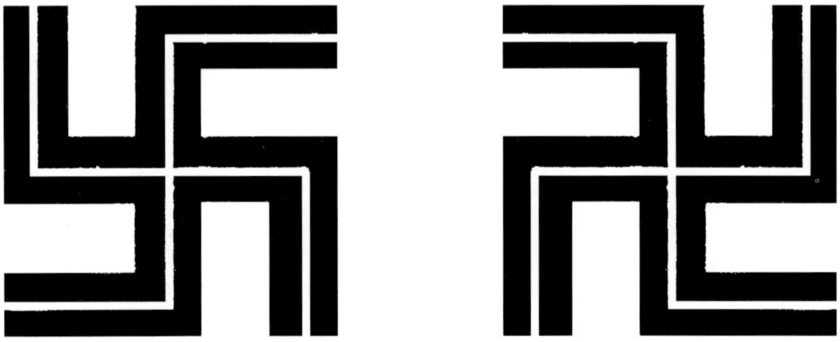

a b

35 方万字

36 团万字

37 太极鱼

38 太极八卦

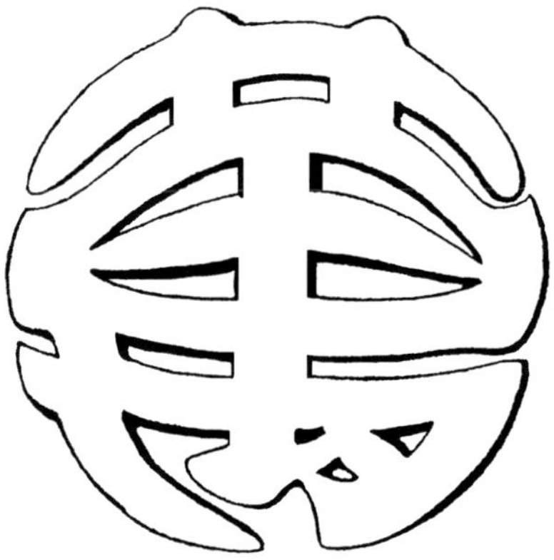

39 团万字

40 组合万字纹

41 万字团寿

42 组合万字纹

43 盘长

44 万代盘长

45 梅花盘长

46 四合盘长

47 双盘长

48 方胜盘长

49 百吉盘长

50 方胜连续纹

51 几种方胜纹

一、石拼彩纹地面

1 深色磨光板与凿毛浅色石板和精美小花坛组合而成的场地彩纹(中国上海)

2 与图1为同一环境不同角度彩纹

3 本图为图2的景观局部

4 广场露台的石拼彩纹地面(中国上海)

7 广场下沉空间地面中的石拼彩纹(中国上海)

5 本图为图4的彩纹细部

6 本图为图5、图7中的点凿彩纹局部

8 本图为图4、图5中四块将军红菱形点凿图案的组合

9 湖畔下沉石拼彩纹场地(中国上海)

10 深色花岗石与小块石拼铺的"太阳光芒"彩纹

11 本图为图10中石材与水刷石对尖拼花局部

12 本图为图10的彩纹局部

13 块石与水刷石拼铺局部(中国上海)

14 本图为图10的彩纹局部

15 本图为图10中块石与水刷石拼铺局部

16 绿地广场中下沉式场地的彩纹铺地(中国上海)

17 本图为图18中的石材拼花局部

18 本图为图16场地环境中的局部

19 本图为图18中的石材拼花局部

20 本图为图16中场地反光灯与石拼局部

21 本图为图16中石拼彩纹中布置在十字线上的反光灯

22 花岗石拼铺的“太阳”彩色地纹(中国上海)

23 公园场地中的圆形“太阳”纹(中国上海)

24 本图为图22中的石拼局部

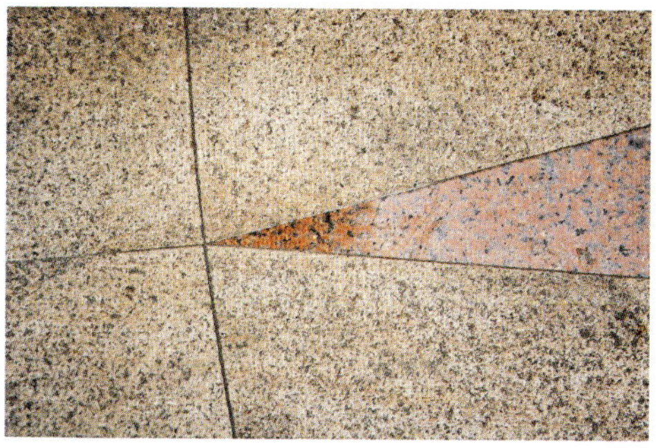
25 本图为图22中光纹尖角石拼细部

26 本图为图22中的石拼细部

27 绿地公园中与树池组合的彩纹铺地(上海)

28 本图为图27中的石拼局部

29 公园下沉式露天剧场的石拼彩纹铺地(中国上海)

30 本图为图29中的石拼彩纹局部

31 本图为图30中的石拼细部

32 本图为图30中的锐角石拼细部

34 与图33为同一环境的石拼彩纹

35 本图为图34中的拼铺局部

33 "太极阴阳图"石拼彩纹场地(中国上海)

36 本图为图35中的石拼细部

37 本图为图35中的石拼细部

38 碧潭中的环形石拼彩纹(中国北京)

39 本图为图38中环形石拼彩纹局部

40 本图为图38中由白色小卵石与深色花岗岩拼铺的彩纹

41 本图为图40中的石拼细部

42 多色石材与铜嵌条拼铺的“罗盘”彩地纹(澳大利亚)

43 红块石与灰石板拼铺的彩纹(瑞士)

44 红、灰、蓝块石拼铺的彩纹(新加坡)

45 本图为图46中的环境局部

46 深灰、浅灰和白色拼铺的无彩色地纹(法国)

47 本图为图46中的地纹局部

48 块石与白色大理石拼铺的广场地纹(列支敦士登瓦杜兹)

49 块石与花岗岩板拼铺的入口广场地纹(瑞士)

50 块石与磨光红花岗岩板拼铺的场地彩纹(澳大利亚)

51 块石与石板拼铺局部，为图53中的场地环境

52 本图为图53中的广场块石拼铺地纹

53 历史悠久的城市广场石拼彩色铺地纹(德国)

54 市政广场的石拼彩地纹(法国)

55 横向看市政广场的石拼彩色地纹(法国)

56 各色块石拼铺的校园路彩色地纹(德国)

57 块石与条石拼铺的广场地纹(法国)

58 块石、卵石和花岗岩板拼铺的彩色地纹(中国上海)

59 本图为图58中的地纹局部

60 多种石材拼铺的彩纹路面(中国上海)

61 黑色花岗岩磨光板与块石、方板组合的彩纹地面(中国上海)

62 本图为图58中的拼铺细部

63 本图为图61中的石拼细部

64 本图为图58中的拼铺细部

65 本图为图66中的拼铺细部

66 城市景观大道人行道的石铺彩纹地面

67 本图为图70中的地纹局部

68 本图为图70中的石拼地纹局部

69 本图为图70中由多色花岗石板和大卵石、小粒卵石拼铺的彩纹地面

70 森林公园入口广场石拼地纹场地(中国江苏)

71 本图为图70中的石拼地纹局部

72 本图为图69中的石拼细部

73 本图为图70中石拼地纹细部

二、陶板、铺地砖彩纹地面

1 行政中心绿地中的陶板和铺地砖彩地纹(马来西亚)

2 红、白、黄色组成的六角形彩色地纹(马来西亚)

3 宅前花园中的精美陶板彩色铺地纹(荷兰)

4 花园廊道中的陶板彩纹地面(意大利)

5 庭院中的陶板彩色地纹铺地(荷兰)

6 本图为图5中不同角度下的彩纹铺地效果(荷兰)

7 公园廊道下的陶板彩纹(澳大利亚)

8 公园中与花坛相结合的铺地彩纹(马来西亚)

9 本图为图11中的拼铺局部

10 跨街天桥中的陶板彩拼地纹(新加坡)

11 建筑廊道上的陶板拼铺彩色地纹(新加坡)

12 度假村泳池陶板花卉彩色地纹(马来西亚)

13 本图为图12陶板彩纹的光环境效果

14 楼顶花园中的陶板彩色地纹(澳大利亚)

15 本图为图17中的环境局部

16 本图为图17中的泳池彩纹局部

17 海滨度假村泳池陶板彩纹(泰国)

三、混合材料拼铺彩纹地面

1 绿地中以喷泉为中心的彩色铺地纹，由彩色混凝土铺地砖、石材、混凝土沥青和金属嵌条组成(澳大利亚)

2 本图为图1的地纹局部

3 本图为图2中的拼铺细部

4 混凝土、陶板和石材拼铺的公园场地(新加坡)

5 混凝土砖、陶板和块石地纹(德国)

6 多色石材和陶瓷广场砖拼铺的彩色场地纹(中国上海)

7 本图为图6场地中的石铺彩色甬道

8 本图为图6中的场地局部

9 独立纪念园内的混凝土砖与白大理石拼铺的地纹(马来西亚)

10 本图为图9中场地纹的鸟瞰

11 小块石与混凝土拼铺的地纹(德国)

12 本图为图11中的拼铺局部

13 混凝土、块石和大理石拼铺的地纹(瑞士)

14 彩色混凝土与石板拼铺的地纹(澳大利亚)

15 本图为图14中从不同角度观看的彩纹的效果

16 块石与彩色混凝土图纹方砖拼铺的地纹(澳大利亚)

17 彩色混凝土砖与花岗岩拼铺的广场地纹(韩国)

18 陶板、彩色混凝土砖和石材拼铺的疏林场地彩纹(韩国)

19 陶板、石板拼铺的广场地纹(韩国)

20 本图为图19中场地环境局部

21 本图为图19中从不同角度观看的场地环境

22 本图为图23中的地纹局部，石草拼铺的地纹自然、朴实，与远处的湖光山色融为一体

23 花岗岩板与草坪间隔拼铺的场地地纹，石板的坚硬与绿草的柔嫩形成鲜明的质感对比(澳大利亚悉尼)

24 本图为图23中不同角度的地纹环境效果

四、卵石彩纹与健身铺地

足底保健作为一种悠久的传统保健按摩方法，越来越引起人们的重视和广泛兴趣。特别是利用卵石、碎石特有机理布置的既有景观效果又有健身功能的卵石铺地，在大中城市公园、绿地中被广泛应用。

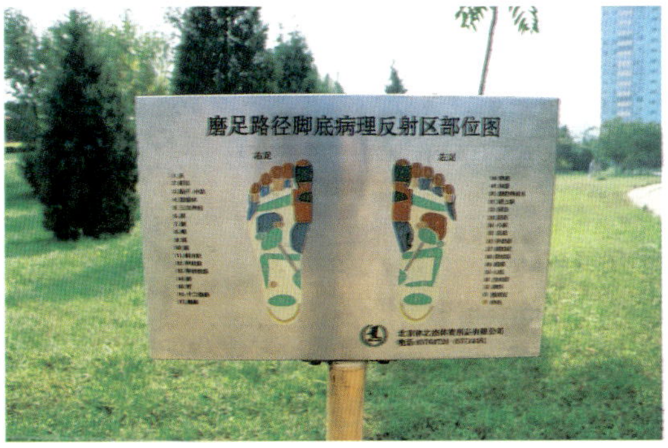

1 卵石磨足脚底反射区部位示意图

2 双环“8”字卵石磨足健身路，成为疏林绿地中的小品(马来西亚)

3 公园草坪中的卵石磨足健身小路(中国北京)

4 本图为图3中的卵石拼铺局部，黑色卵石在暖黄色中的图案字体非常醒目

5 本图为图3中的黑卵石动物图案局部

6 本图为图3中的拼铺局部。以动物图案为中心，周围配以花卉的彩纹局部

7 由小粒黑、白卵石拼铺的公园健身场地(中国北京)

8 本图为图7中的地纹局部

9 本图为图7中的一个健身单元地纹细部

10 与彩色混凝土砖园路平行布置的卵石路(中国北京)

11 结合大理石拼铺的卵石地纹健身路(中国上海)

12 黑卵石嵌边的石板单元使地纹更加丰富

13 本图为图12中的拼铺局部

14 本图为图13中一个石板单元拼铺细部

15 花丛中的卵石、碎石拼花路(中国北京)

17 本图为图15中的拼花路局部

19 波浪纹卵石拼铺路(中国上海)

16 井字格卵石彩纹健身场地(中国北京)

18 本图为图16中的拼铺细部

20 本图为图19中从不同角度观看的拼铺彩纹效果

21 由大小卵石、馒头石、石柱和金属圆柱拼铺的专业健身地纹(韩国)

23 本图为图21从不同角度观看的环境效果

22 本图为图24从不同角度观看的健身园路的环境效果

24 多色小粒卵石随意拼铺的磨足健身路。雨天成溪流,晴天是旱径(中国上海)

25 卵石墁地中的石板涡形地纹(中国上海)

26 本图为图25中的涡形局部

五、花街铺地

花街铺地是利用各色卵石、碎石和瓦条等材料，组合成各种精美的图案。它具有红、黄、棕、褐、豆青、灰白和墨黑等和谐色彩，形成了丰富多彩的彩色铺地纹。风格或圆润细腻，或朴素粗犷。因此，花街铺地彩纹极易与中国园林的环境相协调，具有浓厚的中国味。

中国古典园林特别重视园林意境的创造，利用铺地纹样来强化意境，是中国园林艺术的手法之一。在花街铺地中，大部分图案花纹如锦，多姿多彩，例如，十字海棠、套六方、长八方和葵花纹等。图案以简单重复的韵律，获得美感。

花街铺地彩纹不仅具有较好的装饰作用，而且还具有极好的排水和防滑功能，特别适宜多雨气候地区的环境设计应用。

1 十字海棠纹铺地，卵石为平铺，海棠纹为瓦条嵌边（中国上海）

2 灌木林中的花街铺地（中国上海）

3 本图为图2中的局部，冰纹梅花

4 十字梅花与十字菱纹铺地（中国上海）

5 本图为图2中铺地边缘的白石子花纹，由磨光瓦条嵌边

6 本图为图4白石子拼铺的梅花纹局部

7 红石与黑石拼铺的长八方纹（中国上海）

8 本图为图7中的铺地局部

9 本图为图8中的拼铺细部

10 本图为图8中的边缘收口细部

11 红、黑、白碎石拼铺的套六方地纹（中国上海）

12 本图为图11中的拼铺局部

13 本图为图11中的套六方铺地，韵律和整体性较强（中国上海）

14 本图为图11中的拼铺局部

15 本图为图16中的局部

16 菱角、方角梅花地纹(中国上海)

17 本图为图16中的局部。菱、方交点线上的梅花

18 三角六方铺地纹,红、蓝、黑、白石子对比鲜明(中国上海)

19 三角六方铺地小园路(中国上海)

20 本图为图19的边缘收口细部

21 图16中的拼铺局部

22 本图为图19中的拼铺局部

23 三角六方中的植物、动物铺地纹(中国上海)

24 本图为图23中的蝴蝶纹

25 本图为图23中的仙桃树纹

26 本图为图24中的波形瓦条拼铺的蝴蝶纹细部

27 暖黄卵石中由碎红石拼铺的盘长吉祥纹，是长寿、无穷尽的象征(中国上海)

28 本图为图27中的盘长吉祥纹细部

29 本图为图31中的蝙蝠纹细部

30 本图为图31五福捧寿纹四角处的盘长吉祥纹

31 五福捧寿纹，是民间流传极广的吉祥纹样，五只蝙蝠围住一个寿字。蝠与福同音，视为吉祥物（中国上海）

32 连年有余吉祥纹（中国上海）

33 本图为图31中的十字海棠纹

34 多种吉祥纹样组合的花街铺地(中国上海)

35 围绕花坛铺筑的组合纹样花街铺地(中国上海)

36 本图为图35中的组合纹样局部

37 本图为图34、图35中的"忍冬纹"拼铺细部

38 本图为图34中的组合莲纹

39 本图为图35中的一叶几何纹

40 由各种花卉吉祥纹拼铺的花街地（中国上海）

41 由太极阴阳鱼纹和其他吉祥纹样组成的花街铺地（中国上海）

42 本图为图40中的纹样局部。梅花套菱莲纹

43 本图为图41中的太极阴阳鱼纹细部

44 本图为图41中的梅花、海棠组合纹

45 图纹丰富、组合多样的花街铺地(中国上海)

46 本图为图45中的花街铺地局部

47 山石间的花街小径(中国上海)

48 本图为图47中梅花套菱莲细部

49 本图为图45中的纹样长菱莲纹细部

50 小庭院中的莲纹铺地

51 本图为图50中的莲纹细部

六、艺术铺地与叙述的路

1 将书法、石刻艺术通过长短不一的条石组织在绿茵之中，形成供游人欣赏的艺术铺地（中国北京）

2 图1的局部

3 水的色彩、水生动植物纹样的组合，绚丽、精美的拼铺，很好地表现了滨水公园的内涵（澳大利亚）

4 国会大厦圆广场的彩色艺术铺地组合之一(澳大利亚)

5 国会大厦圆广场的彩色艺术铺地组合之二(澳大利亚)

6 国会广场上的中心图案,由数万块圆点彩石镶嵌拼铺而成的大型艺术铺地,象征具有漫长历史的土著文化

7 本图为图6中的中心圆铺地局部

8 彩色混凝土铺地上的表现土著文化的压痕图纹，象征最早在澳洲留下“足迹”的土著人图纹(澳大利亚)

9 本图为图8的局部

10 本图为图8艺术铺地广场入口处的图纹局部

11 娱乐场中的彩色混凝土图纹(澳大利亚)

12 预制水磨石制作的堪培拉市规划图彩色地纹(澳大利亚)

13 彩色混凝土面层的图纹地面(澳大利亚)

14 本图为图15中的铺地局部

15 彩色水泥涂布而成的艺术铺地，艳丽明快，烘托了儿童游乐园活泼欢快的气氛（韩国）

16 表现沙滩地的彩色水泥涂布路面（澳大利亚）

17 彩色沥青与水泥涂布组合的游乐场铺地（澳大利亚）

18 青灰色花岗岩板与黄铜组成的无名烈士墓铺地纹(法国)

19 本图为图18的铺地局部

22 以地名字母作几何纹的彩色混凝土彩粒艺术铺地(澳大利亚)

20 本图为图18中的地纹局部

21 本图为图18中的铜盔纹细部

23 本图为图22中的铺地局部

24 本图为图22中一个字母几何纹细部

25 表现城市历史发展的下沉式场地（中国上海）

26 本图为图25中的一个浮雕地纹

27 本图为图25局部，以突出形象的浮雕图纹展现城市历史文化和发展的艺术地纹

29 本图为图30中桥路一侧的艺术铺地（中国北京）

28 本图为图25中的场地环境局部

30 典型的叙述的路，又具有浓厚的书法艺术的整体铺地效果（中国北京）

31 与理水结合的宗教叙述园路(澳大利亚墨尔本)

32 滨水码头铺地铭牌(澳大利亚)

33 本图为图31中的环境局部

34 叙述历史的纪念性铺地与铜铭牌(澳大利亚悉尼)

35 图34中记述开发历史的铺地铜铭牌

36 用各种石料及质感再现文明遗迹的艺术铺地(瑞士)

37 古老建筑檐廊下的石铺地纹(意大利)

一、特点与应用

整体路面是道路系统中应用最多、最为常见的一种传统地面,它是直接将待凝的搅拌料摊铺在垫层(基层)上面固化形成的一体化的路面。常见的整体路面有:普通混凝土路面、混凝土沙浆路面、彩色混凝土面层路面、彩色水泥涂布地面、混凝土沥青面层路面、混凝土彩色沥青面层路面和石渣水磨石地面以及体育运动场地等等。

整体路面可灵活调配颜料和填料制成各种颜色的面层,适宜于多种使用功能要求,具有足够的强度、耐磨性和耐腐蚀性,因而在各种公园、城市花园、绿地、住宅区等园林环境和城市景观中应用极为广泛。此外,整体路面还具有耐污、防水、防潮、易于清扫和施工简便等优点。整体路面的铺装环境效果,见图1~图6。

二、整体路面分类及适用场所

整体路面分类及适用场所

项目	分类名称	适用场所
水泥砂浆地面	普通水泥砂浆地面	园林游步道、场地、亭台、廊榭地面及非行车园路
	彩色水泥砂浆地面	装饰性要求较高的园路和场所及儿童娱乐性场所
混凝土地面	细石混凝土面层	面层经过二至三遍抹光,适用于园林轻型车辆的支路、小道和园林休闲场地等
	随捣随抹混凝土面层	同细石混凝土面层,如果基层为高强度垫层,可作为行车道或园林主路
	彩色混凝土面层	适用于较高级的园林景观环境或对装饰要求较高的环境
现浇水磨石地面	普通水磨石地面	园林环境中的旱冰场、车模和航模场、儿童娱乐场和其他活动场地,以及楼台、亭、榭、廊的地面等
	美术水磨石地面	环境条件要求较高的园林场地, 现代式的景观建筑地面和亭、廊、台的地面
沥青路面	普通沥青路面	园林环境中的主、支道路及小园路;城市绿地和其他景观环境道路,适用场所较广
	彩色沥青路面	环境要求较高和装饰性强的园林景观场所
塑性涂布地面	环氧树脂涂布面层	园林环境中面积较小的场地, 儿童娱乐场及园林建筑的室内地面
	聚醋酸乙烯乳液塑化面层	适用于较大面积的园林活动场地、娱乐场和园林室内地面
	不饱合聚脂涂布面层	适用于园林环境中面积较小的场地和室内地面
	聚氨酯涂布面层	适用于园林环境中面积较小的场地和室内地面

1 彩色混凝土人行道与普通沥青行车道结合的园路(奥地利)

2 沥青与混凝土主园路(澳大利亚)

3 沥青铺装的主园路(韩国)

4 山林中的沥青路(韩国)

5 疏林、绿茵中的红色沥青园路(中国上海)

6 绿地中的普通沥青路(中国上海)

一、路面材料的构成

整体路面、地面均为经现浇、现铺后保养而成的一体化路面面层。其路面类型虽然较多，但使用的原材料为各种胶凝材料、填料、颜料和骨料等，例如，混凝土中的水泥为胶凝材料，砂子为细集填料，石子则是骨料；沥青路面中的胶凝材料则为沥青。

有些整体路面有两种或两种以上的胶凝材料，如聚醋酸乙烯乳液塑化地面的胶凝材料是由聚醋酸乙烯乳液和普通硅酸盐水泥混合而成。有的胶凝材料终凝时间长，而有的胶凝材料固化时间很短，例如，以水泥为胶凝材料的混凝土地面终凝时间7~15d，而不饱和聚氨酯和聚氨酯涂布地面固化很快，一般12h后即可上人。

总之，整体路面胶凝材料属性差异较大，致使用途和适用场所极不相同。只有在设计中根据环境恰当地选择使用才能最好地发挥其功能作用，为环境增色。

二、水泥及其各项指标

1. 常用水泥的性能指标

常用水泥的性能指标　　表1

名称	强度等级	抗压强度(MPa)		抗折强度(MPa)	
		3d	28d	3d	28d
硅酸盐水泥	42.5	17.0	42.5	3.5	6.5
	42.5R	22.0	42.5	4.0	6.5
	52.5	23.0	52.5	4.0	7.0
	52.5R	27.0	52.5	5.0	7.0
	62.5	28.0	62.5	5.0	8.0
	62.5R	32.0	62.5	5.5	8.0
普通水泥	32.5	11.0	32.5	2.5	5.5
	32.5R	16.0	32.5	3.5	5.5
	42.5	16.0	42.5	3.5	6.5
	42.5R	21.0	42.5	4.0	6.5
	52.5	22.0	52.5	4.0	7.0
	52.5R	26.0	52.5	5.0	7.0
使用要求	用于铺筑地面的水泥，通常采用硅酸盐水泥或普通水泥，其强度等级应按设计和工程要求，但不应低于32.5级。如以石屑代砂，水泥强度等级不得低于42.5级。如采用矿渣硅酸盐水泥，其强度等级不允许低于32.5级，必须严格按施工工艺和规范要求操作				

2. 水泥的使用条件

水泥的使用条件　　表2

工程特点及所处环境条件		硅酸盐水泥	普通水泥
环境条件	在普通气候环境中的混凝土	可以使用	优先使用
	在干燥环境中的混凝土	可以使用	优先使用
	在高湿度环境中或永远处在水下的混凝土	可以使用	可以使用
	严寒地区的露天混凝土、寒冷地区处在水位升降范围内的混凝土	可以使用	优先使用
工程特点	厚大体积的混凝土	不得使用	可以使用
	要求快硬的混凝土	优先使用	可以使用
	高强混凝土	优先使用	可以使用
	有抗渗性要求的混凝土	可以使用	优先使用
	有耐磨性要求的混凝土	优先使用	可以使用

3. 水泥受潮程度的简易鉴别和处理方法

水泥受潮程度的简易鉴别和处理方法　　表3

受潮程度分类	水泥外观	手感	强度降低	处理方法
轻微受潮	水泥新鲜、有流动性，肉眼观察完全呈细粉	用手捏碾无硬粒	强度降低不超过5%	使用不改变
开始受潮	水泥凝有小球粒，但易散成粉末	用手捏碾无硬粒	强度降低不超过15%	用于要求不严格的工程部位
受潮加重	水泥细度变粗，有大量小球粒和松块	用手捏碾，球粒仍可成粉末，无硬粒	强度降低15%~20%	将松块压成粉末，降低标号，用于要求不严格的工程部位
受潮较重	水泥结成粒块，有少量硬块，但硬块较松，容易击碎	用手捏碾，不能变成粉末，有硬粒	强度降低30%~50%	用筛子筛去硬粒、硬块，降低一半标号，用于要求较低的工程部位
受潮严重	水泥中有许多硬粒、硬块，难以压碎	用手捏碾不动	强度降低50%以上	需采用再粉碎的办法进行恢复强度处理，然后掺入新鲜水泥中使用

三、建筑、园林工程用砂

1. 砂的种类、规格及等级

砂的种类、规格及等级　表 4

分类	规格	等级
按砂的产源分为： (1) 海砂； (2) 河砂； (3) 湖砂； (4) 山砂	按砂的细度模数 (Mx) 分为粗、中、细、特四种规格： (1) 粗砂 Mx:3.7~3.1； (2) 中砂 Mx:3.0~2.3； (3) 细砂 Mx:2.2~1.6； (4) 特细砂 Mx:1.5~0.7	按砂的技术要求分为： (1) 优等品； (2) 一等品； (3) 合格品

2. 建筑、园林用砂的技术要求和指标

建筑、园林用砂的技术要求和指标　表 5

项目名称		指标		
		优等品	一等品	合格品
颗粒级配		应符合砂的颗粒级配规定		
混合黏土块含量(%)	泥＜	2.0	3.0	5.0
	黏土块＜	0.5	1.0	1.0
有害物质含量(%)(不宜混有草根、树叶、树枝、塑料品、煤块、炉渣等)	云母＜	1	2	2
	硫化物与硫酸盐(以 SO_3 计)＜	0.5	1	1
	有机物	合格	合格	合格
	氯化物(以 NaCl 计)＜	0.03	0.1	—
坚固性：在硫酸钠饱和溶液中经 5 次循环浸渍后，其质量损失(%)		8	10	10
密度(g/cm^3)		＞2.5		
体积密度(kg/m^3)		＞1400		
空隙率(%)		＜45		
碱集料反应		经碱集料反应试验后，由砂制备的试件无裂缝、酥裂、胶体外溢等现象，试件养护 6 个月龄期的膨胀率值应小于 0.1%		

3. 砂的颗粒级配的规定

砂的颗粒级配的规定　表 6

筛孔(mm)	累计筛余(%)		
	1 级配区	2 级配区	3 级配区
10.0(圆孔)	0	0	0
5.00(圆孔)	10~0	10~0	10~0
2.50(圆孔)	35~5	25~0	15~0
1.25(方孔)	65~35	50~10	25~0
0.630(方孔)	85~71	70~41	40~16
0.315(方孔)	95~80	92~70	85~55
0.160(方孔)	100~90	100~90	100~90

四、石灰

1. 生石灰

(1) 钙质生石灰的技术指标

钙质生石灰的技术指标　表 7

项目名称	等级指标		
	优等品	一等品	合格品
CaO+MgO 含量(%)不小于	90	85	80
未消化残渣含量 (5mm 圆孔筛余)(%)不大于	5	10	15
CO_2(%)　不大于	5	7	9
产浆量(L/kg)不小于	2.8	2.3	2.0

(2) 镁质生石灰的技术指标

镁质生石灰的技术指标　表 8

项目名称	等级指标		
	优等品	一等品	合格品
CaO+MgO 含量(%)不小于	85	80	75
未消化残渣含量 (5mm 圆孔筛余)(%)不大于	5	10	15
CO_2(%)　不大于	6	8	10
产浆量(L/kg)不小于	2.8	2.3	2.0

2. 生石灰粉

(1) 钙质生石灰粉的技术性能

钙质生石灰粉的技术性能　表 9

项目名称		等级指标		
		优等品	一等品	合格品
CaO+MgO 含量(%)不小于		85	80	75
CO_2 含量(%)不大于		7	9	11
细度	0.9mm 筛的筛余(%)不大于	0.2	0.5	1.5
	0.125mm 筛的筛余(%)不大于	7.0	12.0	18.0

(2) 镁质生石灰粉的技术性能

镁质生石灰粉的技术性能　表 10

项目名称		等级指标		
		优等品	一等品	合格品
CaO+MgO 含量(%)不小于		80	75	70
CO_2 含量(%)不大于		8	10	12
细度	0.9mm 筛的筛余(%)不大于	0.2	0.5	1.5
	0.125mm 筛的筛余(%)不大于	7.0	12.0	18.0

3. 熟石灰 建筑工程用的熟石灰，是将生石灰（块灰）淋以适量的水，经过熟化作用后所形成的粉末材料，或称为消石灰粉或水化石灰。

（1）钙质消石灰粉的技术性能

钙质消石灰粉的技术性能 表 11

项目名称		技术性能指标		
		优等品	一等品	合格品
(CaO+MgO)含量(%)不小于		70	65	60
游离水(%)		0.4~2	0.4~2	0.4~2
体积安定性		合格	合格	—
细度	0.9mm 筛的筛余(%)不大于	0	0	0.5
	0.125mm 筛的筛余(%)不大于	3	10	15

（2）镁质消石灰粉的技术性能

镁质消石灰粉的技术性能 表 12

项目名称		性能指标		
		优等品	一等品	合格品
(CaO+MgO)含量(%)不小于		65	60	55
游离水(%)		0.4~2	0.4~2	0.4~2
体积安定性		合格	合格	—
细度	0.9mm 筛的筛余(%)不大于	0	0	0.5
	0.125mm 筛的筛余(%)不大于	3	10	15

（3）白云石消石灰粉的技术性能

白云石消石灰粉的技术性能 表 13

项目名称		性能指标		
		优等品	一等品	合格品
(CaO+MgO)含量(%)不小于		65	60	55
游离水(%)		0.4~2	0.4~2	0.4~2
体积安定性		合格	合格	—
细度	0.9mm 筛的筛余(%)不大于	0	0	0.5
	0.125mm 筛的筛余(%)不大于	3	10	15

五、石子

1. 天然石子

（1）建筑、园林工程用石子的技术要求

建筑、园林工程用石子的技术要求 表 14

项目名称			技术指标		
			优等品	一等品	合格品
颗粒级配			应符合表 15 规定		
针片状颗粒含量(%)＜			15	20	25
泥、黏土块含量(%)＜	泥		0.5	1.0	1.5
	黏土块		0.25	0.25	0.5
有害物质含量(%)(草根、树枝、树叶、塑料品、煤块、炉渣等)	硫化物与硫酸盐(以 SO_3 计)＜		0.5	1.0	1.0
	有机质		合格	合格	合格
	氯化物(以 NaCl 计)＜		0.03	0.1	—
坚固性：在饱和硫酸钠溶液中经 5 次循环浸渍后，其质量损失(%)＜			5	8	12
强度	抗压强度		采用直径和高均为 50mm 的圆柱或长、宽、高均为 50mm 的立方体岩石样品进行试验，在水饱和状态下，其抗压强度应不小于 45MPa，其极限抗压强度与所浇注混凝土强度之比应小于 1.5 倍		
	压碎值(%)＜	碎石	12	20	30
		卵石	12	16	16
密度(g/cm^3)			＞2.5		
体积密度(kg/m^3)			＞1500		
空隙率(%)			＜45		
碱集料反应			经碱集料反应试验后，由石子制备的试件无裂缝、酥裂、硅胶体外溢等现象，试件养护 6 个月龄期的膨胀率值应小于 0.1%		

（2）石子的颗粒级配标准

石子的颗粒级配标准 表 15

公称粒径(mm) \ 累计筛余(%) \ 筛孔尺寸(圆孔筛)(mm)		2.50	5.00	10.0	16.0	20.0
连续粒级	5~10	95~100	80~100	0~15	0	
	5~16	95~100	90~100	30~60	0~10	0
	5~20	95~100	90~100	40~70		0~10
	5~25	95~100	90~100		30~70	
	5~31.5	95~100	90~100	70~90		15~45
	5~40	95~100	95~100	75~90		30~60

续表

公称粒径(mm) \ 累计筛余(%) \ 筛孔尺寸(圆孔筛)(mm)		2.50	5.00	10.0	16.0	20.0
单粒粒级	10~20		95~100	85~100		0~15
	16~31.5		95~100		85~100	
	20~40			95~100		80~100
	31.5~63				95~100	
	40~80					95~100

公称粒径(mm) \ 累计筛余(%) \ 筛孔尺寸(圆孔筛)(mm)		25.0	31.5	40.0	50.0	63.0
连续粒级	5~10					
	5~16					
	5~20	0				
	5~25	0~5	0			
	5~31.5		0~5	0		
	5~40			0~5	0	
单粒粒级	10~20	0				
	16~31.5		0~10	0		
	20~40			0~10	0	
	31.5~63		75~100	45~75		0~10
	40~80			70~80		30~60

(3) 石渣的常用品种及规格与粒径的关系

石渣的常用品种及规格与粒径的关系 **表 16**

常用品种		规格与粒径关系	
用于水磨石	用于斩假石、水刷石	规格俗称	粒径(mm)
汉白玉、东北绿	松香石(棕黄石)	大二分	约 20
东北红、曲阳红	白石子(白石)	一分半	约 15
盖平红、银河	煤石干石(黑色)	大八厘	约 8
东北灰、晚霞	羊肝石(紫褐色)	中八厘	约 6
湖北黄、东北黑		小八厘	约 4
墨玉		米粒石	2~4

2. 人造石子 人造石子,又称陶粒,具有轻质高强的优良性能,是一种可代替普通天然石子配制混凝土的人造轻骨料。根据制造材料的不同,陶粒分为页岩陶粒、粘土陶粒和粉煤灰陶粒等。

(1) 陶粒的类别和性能特点

陶粒的类别、性能和特点 **表 17**

类别	性能、特点与说明
粉煤灰陶粒	系以粉煤灰为主要原料,加入一定量的胶粘剂和水,经加工而成球,烧结而成。其粒径在 5mm 以上者为陶粒,粒径小于 5mm 者为陶砂。该材料具有轻质、高强、隔热、耐腐蚀、抗震性能好等特点,适用于配制保温用的、结构保温用的轻集料混凝土。产品按密度分为 700、800、900 三级
页岩陶粒	系以黏土质页岩、板岩为主要原料,经破碎、筛分、或粉磨加工成球,烧胀而成,其性能、用途同粉煤灰陶粒。产品分普通型和圆球型
粘土陶粒	系以一定细度的黏土,掺入适量的外加剂,经搅拌成球、干燥、高温焙烧膨胀而成。粒径在 5mm 以上者为陶粒,粒径小于 5mm 者为陶砂,其性能、用途同粉煤灰陶粒

(2) 各种陶粒产品的性能、规格

各种陶粒产品的性能、规格 **表 18**

类别	粒径(mm)	技术性能指标				
		颗粒容量(kg/m^3)	松散容量(kg/m^3)	筒压强度(MPa)	吸水率(%)	空隙率(%)
粉煤灰陶粒	5~20	1200~1300	610~700	≥5.0	≤20	
	10~15		670	6.7	19.3	46.18
			650~700	6~7	7.2~8.3	
黏土陶粒	5~20	1000~1200	500~700	2.9~3.2	6.5	41~47
	5~20	550~600	310~400	1.5~2.1	8.7	<45
	0~20		≤450	>1.0	≤13	
页岩陶粒	5~20	1200~1400	650~700	2.5~3.0	4~5	47~64
	5~10	1366	660~700	4.98	4.9	
	10~20	1225	590~630	3.76	4.9	
	20~30	898	480~520	2.74	4.8	
	5~40	830	433		7.6	63.7
		900~1000	650~700	≥2.5	≤5	≤50
轻质页岩保温陶粒	5~10	890	400~420	2.95	14.4	66.2

六、沥青

1. 沥青的分类

沥青的分类 表 19

地沥表(俗称松香柏油)		焦油沥青(俗称煤焦沥青、柏油)
石油沥青	天然沥青	煤沥青 木沥青 泥炭沥青 页岩沥青
固体石油沥青 半固体石油沥青 液体石油沥青		

2. 沥青的性能

沥青的性能 表 20

性能	说明	备注
稠度	系沥青的软硬、稀稠程度。液体状者用黏滞度表示，半固体或固体状者用针入度表示	(1) 黏滞度反映沥青材料内部阻碍其相对流动的一种特性，以绝对黏度表示。 (2) 针入度系标准针在规定条件下刺入沥青的深度，表示沥青抵抗剪力变形的能力，反映在一定条件下沥青的相对黏度
黏结力	指沥青的黏结能力。沥青的黏结能力较强，薄膜的黏结力更强	
塑性	即柔韧性。沥青的塑性与温度和沥青膜的厚度有关。温度愈高或沥青膜愈厚，塑性愈大。 沥青的塑性以延伸度(伸长度)表示	将沥青制成 8 字形标准试件，在规定温度(25℃)和速度 (5±0.2cm/min) 下拉伸，其断裂的延伸长度(cm)即为沥青的延伸度
耐热性(软化点)	系沥青由固态变为一定流动性膏状的温度，用“软化点”表示，是反映沥青温度敏感性的重要指标	我国多采用环球法测定软化点。即借助甘油或水作传热介质，使在规定铜环中成形的固体沥青，在标准钢球重力作用下，连同钢球降落一定距离的温度
大气稳定性	沥青抵御由于使用时间的延长而逐渐“老化”的性能指标	
闪点	沥青开始出现闪光现象时的温度叫闪点	闪点系保证安全施工的温度控制指标，非常重要

3. 煤沥青的技术性能指标

煤沥青的技术性能指标 表 21

项目名称	低温沥青		中温沥青		高温沥青
	1 号	2 号	1 号	2 号	
软化点(℃)	35~45	46~75	80~90	75~95	95~120
甲苯不溶物含量(%)	—	—	15~25	不大于 25	—
灰分(%)不大于	—	—	0.3	0.5	—
挥发分(%)	—	—	58~68	55~75	—
水分(%)	—	—	5.0	5.0	5.0
喹啉不溶物含量(%)不大于	—	—	10	—	—

4. 石油沥青的种类及用途

石油沥青的种类及用途 表 22

种类	说明	用途
道路石油沥青	系石油蒸馏的残留物，或残留物氧化而制得	用于铺设道路及制作屋面防水层的黏结剂，制造防水纸及绝缘材料用
建筑石油沥青	系用原油蒸馏后的重油经氧化所得的产物	主要用作建筑工程及其他工程的防水、防潮、防腐蚀、胶结材料和涂料；用作制造油毡、油纸和绝缘材料
专用石油沥青	系有特种用途的沥青。常用的 1 号、2 号、3 号三种标号，是石油经减压蒸馏的残渣经氧化而制得的高溶点沥青	1 号适用于电缆防潮防腐，或包于电缆外部以节省钢管。 2 号适用于电气绝缘填充材料。 3 号适用于配制油漆。 此外还有用作橡胶的软化剂、填充剂、增强材料的橡胶用沥青
普通石油沥青	由于普通石油沥青含有较多的石蜡 (一般大于 5%，有的高达 20%~30%)，其温度稳定性，塑性较差，针入度较大，黏性较小，一般不宜直接用于建筑防水工程上，常与建筑石油沥青掺配使用，或经脱蜡处理后使用	适用于道路、建筑工程及制造油毡、油纸等防水材料之用

一、几种园林整体路面构造

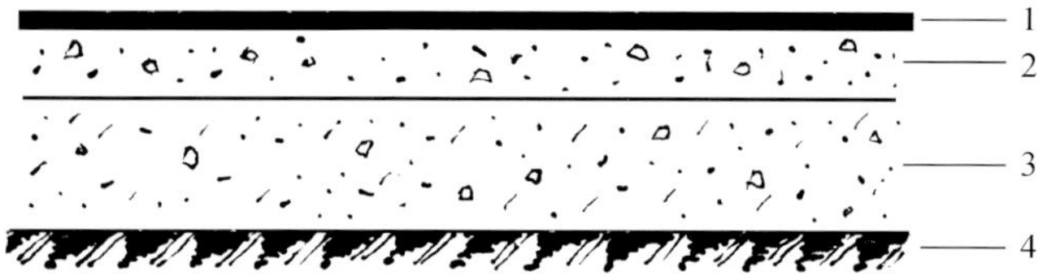

a 沥青碎石路构造

1—10 厚二层柏油表面处理;2—50 厚泥结碎石;3—150 厚碎砖或白灰、煤渣;4—素土夯实

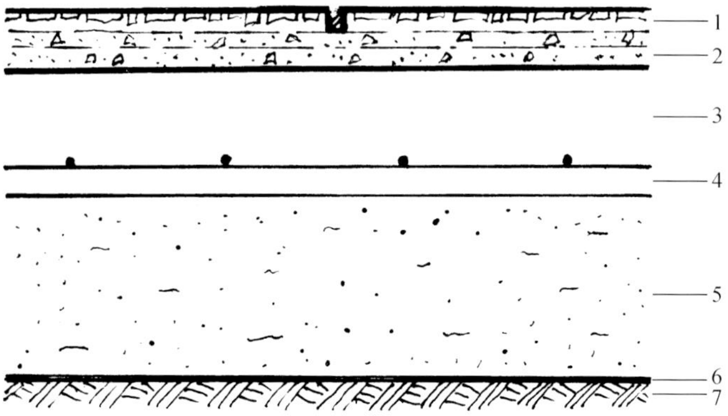

b 旱冰场铺地构造

1—20 厚水磨石面层，嵌 1 厚钢分格条;2—40 厚混凝土内配 18 铝丝菱形网一层;3—100~150 厚钢筋混凝土 $\phi6@200$ 双向;4—垫层;5—300 厚 3 : 7 灰土;6—塑料薄膜;7—素土夯实

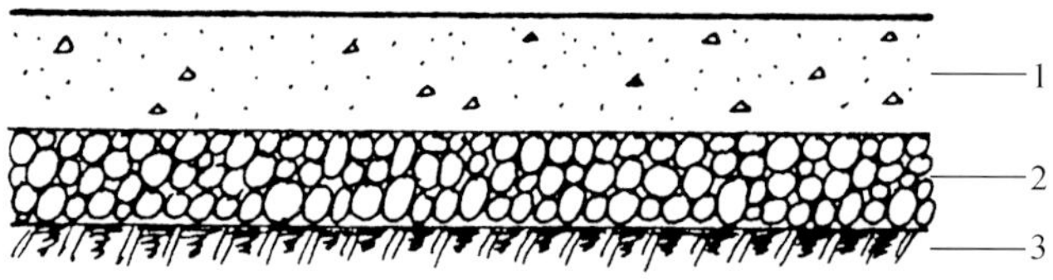

c 水泥混凝土路构造

1—80~100 厚 200 号混凝土;2—80~120 厚碎石;3—素土夯实

d 羽毛球场铺地构造

1—20 厚 1 : 3 水泥砂浆;2—80 厚 1 : 3 : 6 水泥 : 白灰 : 碎砖;3—素土夯实

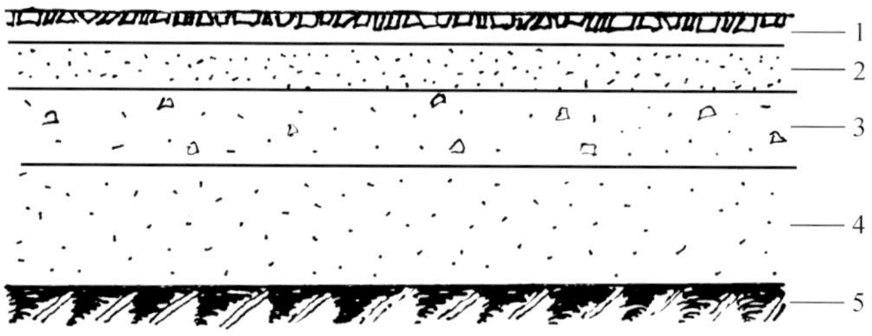

e 现制水磨石地面构造

1—现制水磨石面层;2—水泥砂浆找平层;3—混凝土垫层;4—3 : 7 灰土垫层;5—素土夯实

1 几种园林整体路面构造

二、园林整体路面图纹式样

纹样构图原理见图2 ~图 11。整体地面的圆形装饰纹样由曲线和弧划分取得,这是圆形纹样构图的基本方法。

2 圆形地纹的构图

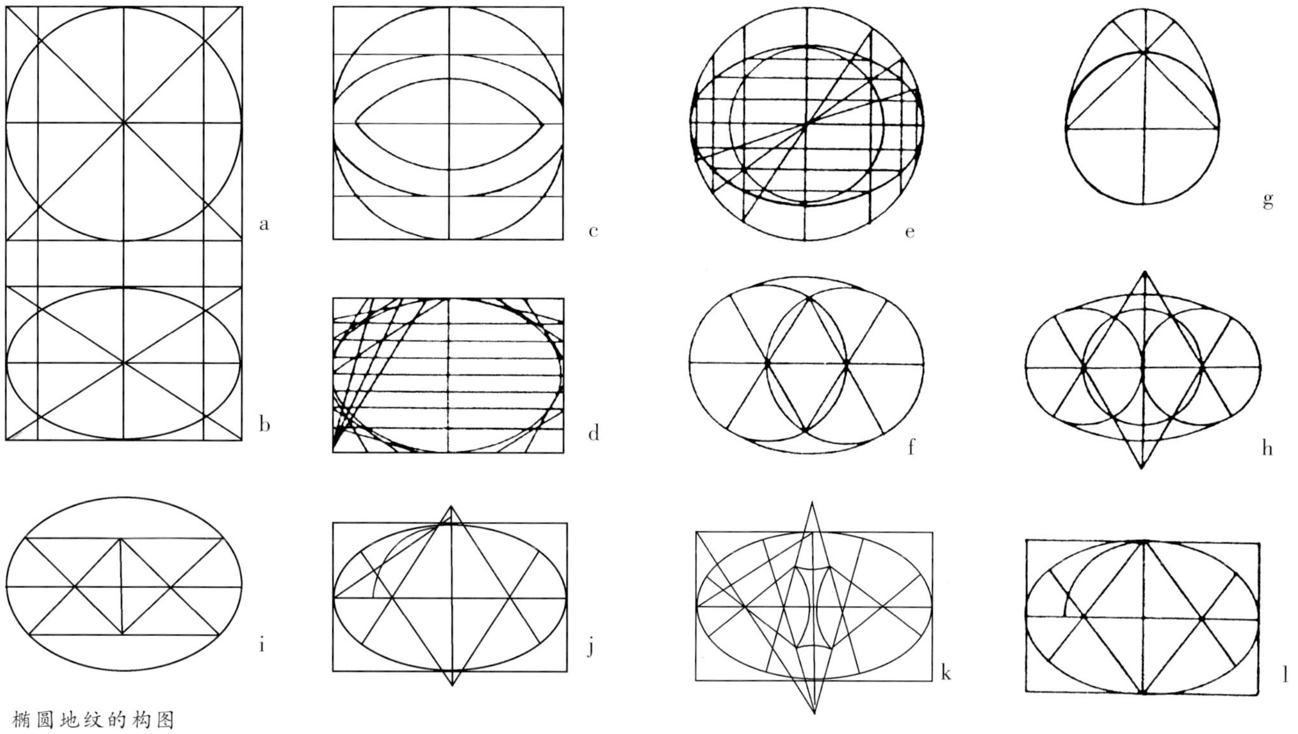

3 椭圆地纹的构图

a、b—借助于八个点构成。方形对角线与圆相交点的截断线将正方形变成了长方形,圆就变成了椭圆;
c—将横轴分成两个不相等的部分,同时将中心点作成椭圆的中心。交点即形成椭圆的四个点;
d—由内含一条短轴的长方形构成;
e—借助于两圆构成;
f~i—椭圆体实例,所处的平面均为椭圆或圆;
j~l—椭圆构成是以矩形和长方形为基础

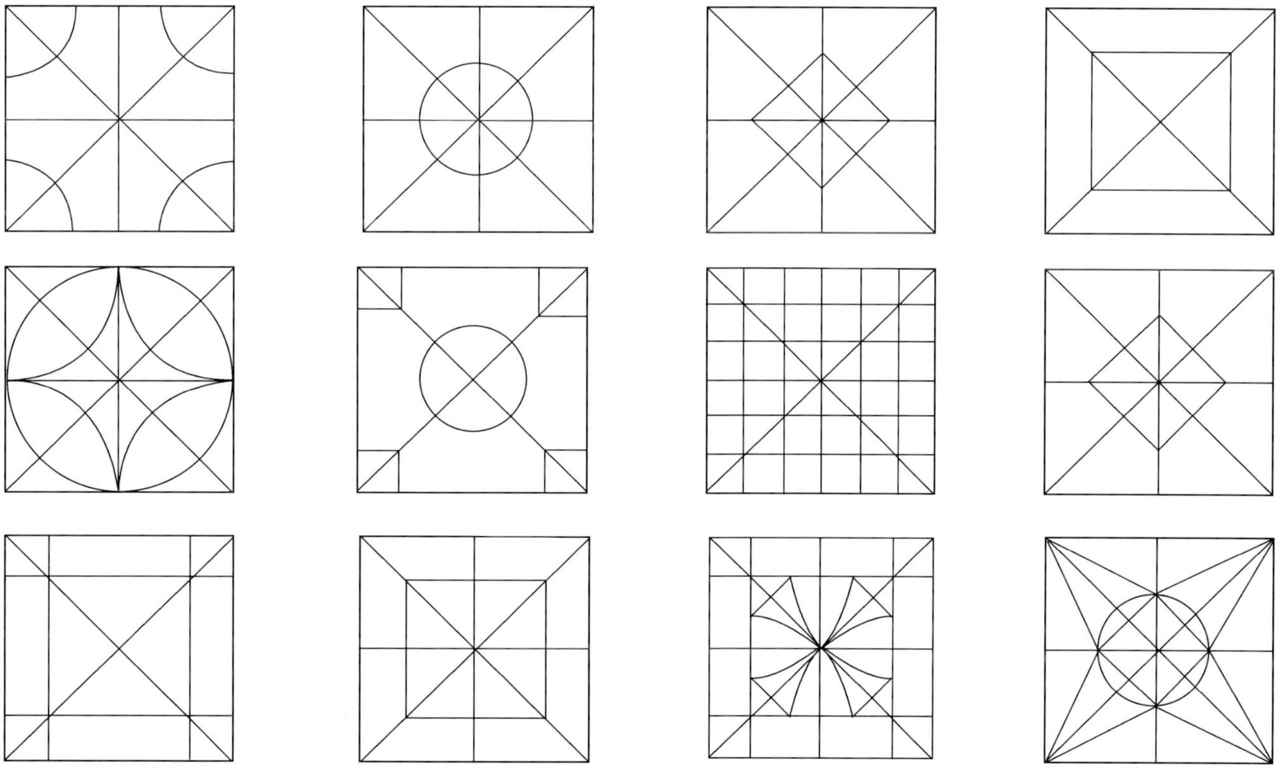

4 方形地纹的构图

方形是一种规则的四边形,常通过对角线和中心点及其辅助线和各边的连线来分隔。

5 长方形地纹的构图

长方形是两对非等边构成的直角平面。它们是用于门、墙裙板、顶棚、地毯和门板镶嵌构件上的许多常见图案。

6 八边形地纹构图

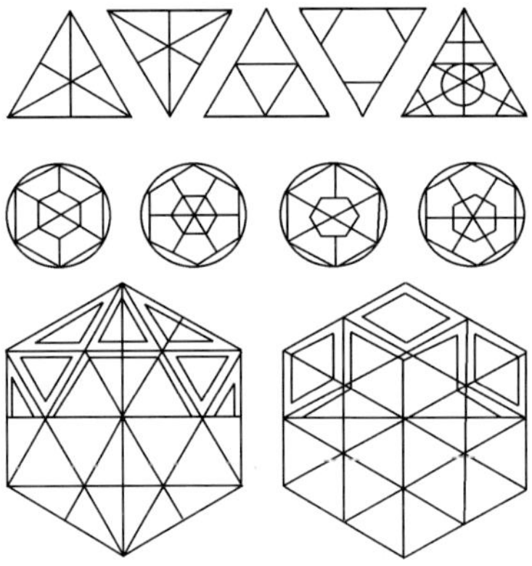

7 三角形和六边形地纹构图

8 菱形与梯形地纹构图

菱形是一种对角相等的平行四边形，对角线用于分隔可在中心形成长方形面或六边形面的空间(1)。

不规则四边形可以是平行的也可以是对称的。平行的不规则四边形(梯形)有两个不相等的平行边和两个非平行的等边(2~5)；对称的不规则四边形有两对相邻等边(6~7)。

a 圆形花纹地纹　b 套环装饰地纹　c 方形套花地纹　d 方菱装饰地纹

9 多向花纹装饰地纹(适用于水磨石地面)

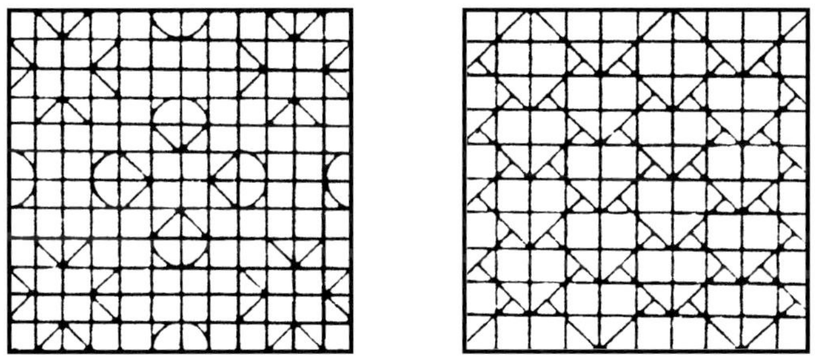

10 一般花纹装饰地纹

花纹装饰图案是一种所有边均连续的重复装饰图案。它既可以是双向的，也可以是多向的。双向花纹装饰图案是通过图案重复或对称旋转向上伸展和左右移动来形成的。向下或向斜上方伸展的装饰图案是此规则的特例。双向花纹装饰图案常用在圆形浮雕或大面积整体板上。多向花纹图案可沿所有边扩展，而且基本图案是圆形、方形和三角形网格。

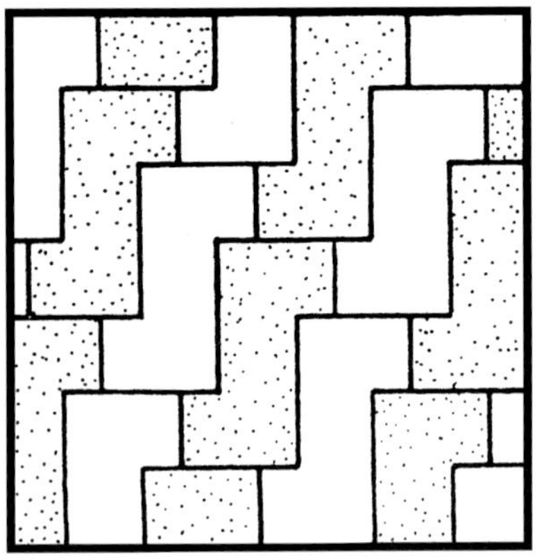
a 拉毛与趟平地纹

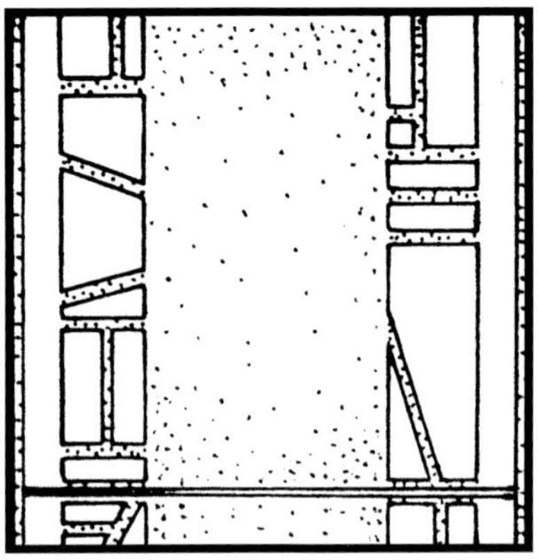
b 有侧块石的混凝土路

c 仿木纹混凝土嵌草路

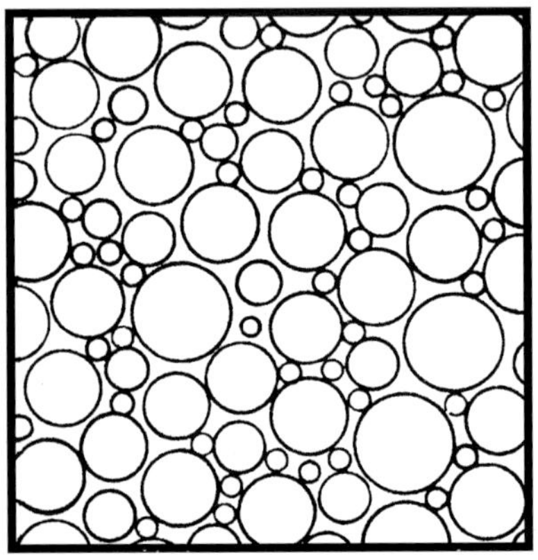
d 混凝土彩色地纹

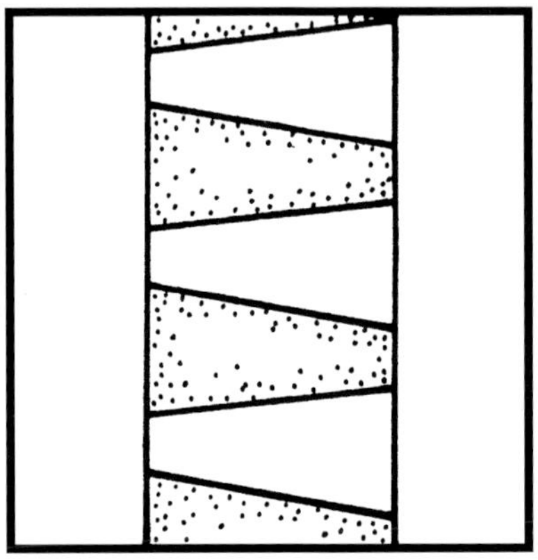
e 拉毛与趟平混凝土地纹

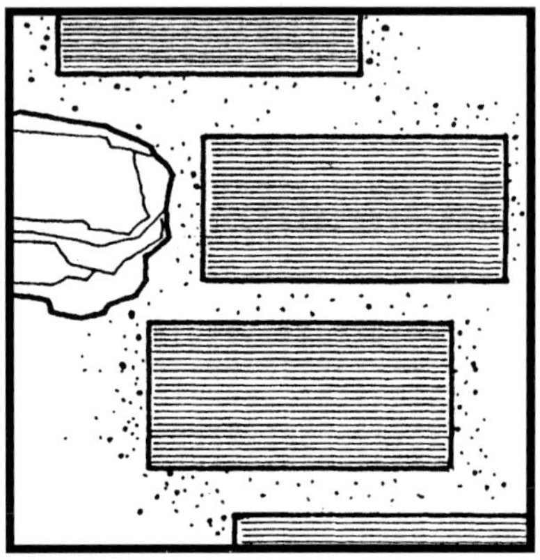
f 拉条混凝土板步石

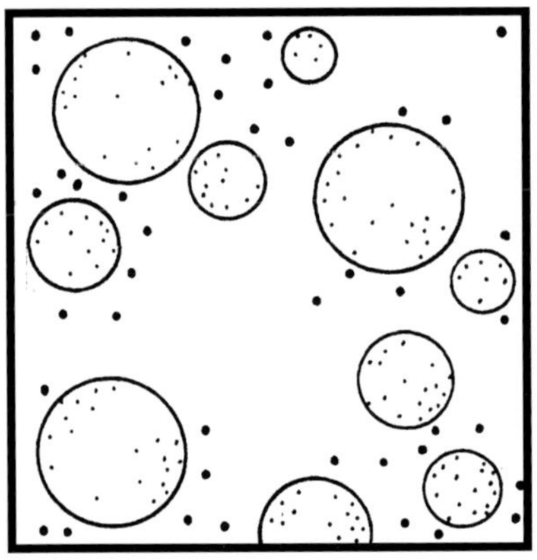
g 混凝土路水刷石与卵石拼花面层

h 海棠纹彩色水泥路地纹

i 仿冰裂地纹

j 条纹与趟平混凝土地纹

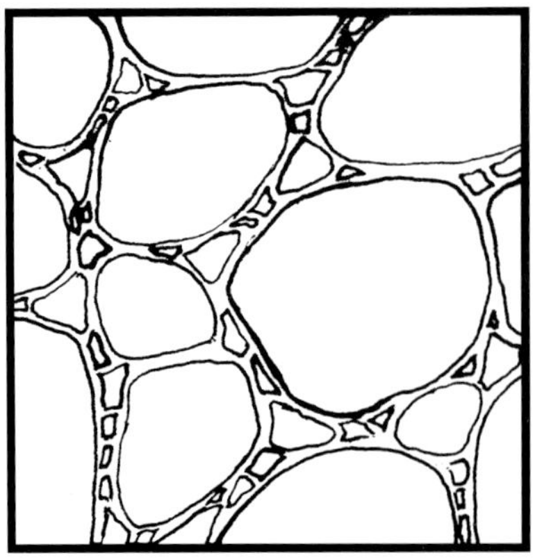
k 仿红石板与白碎石拼花地纹

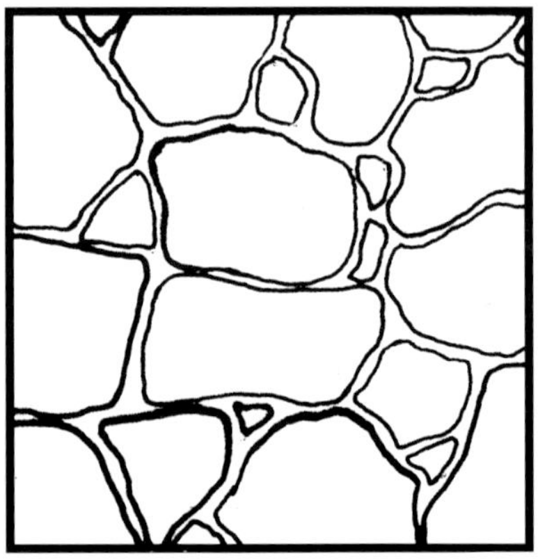
l 仿块石嵌缝混凝土地纹

11 几种现代整体路面地纹

三、几种整体路面(地面)的作法

1. 水泥砂浆地面施工作法 水泥砂浆面层属水泥类地面，也是应用最为广泛的传统地面。它具有造价低、施工简便、使用耐久的优点，但如果不严格按操作规程施工，并加强养护管理，则易产生起砂、起灰、脱皮等现象。水泥砂浆面层通常采用硅酸盐水泥、普通硅酸盐水泥，一般强度等级不低于32.5级。其面层效果见图1~图3。

水泥砂浆地面施工作法　　表1

项目名称		内容及说明
施工准备	基层处理	水泥砂浆面层多数是铺在地面混凝土、水泥炉渣、碎砖三合土等垫层上，垫层处理是为了防止水泥砂浆面层空鼓、裂纹、起砂等质量通病。因此，要求垫层必须有粗糙、潮湿和洁净的表面。必须彻底清除垫层上的杂质、浮灰、油渍，否则将产生一层隔离层，使面层结合不牢。基层表面如较光滑应进行凿毛表面处理，并用清水冲洗干净。为防止污染，基层不得再上人。 应在现浇混凝土水泥砂浆垫层或找平层达到一定的抗压强度(一般为1.2MPa)后，才能进行铺设面层砂浆施工，这样才能保证内部结构的完好。 在进行地面铺设前，应将路牙石校核找正。其方法是：先将路牙石上口线找平校正，注意当铺设地面面层后，路牙石与地面的垂直角度应符合规定要求。然后固定路牙石，并防止松动位移
施工准备	找规矩	(1) 弹准线。地面抹灰前，应先在路牙石壁上弹出一道水平基准线，作为水泥砂浆面层标高的依据。水平基线是以地面±0.00标高的找平点为依据，通常根据情况弹在标高100mm的墙壁上。弹准线时，要注意按设计要求的水泥砂浆面层厚度弹线。 (2) 做标筋。根据水平基准线，弹出地面面层上皮的水平基准线。如路面面积不大，可根据水平基准线，直接用长木杠抹标筋，施工中，进行几次复尺即可。面积较大的路面，应根据水平基准线，在路面转角处，每隔1.5~2.0m，用1:2水泥砂浆抹标志块，标志大小常用为8~10cm见方。标志块结硬后，以标志块的高度，做出纵横方向通长的标筋以控制面层的厚度，用1:2水泥砂浆做标筋，一般宽度为8~10cm。做标筋时，要注意控制面层厚度。 (3) 找坡度。中间高两侧低的鱼脊式的地面，必须找好流水坡度，有地漏的路面，要在地漏的四周，找出不小于5%的泛水，并弹好水平线，避免地面积水或倒流水。找平时，注意各区域地面与整条路面高度的关系
施工准备	砂浆配合比	一般来说，面层水泥砂浆的配合比不应低于1:2，其稠度也不大于3.5cm。水泥砂浆必须拌匀，颜色一致；注意水泥和砂子都不能太多太少，因为水泥偏少时，地面强度低，耐磨性差，表面粗糙，容易起砂，水泥偏多则收缩量大，地面容易裂缝。 面层如果采用水泥石屑浆，其配合比例为1:2，水灰比为0.3~0.4，并做好养护工作

续表

项目名称		内容及说明
施工作法	施工要求及方法	(1) 铺抹面层前应先将基层清扫干净，然后再浇水湿润，第二天先刷一道水泥浆(0.4~0.5)结合层，随后进行面层铺抹。水泥素浆结合层不宜过早涂刷，否则，起不到与基层和面层两者黏结的作用，还会造成地面空鼓。因此，必须做到随刷随抹，地面构造见下图： 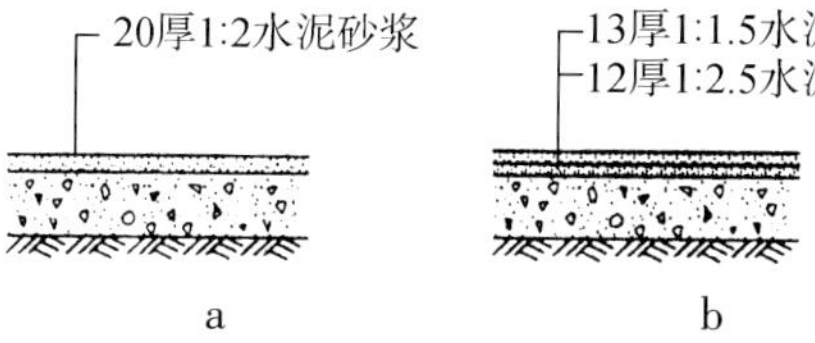 1 水泥砂浆地面构造 (2) 地面面层的铺抹方法，是在标筋之间铺砂浆，随铺随用木抹子拍实；用短木杠按标筋标高刮平。施工时，要由里往外刮到门口，水平面符合基准线线标高。然后再用木抹子搓平，用钢皮抹子紧跟着压第一遍。要压得轻一些，使抹子纹浅一些，以压光后表面无水纹为宜。面层有多余的水分时，可根据水分的多少，均匀地撒一层干水泥或干砂，吸取表面多余的水分后，再压实、压光。(应特别注意，如表面无多余的水分，不应撒干水泥或砂以免引起面层干缩或开裂。) 此外，还应将施工时踩上的脚印及其他痕迹压平，刮干净。 (3) 水泥砂浆初凝时，人踩上去不塌陷，即可开始用钢皮抹子压第二遍，要求压实、压光，并把坑洼、砂眼和脚印都压平，第二遍压光最重要，表面要清除孔隙、气泡，做到平整光滑。 (4) 应在水泥砂浆终凝前，再用铁抹子压第三遍。把第二遍留下的抹子纹、毛细孔压平、压实、压光。 如地面面积大、设计又要求分格，应根据地面分格线的位置和尺寸，划好分格线位置，面层砂浆刮抹搓平，根据已划好的分格线，先用木抹子搓出一条约一抹子宽的面层，用铁抹子先行抹平，轻轻压光，再用粉线袋弹上分格线，用地面分格器紧贴靠尺顺线划出格缝。待面层水泥终凝前，再用钢皮抹子压平压光，把分格缝理直压平。水泥砂浆的铺、刮、抹、压光等工序与做法与上述方法相同。 水泥地面压光要三遍成活。每遍抹压的时间要掌握适当，才能保证工程质量。普通硅酸盐水泥的终凝时间一般不大于2h，面层的压光工序应在表面初步收水后，水泥终凝前完成。压光过迟，会造成起灰和脱皮，如太早则不容易做到表面光洁密实
施工作法	材料用量	每100m^{2}水泥砂浆面层材料用量见下表： **水泥砂浆面层材料用量(100m^2)** (见下表)

材料名称	单位	单层	双层
32.5级水泥	kg	1494	1726
砂	m^2	2.06	2.29

续表

项目名称		内容及说明
施工作法	养护与成品保护	水泥砂浆面层抹压后，应在常温湿润条件下养护。养护要适时，如浇水过早易起皮，过晚则易产生裘纹或起砂。夏天在24h后养护，春秋季节在48h后养护，养护时间应在7d以上。铺上锯木屑或用草垫覆盖浇水养护，是较好的方法；浇水时用喷壶洒适量的水，以保持锯木屑的湿润。如采用矿渣硅酸盐水泥，养护时间将长达14d。养护期间，为保护地面，水泥砂浆面层达到一定强度前，不准在上面行走或进行其他作业。 目前，也可采用养护灵来养护水泥地面。水泥地面养护灵是无机高分子水性涂料，用排笔刷涂，辊刷滚涂均可，用喷浆器或喷雾器喷涂，多用于新抹水泥砂浆、豆石混凝土地面。因其渗透和固化作用，水泥地面过早脱水在其表面形成较密实、坚硬的表面，起到养护和增硬作用；对已起砂的旧水泥表面，也能提高表面硬度。与传统的养护方法（浇水、铺草帘或锯末），提高工效3~4倍，回弹强度提高20%~40%，耐磨性提高50%，节约养护用水60kg/m²，还利于工地的防火和卫生。 当水泥砂浆和混凝土初凝后（指水泥地面抹平、压光后能上人；预制或现浇混凝土制品脱模）至24h之内，即可喷刷养护灵两遍，干燥时间约1~2h。用量为10kg/m²。喷刷量可均匀一致，不得过量积存，否则易析白

2 铺在混凝土基层上、表面抹光的水泥砂浆路（澳大利亚）

3 表面粗毛、划有地纹的水泥砂浆园路（马来西亚）

4 历史园林中的混凝土园路，与古朴浑厚的环境相吻合（奥地利）

5 从园区主路到支路均为粗毛面的混凝土路（奥地利）

2. 混凝土地面

(1) 混凝土地面的类型 园林景观环境中的混凝土路面、活动场地面，其强度等级有别于公路和高速公路中的混凝土地面，公园和绿地中的混凝土地面绝大多数为细石混凝土面层。其基层一般为混凝土、碎砖三合土和碎石垫层。

混凝土地面的面层常有两种做法：一种是 30~40mm 厚的 C20 细石混凝土；还有一种是采用 C15 混凝土提浆抹光，面层兼作垫层。如果是现浇混凝土垫层，则为随捣随抹面层。

园路中的混凝土面层的铺筑及其在环境中的效果见图 4 ~ 图 6 。

6 表面抹光的细石混凝土园路（中国上海）

(2) 混凝土地面施工作法

混凝土地面施工作法 **表 2**

项目名称		内容及说明
细石混凝土面层	基层处理	细石混凝土面层施工的基层处理和找规矩的方法与水泥砂浆面层施工相同
	材料要求和用量	细石混凝土地面可以避免水泥砂浆地面干缩较大的弱点。这种地面强度高，干缩值小，与水泥砂浆面层相比，它的耐久性更好。但它的厚度较大，一般为 30mm 以上，水泥砂浆面层厚度一般为 15~20mm，一般细石混凝土面层的强度等级要求不低于 C20，所用碎石或卵石，要求级配适当，粒径不大于 15mm 或面层厚度的 2/3，浇筑时的混凝土坍落度不得大于 3cm，最好为干硬性，以手捏成团能出浆为准。 一般细石混凝土面层的强度等级要求在 C20 以上。浇筑时混凝土坍落应小于 3cm，最好为干硬性。应使用机械搅拌混凝土，要求拌合均匀 100m² 细石混凝土的材料用量见下表：

续表

细石混凝土面层材料用量（$100m^2$）

材料名称	单位	C20 细石混凝土	
		4cm 厚	每增加 1cm
水泥	kg	1586	300
砂	m^3	2.27	0.43
碎石（0.5~1.5cm）	m^3	3.31	0.83

项目名称		内容及说明
细石混凝土面层	施工方法	(1) 铺细石混凝土时，应由路面中间向两侧方向铺设。应比基准线略高 3~4mm。铺设的细石混凝土，按标志筋厚度刮平拍实后，稍待收水，即用钢皮抹子预压一遍。要求抹子放平压紧，将细石棱角压下，使地面平整无石子显露现象。 (2) 待进一步收水，即用铁滚筒来回纵横滚压，直至表面泛浆。泛上的浆水如呈均匀的细花纹状，表明已滚压密实，可以开始进行压光工作。 (3) 切忌采用撒干水泥灰或 1:1 干水泥砂来吸收泛出的水泥砂浆中多余水泥的方法。因为撒干水泥，往往不易撒匀，有厚有薄，硬化后，表面形成一层厚薄不匀的水泥石。由于水泥浆比水泥砂浆的干缩值大，因此，容易造成面层因收缩不匀而出现干缩裂缝或脱皮现象。所以在施工中，要严格控制细石混凝土的水灰比，使面层的含水程度保持得当。 (4) 抹光施工与水泥砂浆基本相同，要求抹二至三遍，使其表面色泽一致，全部光滑无抹子印迹。 细石混凝土面层与水泥砂浆面层施工一样，必须强调在水泥初凝前完成抹平工作，水泥终凝前完成压光工程。因为水泥从初凝到终凝，这个时间的凝胶体虽然还处于软塑状态，但它的流动性已逐渐消失，开始形成凝结结构，这段时间内进行压光操作，凝结的胶体虽受扰动，但还是能够闭合。而终凝以后，凝胶体逐渐进入结晶硬化阶段。 终凝虽然不是水泥水化作用和硬化的终结，但它表面水泥浆从塑态进入固态，开始具有机械强度。因此，如果终凝后再进行抹压工程，则会使水泥凝胶体的凝结结构遭到损伤和破坏，很难再进行闭合。这势必会影响强度的增长，也易引起面层起灰、脱皮及裂缝等一些质量缺陷
	养护及成品保护	细石混凝土面层铺设后 1d 之内，可用锯木屑、砂或其他材料覆盖，洒水湿润，并在常温下进行养护，一般不少于 7d，以使其在湿润的情况下硬化。养护期间，禁止上人走动或进行其他操作，以免损伤面层
随捣随抹面层	施工方法	随捣随抹面层，一般在现浇钢筋混凝土楼板或强度等级为 C15 以上的混凝土垫层时进行。在混凝土楼地面浇捣完毕，表面略收水后，即可抹平压光。此种做法，省去了基层表面处理、浇水湿润和扫浆等工序，节省材料，降低工程造价，且质量较好

续表

<table>
<tr><th colspan="2">项目名称</th><th>内容及说明</th></tr>
<tr><td rowspan="3">随捣随抹面层</td><td>施工方法</td><td>混凝土浇捣时，要使表面按墙周围水平线和中间水平标志找平，用 2m 刮尺刮平后，再用滚筒压实，将水泥浆挤出。如面积较大、混凝土较厚，应用平板振捣器振捣。混凝土振捣后，表面局部缺浆，表面略可加适量的 1:2 水泥砂浆进行抹压光，绝不允许撒干水泥。应做到随捣随抹，尽量不加水泥砂浆。随捣随抹面层又分地面和楼面两种。
当随捣随抹面层设计有施工缝时，应在混凝土达到抗压强度 1.2MPa 后，再继续浇筑混凝土并进行随捣随抹</td></tr>
<tr><td>材料用量</td><td>随捣随抹混凝土面层材料用量(100m²)<table><tr><th>材料名称</th><th>单位</th><th>6cm 厚 C15 混凝土</th></tr><tr><td>32.5 级水泥</td><td>kg</td><td>2188</td></tr><tr><td>砂</td><td>m³</td><td>3.41</td></tr><tr><td>1~3cm 砾石</td><td>m³</td><td>5.74</td></tr></table></td></tr>
<tr><td>抹压与养护</td><td>混凝土浇捣完后，用 2m 刮尺刮平，随刮随将过大的石头挑出来，将局部缺浆处，均匀铺撒 1:1.5 干灰砂一层，厚约 5mm，待干灰砂吸水湿透后，用刮尺刮平，随即用木抹子搓平，然后用铁抹子将面层的凹坑、砂眼和脚印压平、抹光。第一遍压光吸水后，用铁抹子按先里后外的顺序进行第二次压光。
第三遍压光应在水泥终凝前进行，一般常温下不超过 3~5h。要用力抹压，将抹子纹痕抹平压光。如压不光，可用软毛刷沾上少许水抹压。
随捣随抹面层的混凝土养护与水泥砂浆、细石混凝土面层基本相同</td></tr>
</table>

3. 现浇水磨石地面

(1) 主要特点及设计应用 水磨石地面是整体地面中的一种，具有造价低、装饰性强的优点，其面层平整光洁、坚固耐用，整体性好，耐磨耐腐蚀并易于清洗。特别是具有丰富的色彩，多样的图案组合，为设计者提供了更大的设计余地。因此，水磨石地面在现代建筑装修工程中应用较广泛。水磨石是在水泥砂浆或混凝土垫层上，按设计要求分格并抹水泥石子浆，凝固硬化后磨光露出石渣。施工时，浇筑一定厚度的水泥石渣浆，并经补浆、细磨、打蜡即成水磨石地面。在配制方法上分为普通水磨石面层和美术水磨石面层。

水磨石地面在园林景观中，主要用于公园的活动场地，例如旱冰场、儿童娱乐场、车模和航模场等。也可用于园路中的连接、过渡性场所以及现代式的楼台、亭、榭、廊的地面等等。

(2) 材料及配合比例

彩色现浇水磨石地面的材料及配合比 **表 3**

<table>
<tr><th colspan="2">项目名称</th><th>内容及说明</th></tr>
<tr><td rowspan="2">主要材料及其要求</td><td>水泥</td><td>为保证水泥掺颜色后的色泽一致，深色面层宜采用大于 32.5 级的硅酸盐水泥、普通硅酸盐水泥、矿渣硅酸盐水泥；白色或浅色的面层宜用高于 425 号的白水泥。白色或浅水磨石面层，应采用白色硅酸盐水泥；深色的水磨石面层，采用硅酸盐水泥、普通硅酸盐水泥或矿渣硅酸盐水泥。无论是白水泥还是普通水泥，其强度等级均不宜低于 32.5 级。对于未超期而受潮的水泥，当用手捏无硬粒、色泽比较新鲜，可考虑降低强度 5%使用；肉眼观察存有小球粒，但仍可散成粉末者，则可考虑低强度 15%左右使用；对于已有部分结成硬块者，则不宜使用。硅酸盐水泥和普通水泥的质量要求和使用条件参见本章“材料及其参数”一节。
白水泥的白度分四级，各级白度不同，一级白度为 84，二级白度为 80，三级白度为 75，四级白度为 70。应根据水磨石样板要求，尽可能以一个批号的水泥制作同一单项工程地面(包括抹浆、修补所用水泥)，力求颜色一致。普通水泥的色度虽无具体要求，但作地面时，仍应根据水磨石样板的要求，尽可能以一个批号的白水泥做同一项工程水磨石(包括抹浆、修补所用水泥)，力求颜色一致</td></tr>
<tr><td>石碴</td><td>要求颗粒坚韧、有棱角、洁净，不得含有风化的石粒、杂草、泥块、砂粒等杂质，(大、中、小八厘三种)水磨石面层应采用质地密实，磨面光亮，但硬度不高的大理石、白云石、方解石或硬度较高的花岗岩、玄武岩、辉绿岩等。硬度过高的石英岩、长石、刚玉等不宜采用。其粒径除下表中所列各种规格外，还可使用粒径 28~22mm(俗称三分)的大规格石粒
水磨石面层石粒粒径要求<table><tr><th>水磨石面层厚度(mm)</th><th>10</th><th>15</th><th>20</th><th>25</th><th>30</th></tr><tr><td>石子最大粒径(mm)</td><td>9</td><td>14</td><td>18</td><td>23</td><td>28</td></tr></table>石粒的最大粒径以比水磨石面层厚度小于 1~2mm 为宜。石粒粒径过大，不易压平，石粒之间也不易挤密实。
各种石粒应按不同的品种、规格、颜色分别存放，不可互相混杂。使用时再按适当比例配合，并将石粒中的泥土杂质清洗干净。含有风化、山皮、水锈和其他杂色的石粒，组织疏松、容易渗色的石粒，如汉白玉，一般不宜选用。水磨石地面，一般将中、小八厘石粒混合使用，或中、小八厘石子单独使用。
普通水磨石地面宜采用 4~12mm 的石碴，而大粒径石子彩色水磨石地面宜采用 3~7mm、10~15mm、20~40mm 三种规格的石子组合</td></tr>
</table>

续表

项目名称		内容及说明
主要材料及其要求	颜料	选用耐碱、耐光的矿物颜料，颜料用量比例较小，一般不超过水泥重量的12%，但颜料对于水磨石面层质量及装饰效果影响较大。因而，要求颜料具有色光、着色力、遮盖力、耐光性、耐候性、耐水性和耐酸碱性。因此应优先选用矿物颜料，如氧化铁红、氧化铁黑、氧化铁棕、氧化铬绿及群青等。 颜色性能因出厂不同、批号不同，色光不可能完全一致。在使用时，每一单项工程应按样板在确认颜料质量的前提下，选用同一个厂家或同一批颜料，以使色光和着色力等方面达到一致
辅助材料	草酸	草酸即乙二酸，为无色透明晶体，是水磨石地面面层抛光材料。有块状或粉末状。通常成二水物，密度为1.653，熔点101~102℃。无水物比重1.9，熔点189.5℃（分解），约在157℃时升华。溶于水、乙醇和乙醚。在100g水中的溶解度为：当水温20℃时，可溶解10g；当水温100℃时，能溶解120g。草酸是有毒的化工原料，不能接触食品，也腐蚀皮肤，使用时必须多加注意
	氧化铝	系白色粉末。氧化铝一草酸溶液混合，可用于水磨石地面的表面抛光。氧化铝时密度3.9~4.0，溶点2050℃，沸点2980℃，不溶于水
	地板蜡	是由天然蜡或石蜡溶化配制而成，地板蜡用于水磨石地面表面抛光后做保护层。有成品购买，也可自配蜡液使用，但要注意防火。蜡液的配合比为川蜡:煤油:松香水:鱼油=1:4~5:0.6:0.1。先将川蜡和煤油在桶内加热至120~130℃，边加热边搅拌至全部溶解，冷却后备用。使用时加入松香水和鱼油（由桐油和半干性油炼制而成）调匀后即可使用。川蜡一般为蜂蜡或虫蜡，性质较柔，附着力比石蜡好，上蜡后容易磨出亮光
彩色水磨石参考配合比	主要材料配合比	彩色水磨石配合比较复杂，这主要是因为彩色石粒的花色较多，设计色彩和图案又各不相同的缘故。施工时应根据设计要求进行石粒配合比计算。 几种常用彩色水磨石的材料配比见下表：

彩色水磨石参考配合比

彩色水磨石名称	主要材料（kg）			
赭色水磨石	紫红石子	黑石子	白水泥	
	160	40	100	
绿色水磨石	绿石子	黑石子	白水泥	
	160	40	100	
浅粉红色水磨石	红石子	白石子	白水泥	
	140	60	100	
浅黄绿色水磨石	绿石子	黄石子	白水泥	
	100	100	100	
浅枯黄色水磨石	黄石子	白石子	白水泥	
	140	60	100	
本色水磨石	白石子	黄石子	425号水泥	
	60	140	100	
白色水磨石	白石子	黑石子	黄石子	白水泥
	140	40	20	100

续表

项目名称		内容及说明
彩色水磨石参考配合比	颜料配合比	彩色水磨石常用颜料的配合比见下表：

彩色水磨石常用颜料配合比

彩色水磨石名称	颜料（水泥质量%）	
赭色水磨石	红色	黑色
	2	4
绿色水磨石	绿色	
	0.5	
浅粉红色水磨石	红色	黄色
	适量	适量
浅黄绿色水磨石	黄色	绿色
	4	1.5
浅枯黄色水磨石	黄色	红色
	2	适量
本色水磨石	—	
	—	
白色水磨石	—	
	—	

项目名称		内容及说明
彩色水磨石参考配合比	石粒间的比例	如水磨石面层中使用两种或两种以上的石粒，一般应以一种色调的石粒为主，其他色调的石粒为辅。还要注意石粒粒径大小的搭配，使其密度一般不低于60%，这样才能具有较好的装饰效果。 彩色水泥粉与石粒间的比例关系，主要取决于石粒级配的好坏。彩色水泥粉与石粒间的比例是否恰当，可以通过搅拌后用眼睛观察（要求坍落度为2~3cm）。彩色水泥浆太少，未能填满石粒的空隙，易把石粒磨掉，影响工程质量；彩色水泥浆太多，石粒不易挤紧，则会增加研磨时的困难。恰当的用量是彩色水泥浆正好把石粒间空隙填满，或低于石粒表面0.5~1mm
	水灰比	水磨石面层彩色石粒浆用水量过多，会降低水磨石的强度和耐磨性，而且在多余的水分蒸发后，会使表面留下许多微小气孔，由于面层不密实，虽精磨也很难磨出亮光。用水量较少时，硬化后强度高，质地密实，耐磨性好，磨平后易出亮光。恰当的用水量是使石粒浆的坍落度达到6cm为宜，即水的重量约占干料（水泥、颜料、石料）总重的11%~12%，或占色粉重的38%~42%

(3) 彩色现浇水磨石地面设计及施工作法

彩色现浇水磨石地面的设计及施工作法　　表 4

项目名称		设计、施工作法
色彩设计及颜色的配合	配色原理	我们经常看到的颜色都是由光波的吸收和反射现象所造成。根据色彩学原理，所有的色彩都是由红、黄、蓝三原色配合而成的。三原色之间，各自同另一色相加，可生成橙、绿、紫，称作间色，又称之为第二次色，即红+黄=橙、紫(赤褐)色，紫+绿=紫绿(橄榄)色，绿+橙=绿橙(黄灰)色。复色与间色、复色与复色相混合，会产生更为复杂和繁多的色彩。千变万化的色彩，只依靠色相、明度和纯度三要素进行区别和衡量。 将色环上的 12 种颜色，见图7，加上不同分量的白色或黑色，就会产生很多色相的颜色。明度，是指色彩的明暗程度。例如，红色有深红、大红和浅红、粉红，同是红色色相，但是其深浅不同、明暗有别，即明度的差异。纯度，或称彩度、饱和度，是指色彩的鲜艳程度  7 伊登表色素 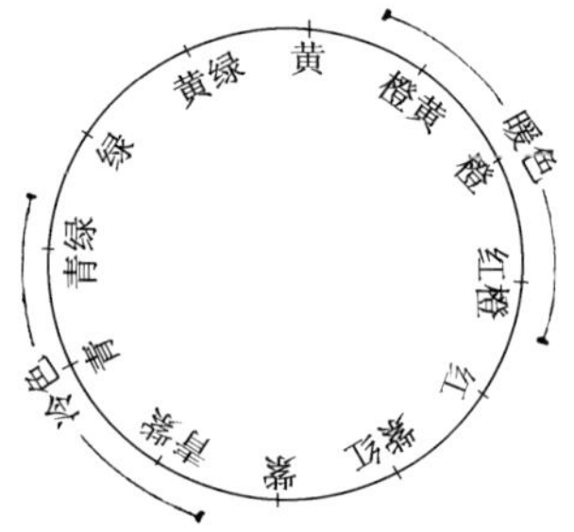 8 色相冷暖的分组法 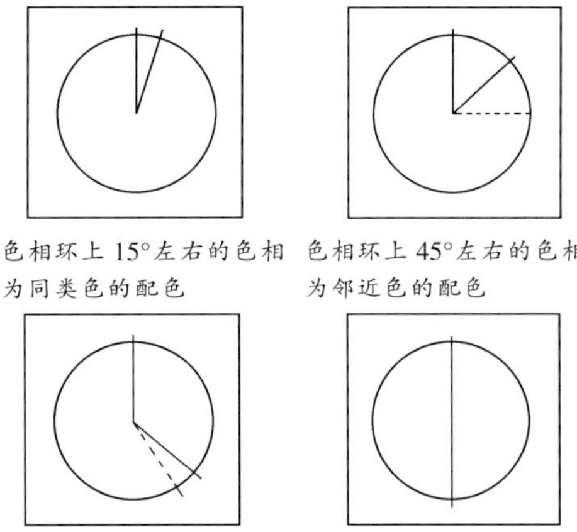 色相环上 15°左右的色相为同类色的配色 色相环上 45°左右的色相为邻近色的配色 色相环上 130°左右的色相为对比色配色 色相环上 180°的色相为互补色相的配色 9 以色相为主的配色

续表

项目名称			设计、施工作法
色彩设计及颜色的配合	配色方法		色环中的 12 色为高纯度的色彩，而纯度最高的色彩是红、橙、黄、绿、蓝、紫六色，被称为标准色。色相冷暖分组、以色相为主的配色见图8、图9。彩色水泥浆粉的配制可运用上述色彩原理，把水泥(白水泥或青水泥)本身的颜色作为主色，把少量着色力强的纯度较高的氧化铁黄、氧化铁红、氧化铬绿及氧化铁黑等作为副色，以不同的组分进行配合。经混合搅拌均匀，制成各种色相的彩色水泥粉色标，以供设计花色和确定颜料配合比时查用。其方法是在水泥中掺入不同重量的颜料，做有规律的变化对比，并做好记录，以供设计者选定后作为样板。配制时须备有天平(感量 0.1g，称量 500g)一架，玻璃研钵(直径 10cm)一个，毛笔一支，无色胶水一瓶，不锈钢羹匙两个，绘图纸(200~300g)数张，配制步骤为：①将绘图纸裁为 32 开，在上面画好记录格作为着色框备用；②称取水泥 100g 放入研钵中，加入适量颜料，充分研磨并混合均匀成色粉；③用不锈钢匙取出少量色粉，滴入适量胶水，用毛笔调匀后涂于绘图纸上，厚度约 0.2mm；④将不同组分的色浆编号，并将其中的水泥及颜色用量、配制日期进行记录
	色彩配合	同种色配合	同种色配合就是按浓淡程度的不同，在同种色彩的石粒和色浆间相配合。如石粒为桃红色，色浆为粉红色；石粒为深绿色，色浆为浅绿色。同种色配合只是一种色彩的深浅对比，故而是调和一致的。但浓淡程度不宜过于接近，否则区别就不够明显
		近似色配合	根据色彩的调配规律，任何一个原色与其相近一个间色的配合均为近似色配合。如橙色为红色与黄色调配而成，红色或黄色与橙色的配合都是近似色配合。由于橙色中含有红色和黄色两色的色素，所以这样的配合系弱对比的配合，给人以幽美和谐之感。同理，黄色或蓝色与绿色的配合，蓝色或红色与紫色的配合，石粒与石粒之间，石粒与石粉之间，均能获得较好的色彩调配效果
		对比色配合	色彩中的补色对比，为最强烈的对比，例如，红与绿、黄与紫、蓝与橙，都是互为补色，这样的色彩配合会达到强烈醒目的效果。但如对比过于强烈和鲜艳，会显得过于跳跃和粗俗。因此，在水磨石中使用对比色彩时，色相不可太纯，色度不可太浓。例如，石粒为桃红色或铁红色时，色粉只能用淡绿或淡黄色，而不能用深绿色去配合，否则会有不谐调和粗俗之弊
		无彩色配合	黑色、白色称为极色，金色、银色称为亮色。在色彩学中，黑、白、金、银等色被称为无彩色，它们能够同任何色彩配合而达到和谐的效果。当石粒与石粒间或石粒与色粉间的颜色不够协调时，加入一些具有珍珠光泽的螺壳、贝壳，不仅能使颜色协调，还会产生富丽堂皇的装饰效果。用黑、白、金、银等色的塑料或金属条镶边、分格，对水磨石地面色彩的调和与美观会起到重要作用
图案设计			彩色现浇水磨石地面虽然有五颜六色的石粒和色浆组合，但大面积的地面水磨石没有一个整体图案设计，仍显呆板。特别是公共建筑的大厅、门厅及住宅的客厅采用彩色水磨石地面时都应进行图案设计

续表

项目名称		设计、施工作法
图案设计		彩色水磨石地面的图案不可能给出几个格式化图案来套用，本节“园林整体路面图纹式样”的图2~图8是基本构图的提示，设计时应充分考虑图案的装饰性和艺术性，采用写实与抽象相结合的手法，本节“园林整体路面图纹式样”的图9是彩色水磨石地面图案
彩色水磨地面施工作法	施工机具	水磨石地面饰面施工除常用一般抹灰工具之外，常使用下述机具： （1）磨石机，用于研磨水磨石地面面层。 （2）湿式磨光机，采用单项串激式电动机，手握操作较灵活，适用于水磨石地面面层边角处及形状复杂的表面研磨。 （3）滚筒，滚压水磨石地面用，一般可用钢制或混凝土制。筒身直径200~300mm，长60~100mm，重量为25~30kg与50~100kg两种
	施工程序	铺水泥沙浆基层施工程序：清理干净混凝土面层→抄平→洒水湿润→刷素水泥浆→做标筋→找平层
	基层处理	首先，在施工前，对原混凝土层进行彻底清扫，不留任何污物、杂质。然后按施工程序与操作规程严格进行水泥砂浆基层施工。水磨石面层是否经久耐用，基层处理是关键因素。如果处理不好，就会引起水磨石面层空鼓、裂缝，甚至局部坍陷。水磨石层损坏后难以修复，色泽花纹也很难完全一致。因此，基层各分项必须满足设计要求的密度、强度和平整度。 水磨石面层施工，基层处理与一般水泥砂浆面层施工相同。基层清理好后，应刷以水灰比0.4~0.5的水泥浆。并根据墙上水平基准线，纵横相隔1.5~2m用1:2水泥砂浆做出标志块，待标志块达到一定强度后，以标志块为高度做标筋，标筋宽度80~100mm，待标筋砂浆凝结、硬化后，即可铺设1:3水泥砂浆找平层。其表面不用压光，要求平整、毛糙和无油渍。找平层的平整度同水磨石面层的表面平整度有直接关系，否则，镶嵌的分格有高有低，会影响面层的平整。找平层铺施工24h以后，方可进行分格嵌条工作
	构造作法	现制水磨石地面一般常见的构造做法见图10~图13。 彩色现浇水磨石在普通地面、楼地面的构造作法，如图10只是一般常规性构造，此外，还有几种不同垫层的水磨石作法，见图13
	弹线镶条（嵌条分格）	安装镶条是在规定的位置，其高度比磨平施工面高2~3mm。 先在找平层上按设计要求弹上纵横垂直平线或图案分格墨线，然后按墨线固定铜条或3mm厚玻璃嵌条，并予以埋牢（铝条接触碱性物质后易腐蚀且颜色不鲜明、不美观，故不宜使用），作为铺设面层的标志。 选用镶条应按设计要求。如镶嵌铜、铝条，应先调直，每1.0~1.2需打四个眼，供穿22号铁丝。镶条时，先用靠尺板与分格线对齐，压好尺板，再把镶条紧靠尺板，另一边用素水泥浆或水泥砂浆在镶条根部，抹成小八字形灰埂固定，灰埂高度要比镶条顶面低3mm，起尺后，在镶条另一边抹上水泥浆，见图11a。镶条纵横交叉处各留出2~3cm的空隙，以便铺面层水泥石碴浆。对铜条、铝条所穿铁丝，应用水泥石碴浆埋牢。如用铜条，其根部可只抹30°立坡灰埂

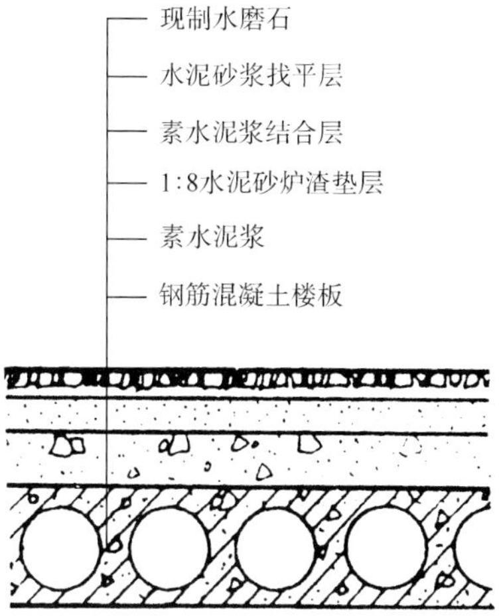

a 楼面做法

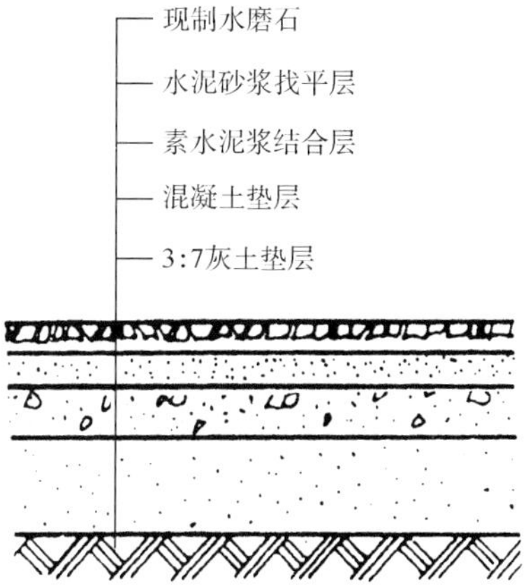

b 地面做法

10 现制水磨石地面

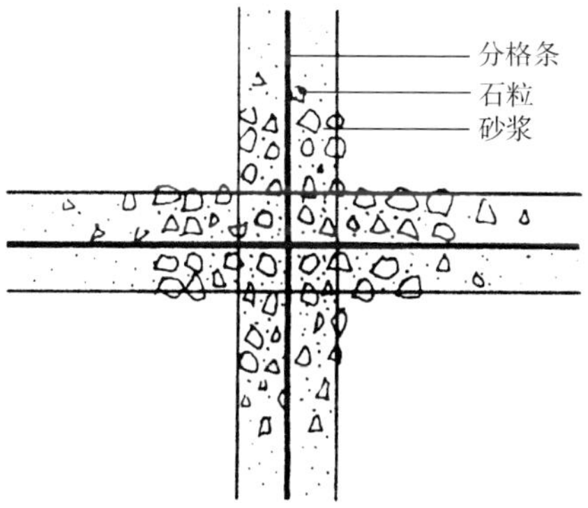

a 分格条交叉外镶嵌法平面

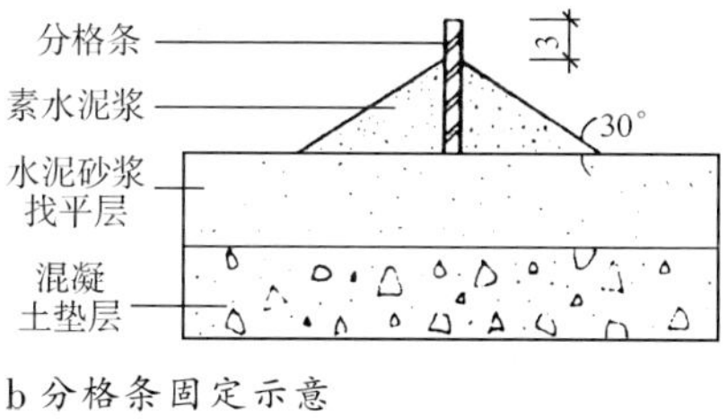

b 分格条固定示意

11 现浇水磨石分格条的做法（一）

续表

项目名称		设计、施工作法
彩色水磨地面施工作法	弹线镶条(嵌条分格)	嵌条宽度与水磨石面层厚度相同,长度则按设计要求加工。 水磨石分格条的嵌固工作是很重要的,应特别注意水泥浆的粘嵌高度和水平方向的角度。如使面层水泥石粒浆的石粒不能靠近分格条,磨光后,将会出现一条明显的纯水泥斑带,俗称“秃斑”,影响装饰效果。分格条正确的粘嵌方法是粘嵌高度略大于分格条高度的二分之一,水平方向以30°角为准,见图11 b。这样,在铺设面层水泥石粒浆时,石粒就能靠近分格条,磨光后分格条两边石粒密集,显露均匀清晰,装饰效果好。 镶条时随手用刷子蘸水,刷一下镶条及灰埂,灰埂带上麻面,有利与面层结合。镶条顶面要求平直,镶嵌时要牢固。镶条的平接部分,其接头更严密。已凝结硬化的灰埂,一般应浇水养护3~5d。 按设计图设置镶条的间隔,现浇水磨石、人造石地面等,其接触间隔,若超过1m,收缩后会产生裂缝,故取90cm左右为宜
		铺设前,水磨石应在基层表面上刷一遍与面层颜色相同的水泥浆做结合层,其水灰比为0.4~0.5随刷随铺。 调配水泥浆时,应先按配合比将水泥和颜料干拌均匀过筛后装袋备用。铺设前,再将石料加入彩色水泥粉中,干拌2~3遍,然后加水湿拌。应在选定的灰石比内取出五分之一石粒,以备撒石用。将拌合均匀的石粒浆按分格顺序进行铺设,其厚度应高出分格条1~2mm,以防在滚压时压弯铜条或压碎玻璃条。 同一操作面的色粉和水泥应使用同批材料,并一次拌合,留取部分干灰以备修补,注意干灰应防潮
	罩面	用水泥石碴浆罩面前,应清扫干净镶条分格内的积水和浮砂,铺设水泥石粒浆时,先用木抹子将分格条两边约10cm内的水泥石粒浆轻轻拍紧压实,以保护分格条免被撞坏。水泥石粒浆铺设后,应在表面均匀地撒一层预先取出的五分之一石粒,用木抹子或铁抹子轻轻拍实、压平,但不可用刮尺刮平,以防将面层高凸部分的石粒刮出而只留下水泥浆,影响装饰效果。若局部铺设太厚,则应用铁抹子挖去,再将周围的水泥石粒浆拍实压平。要使面层平整,石粒分布均匀。 罩面后24h开始养护,在2~7d内,注意浇水保湿,如湿度大于15℃,每天至少洒水两次。 若在同一面层上,做几种颜色图案,操作时应先做深色,后做浅色;先做大面,后做镶边;待前一水泥石碴凝固后,再铺后一水泥石碴,严禁几种颜色同时罩面,以防混色。造成界线不清,影响质量。但间隔时间也不宜过长,以免两种石粒浆的软硬程度不同,一般隔日铺设即可。应注意在滚压或抹拍过程中,不要触动前一种石粒浆。 水泥石粒浆铺设好之后,即用大、小钢滚筒压实。第一次先用大滚筒压实,纵横各滚一遍,同时用扫帚及时扫去粘于滚筒上及分格条上的石粒。缺石粒处要补齐。间隔2h左右,再用小滚筒作第二次压实,直至将水泥全部压出为止。随之再用木抹子或铁抹子抹平,次日开始养护

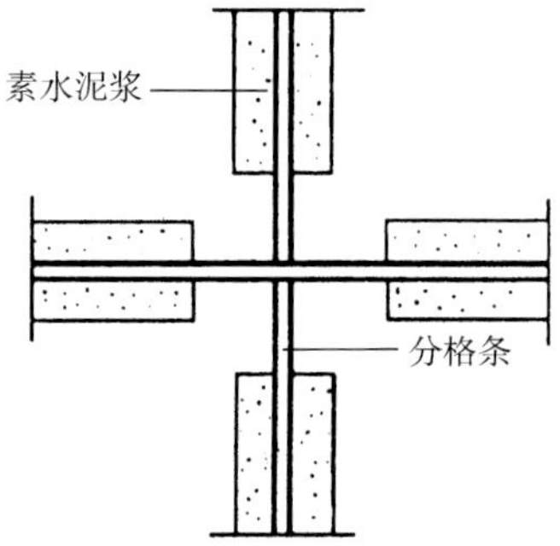

c 分格条做法示意

11 现浇水磨石分格条的做法(二)

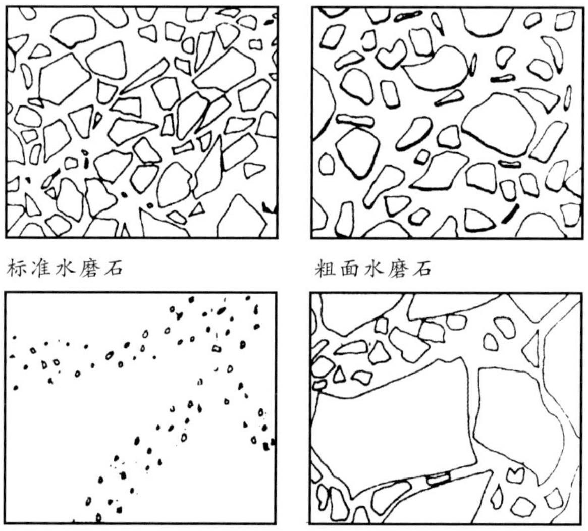

标准水磨石　粗面水磨石

巴拉迪欧式水磨石　威尼斯式水磨石

12 国际通用的几种水磨石面作法

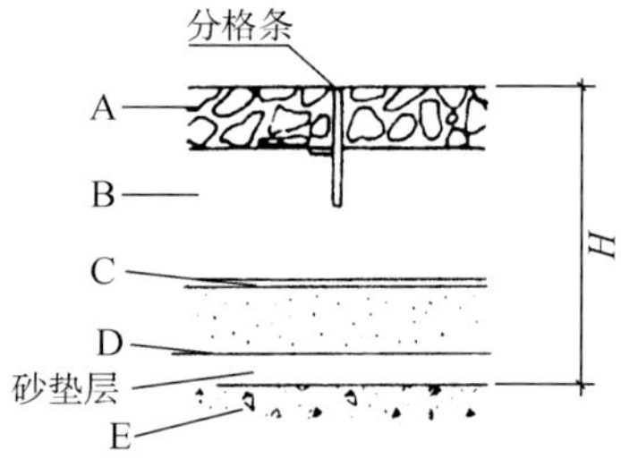

a 砂垫层水磨石

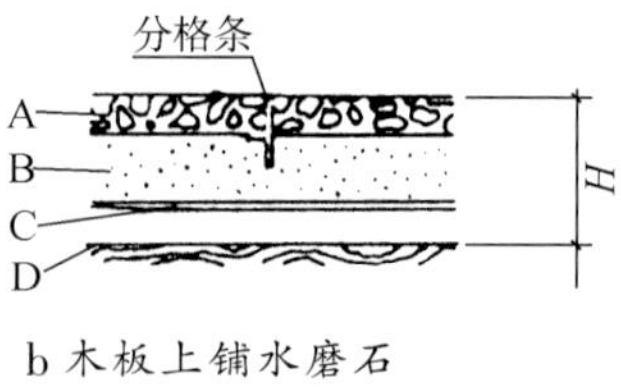

b 木板上铺水磨石

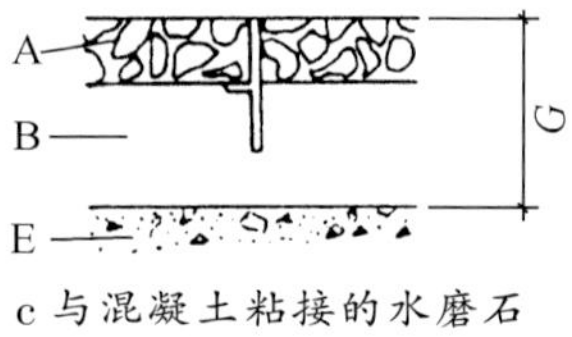

c 与混凝土粘接的水磨石

13 不同垫层的水磨石作法

A—水磨石;B—垫层;C—钢丝网;D—隔离薄膜;E—混凝土;H—6.35cm;G—4.45cm

续表

<table>
<tr><th colspan="2">项目名称</th><th>设计、施工作法</th></tr>
<tr><td rowspan="2">彩色水磨地面施工作法</td><td>罩面</td><td>水磨石面层的另一种铺设方法是干撒滚压施工法。即当分格条镶嵌养护牢固后，刷素水泥浆一道，随即用1:3水泥砂浆二次找平，上部留8~10mm左右（当使用大八厘石粒时），待二次找平砂浆终凝前后，开始坐彩色水泥浆，厚约4mm，彩色水泥浆为糊状，水灰比为0.45。坐浆后将彩色石粒均匀撒在坐浆上，用软刮尺刮平。接着用滚筒纵横反复滚压，直至石粒被压平、压实为止，且要求底浆返上90%~80%。再往上浇一层彩色水泥浆（水灰比0.56），做法是用水壶将彩色水泥浆往滚筒上浇，边浇边压，直到上下水泥浆结合为止，然后再用铁抹子压一遍，并于次日浇水养护</td></tr>
<tr><td>研磨</td><td>水磨石开磨时间与所用水泥品质、色粉品种及气候条件密切相关。应使用磨石机分次磨，水磨石面层开机前先试磨，表面石碴不松动，方可开磨。具体操作，要边磨边洒水，确保磨盘下有水，并随时清去磨石浆。如开磨时间过晚、面层过硬，可在磨盘下撒少量均匀的砂子助磨。一般开磨时间与温度的关系见下表：

水磨石面层养护及开磨时间参考表
<table>
<tr><th rowspan="2">方式</th><th colspan="3">平均温度(℃)</th></tr>
<tr><th>5~10℃</th><th>10~20℃</th><th>20~30℃</th></tr>
<tr><td>机械磨光(d)</td><td>5~6</td><td>3~4</td><td>2~3</td></tr>
<tr><td>人工磨光(d)</td><td>2~3</td><td>1.5~2.5</td><td>1~2</td></tr>
</table>
大面积施工宜用机械磨石机研磨，对于小面积，边角处，可使用小型湿式磨光机研磨，只有工程量不大或无法使用机械的地方才可用手工研磨。研磨时，磨盘下应经常有水，用以冲刷磨下的石浆并及时将其清除。
水磨石地面在研磨过程中，难免会出现少量的洞眼孔隙，清除这些洞眼孔隙一般用补浆的办法。即用布蘸上较浓的水泥浆（如为美术水磨石地面，应用同样的色彩水泥浆）仔细擦抹，待凝结硬化后，再进行磨光。水磨石面一般常用“二浆三磨”法，即整个研磨过程为磨光三遍，补浆二次。第一遍先用60~80号粗磨石磨光，磨石机走“8”字形，边磨边加水冲洗，并随时用2m靠尺板进行平整检查，磨光后，补上一次浆；第二遍用120~180号细磨石再磨光，方法与第一遍相同，主要是磨去凹痕，磨光后，再补上一次浆。第三遍用180~240号油石磨，要求洒水细磨至表面光滑，无砂眼细孔和石粒显露。通过“二浆三磨”，面层上的洞眼基本上可以消除，以石子不松动且表面水泥浆与石子齐平为准。现制水磨石面层各遍研磨技术要求见下表</td></tr>
</table>

续表

<table>
<tr><th colspan="2">项目名称</th><th colspan="3">设计、施工作法</th></tr>
<tr><td rowspan="7">彩色水磨地面施工作法</td><td rowspan="4">研磨技术要求</td><td>遍数</td><td>选用磨石</td><td>做法及技术要求</td></tr>
<tr><td>1</td><td>60~80号金刚石</td><td>（1）磨石机走横“8”字形路线，边磨边洒水冲洗，随时用2m靠尺和楔形塞尺检查平整度。边角处用湿式手磨机打磨。要求磨匀磨平，使分格条和石子显露清晰。
（2）磨面浇水清洗，晾干后即涂刷一道与面层同色的水泥浆，以填实砂眼、凹坑和气泡孔。如有缺掉的石粒，应补充完好。
（3）不同颜色的磨面，应先涂深色浆，再涂浅色浆。
（4）擦浆完毕，养护4~6d</td></tr>
<tr><td>2</td><td>120~180号金刚石</td><td>（1）采用与第一遍相同方法，研磨至石粒显露均匀，表面平整。
（2）面层清洗晾干后，擦第二遍同色水泥浆。
（3）擦浆完毕，养护2~4d</td></tr>
<tr><td>3</td><td>200~240号金刚石</td><td>（1）洒水研磨至边角、大面积石子显露均匀，无磨纹、细孔，表面平整光滑为止。
（2）清水冲洗晾干</td></tr>
<tr><td>抛光</td><td colspan="3">抛光是水磨石地面施工的最后一道工序，通过抛光，对细磨面进行最后的加工，使水磨石地面出现装饰效果并达到验收标准。
抛光主要是化学作用与物理作用的结合，即腐蚀作用和填补作用。抛光所用的草酸和氧化铝加水后的混合溶液与水磨石表面，在摩擦力作用下，立即腐蚀了细磨表面的突出部分，又将生成物挤压到凹陷部位，经物理和化学反应，使水磨石表面形成一层光泽膜，然后经打蜡保护，使水磨石地面呈现光泽</td></tr>
<tr><td>擦草酸</td><td colspan="3">擦草酸可使用10%浓度的草酸溶液，再加入1%~2%的氧化铝。
擦草酸有两种方法，一种方法是涂草酸液后随即用280~320号油石进行细磨，草酸溶液起助磨剂作用，照此法施工，一般能达到表面光洁的要求，如感不足，可采用第二种方法，做法是：将地面冲洗干净，浇上草酸溶液，把布卷固定在磨石机上进行研磨，至表面光滑为止。最后再冲洗干净，晾干，准备上蜡</td></tr>
<tr><td>打蜡</td><td colspan="3">在其他工序全部完成后，水磨石表面可进行打蜡作业。在干燥发白的水磨石面层上，上地板蜡或工业蜡。蜡的配制：用1kg川蜡、5kg煤油，同时放在大桶里，经130℃熬制，见冒白烟便可，随即加0.35kg松香水、0.060kg鱼油调制而成。
将蜡包在薄布内或用布沾稀糊状的蜡，在面层上均匀地涂上一薄层，待干后，再用钉细帆布或麻布的木块代替油石，装在磨盘上研制第一遍，再上蜡磨第二遍，直至光滑洁亮。上蜡后需铺锯末养护</td></tr>
</table>

4. 塑性涂布地面

(1) 特点及设计应用 采用塑料涂布饰面是一种施工简便、造价低廉的方法。与传统的板块地面,例如石材、水磨石和陶瓷等相比,具有施工工期短、工效高、自重轻、更新维修方便和整体性好、价格低廉等优点。它不受投资条件的限制。其图案丰富、整体装饰性较好,见图 14 和图 15 。常见地面设计图案样式见图 16 。

14 游乐园中面积较大的乳液水泥塑化场地(澳大利亚)

15 儿童游戏区中面积较小的聚脂涂布场地(澳大利亚)

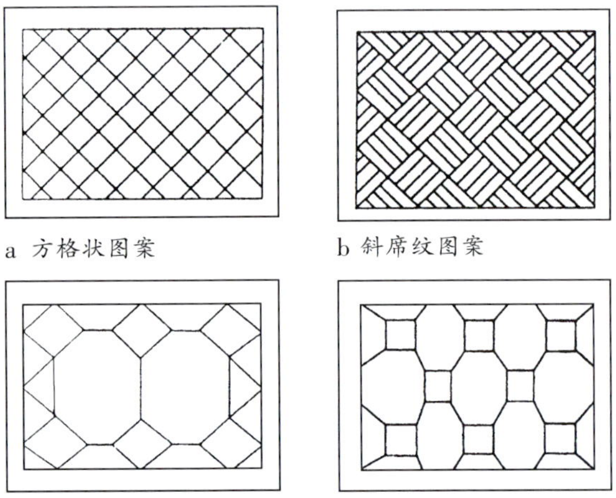

a 方格状图案

b 斜席纹图案

c 几何形拼花之一

d 几何形拼花之二

16 塑性涂布地面常见样式

涂布地面主要是由合成树脂代替水泥或部分代替水泥,再加入填料、颜料等混合调制而成的材料,在现场涂布施工,硬化以后形成整体无接缝的地面。它的突出特点是无缝,易于清洁,并具有良好的物理力学性能。

英国研制和使用的品种有聚醋酸乙烯乳胶水泥地面、聚酯树脂地面;苏联研制了玛瑞脂聚醋酸乙烯地面、聚醋酸乙烯水泥地面;其他国家还研制了环氧树脂涂布地面、聚氨酯树脂涂布地面。近年来丙烯酸类树脂乳液与水泥组成的无缝地面开始研制使用,这类涂布地面比聚醋酸乙烯涂布地面有更好的弹性、韧性和耐化化学性。

(2) 环氧树脂涂布地面作法

1) 主要特点与性能。环氧树脂涂布地面的特点是收缩率小,它与基层的黏结力很强。耐磨、耐刻划、耐化学药品性能也较好,但成本偏高。而且收缩发生在胶凝阶段,有些流动性,能适应收缩变形的需要,固化后的材料内部不会产生很大的内应力。因此,环氧树脂涂布地面可以厚一些,不会有开裂的危险。

2) 环氧树脂涂布地面施工作法。

环氧树脂涂布地面施工作法 **表 5**

项目名称			内容及说明
材料要求及配制	材料种类	环氧树脂	涂布地面用的环氧树脂,可选用低黏度液体状的品种,如牌号为 E–44、E–42 等。主要起胶凝作用
		固化剂	一般固化剂应选用室温固化的多胺类物质,如乙二胺、三乙烯四胺、二乙烯三胺、3–羟基乙二胺类等。基中以多乙烯多胺者较好,使用时无烟雾
		增塑剂	加入增塑剂后可以改善环 500g 柔韧性。常用的增塑剂是苯二甲酸二丁脂,加入量为树脂量的 5%左右,不宜加入过量
		稀释剂	为了施工方便,降低混合料的黏度,可加入适量的稀释剂。一般使用二甲苯、丙酮等非活泼性稀释剂。加入量要能使树脂有足够的流动性和对基层的润湿性,方便涂布施工即可。加入量过少时配成的树脂砂浆施工性能差,无流平性,表面易留下刮板的痕迹或高低不平;过量则会使成品质量下降。一般加入树脂 5%的二甲苯比较适宜
		填料	加入填料的目的是为了改进性能,比如可以减少收缩、提高耐燃性、防滑性及降低成本等。填料一般为细骨料和粗骨料。细骨料等用滑石粉为好,加粉料可改进施工性能,以免砂子沉底或局部集中,还有利于物料在施工时均匀抹开。粉料加入量为树脂量的 10%~20%,不宜过多。粗骨料是干燥的石英沙,一般可选用 6 号沙,其加入量以树脂:粗砂=1:1.0~1.5 为宜
		颜色	环氧涂布地面,可以根据需要配成各种颜色,施工应先调配颜色做小样,常规加量为 1%~3%

续表

项目名称		内容及说明
材料要求及配制	物料配合比	环氧树脂涂布地面的涂布料配合比如下。液体物料的配合比： E-44 环氧树脂　5000g 二甲苯　750g 邻苯二甲酸二丁脂　250g 二乙烯三胺　450g 固体物料配合比举例： (1) 浅蓝色 6 号石英砂　5000g 滑石粉　500g 钛白粉　500g 群青　100~150g (2) 黄色 6 号石英砂　5000g 滑石粉　500g 钛白粉 氧化铁黄
施工准备	基层处理	环氧树脂涂布地面与普通彩色水泥地面的做法基本相同，施工方法非常简单，所用工具也只是一般水泥灰用的工具，基层处理也基本相似。 施工时，整个地面要求水平，否则，会造成施工后厚度不均，甚至会出现表面露砂。对较大的凹陷处，至少在施工前一天预先用同样的材料嵌平。超过涂布厚度的凸出物必须预先铲除，否则施工会出现明显露底现象。施工前应把地面上的浮灰、垃圾、杂物除去，通常不需要打底或满刮腻子就可以施工。但基层地面必须充分干燥，施工前一星期不应使地面接触水
	涂布料的调配	涂布料的配制应保证颜料、粉料等固体充分分散与混匀，方法可以用手工或球磨机混合。用手工分散时可以在施工现场进行。把各种物料称量后倒在地面上，用铁抹子、刮刀等使颜料、填料充分混匀，至不见颜料颗粒、色泽均匀一致为止。干料混合均匀后再配制液料，以免液料放置时间过长，树脂黏度增大而影响施工性能。也可直接在施工地面上拌和，把树脂混合料倒入固体物料混合物中，用铁板拌和均匀。 施工时一次配制量不宜太多，否则涂料散热困难，易发生急速固化或称爆聚现象，使树脂过早固化而变成废料。一般一次可配 5kg 树脂
涂布作法	涂布方法	涂布工序可由抹灰工操作，发现有颗粒突起或其他杂物以及未分散的颜色颗粒时应随时挑出。在两批料的交接处应注意避免接槎痕迹。涂布厚度可根据需要决定，5kg 树脂料一般可涂布 5m²，厚度约为 1.5mm 左右。涂布前可先在地面上用粉笔画好方格，每格 1m²。通常由房间里边逐步向房门施工，最后退出。 除单色涂布地面外，也可做成仿大理石花纹或木纹地面，见图 17 。在单色涂布完毕后，在上面倾倒另一种颜色的涂料（一般用白色，只加钛白粉），可以让它自由流平，也可用铁板拉花，注意只能拉 1~2 次，次数多了花纹会消失。也可以做成仿木、仿水磨石地面，即在单色树脂涂层上点上其他颜色的斑点，或画成不规则的图案等以增强其装饰效果

续表

项目名称		内容及说明
涂布作法	涂布方法	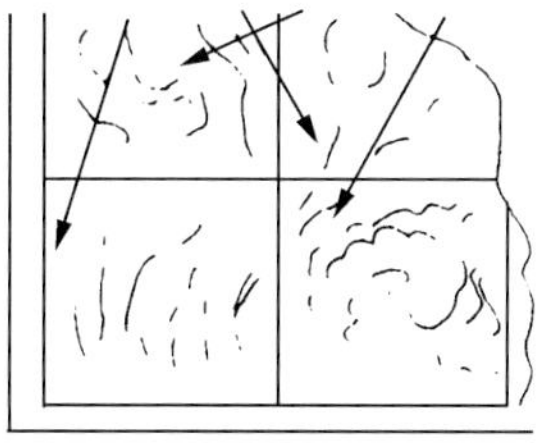 a 仿大理石面层示意 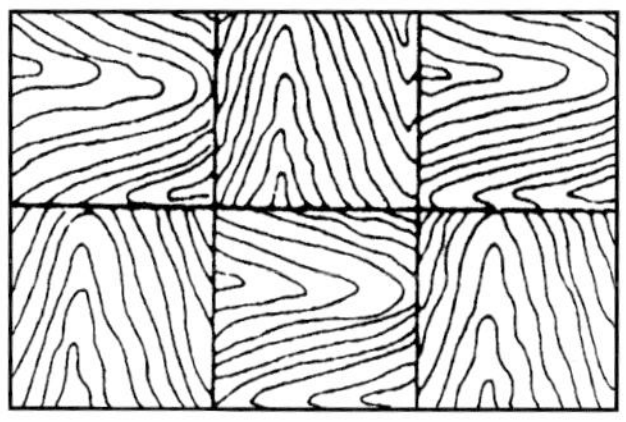 b 仿木纹饰面示例 17 仿大理石面层及仿木纹饰面
地面养护		涂布后的养护。夏天一般 4~8h 即可固化，冬季则需 1~2d。为使其得到充分固化，交付使用前应养护一个星期。最后在固化后的涂布面上再罩一层不加溶剂的环氧树脂清漆。因为加溶剂后，溶剂挥发不彻底时会使表面易被污染。罩面漆可采用涂刷法，涂一遍即可。不论是否罩清漆，交付使用前应打蜡一次，可增强其装饰效果及耐污染性

(3) 聚醋酸乙烯乳液塑化地面作法　聚醋酸乙烯乳液俗称白乳胶、白胶。聚醋酸乙烯乳液塑化地面，是用聚醋酸乳液同普通硅酸盐水泥相混合制成的新型塑化地面，见图 14 和表 6。

聚醋酸乙烯乳液塑化地面施工作法　　表 6

项目名称		内容及说明
原材料及配制	聚醋酸乙烯乳液	该乳液为黏稠状液体，微酸性，能与任何比例的普通硅酸盐水泥及白水泥等相混合，混合物性能稳定。塑化地面所使用的浮液应达到以下所列技术指标： 外观：白色奶油状 含固量：50±2% pH 值：4~6 黏度(涂-4)：<50 秒 沉降率：<5ml 最低成膜温度：5~8℃ 与其他材料的配比(%)： 乳液 20~40　水泥 70~100　铁质颜料 7~15　石英粉 30~60　助剂用水 11~21　软质地板蜡 18~26　铁质颜料 4~8　调配剂 5~10

续表

项目名称		内容及说明
原材料及配制	石英粉(SiO_2)	石英粉在涂料中起填充、增厚、耐磨等作用。应选用呈白色或微黄色、细度在100~120目不含有机杂质的石英粉
	颜料	可选用无机铁质颜色，如氧化铁红、铁黄、铁黑等。有效含量在90%以上，320目筛余应不大于0.5%，颗粒平均细度1~2 μm
	消泡剂	涂料在搅拌时会出现许多气泡，如不消除会影响地平表面的光洁度，而消泡剂的作用即是为了消除料中的泡沫。可用磷酸三丁酯或有机硅消泡剂，于搅拌涂料时加入其中，但不宜多加，以滴加形式为宜
	水泥	用普通硅酸盐水泥或白水泥，不得有结块现象，使用时须过40目左右的筛，除去其中的杂质及较大的颗粒
	表面处理剂	表面处理剂是为了增加地坪表面光洁度及保护塑化地坪。常用石油蜡、地板蜡、200号溶剂油、煤油、颜料和调配剂等调配而成
塑化地面施工作法	涂料配制及工艺流程	聚醋酸乙烯乳液塑化地坪的涂料配制及施工工艺流程： 原材料称量→溶解混合→物料研磨→基料色浆→ 水泥 ↓ 搅拌→基层处理→弹线分格→涂料施工→面层保养 ↑ 石英粉 注意：水泥和石英粉两种材料应在施工现场加入，其余成分在生产厂制成性能稳定的基料色浆，以产品形式运到现场
	基层处理	塑化地坪涂料要求基层坚固，新水泥砂浆基层强度要求达到150号左右。在旧地面上进行涂料施工时，必须认真检查其平整度及有否起砂、脱壳等情况。对脱壳地面，需将松壳打掉，用107胶水泥砂浆重新抹面，3d后再刮涂料。局部起砂地面，刮涂料时自行填平。刮涂施工前，必须清除基层上的杂物，清除油污，最后用湿布擦干揩净
	施工方法	(1)先将基料色浆、水泥、石英粉按比例混合均匀，然后进行刮涂。涂层干燥后划格、打磨、上表面处理剂，再擦光，即可交付使用。 涂料一般刮涂5道。第一层(即底层)与第四、五层(即面层)配方相同，第二层、第三层(即中间层)配方中需加石英粉。 (2)配制涂料时，可按前述工艺流程。先将水泥过40~50目筛，按比例称量。然后将已称量的基料色浆倾倒于涂料搅拌桶中，缓缓加入水泥。先手工搅拌至大体均匀后再开动电动搅拌机搅拌5~10min即可使用。石英粉的混合同上，加料速度不宜过快，特别要注意防止产生凝胶现象

续表

项目名称		内容及说明
塑化地面施工作法	施工方法	(3)刮涂时，先将涂料用料勺浇一些在地面上，然后用橡胶刮板沿一定路线刮平，勿显露明显的刮痕。刮涂施工要连续进行，上一道涂层干燥后再刮涂下一道，一般以肉眼看不到涂层上的湿痕或踩上去不粘鞋为准，这时涂层已达到干燥状态。涂层表干时间与大气温度、空气相对湿度、室内通风状况、地面基层含水量等因素有关。一般夏季为1h左右，冬季为4h左右，一年四季均可施工。刮涂第四、五道时，顺便将地面周围的踢脚板刮涂完。 (4)涂层作划格处理会有消除涂层收缩应力、增加装饰效果等作用。划格图案多种多样，总的原则是宜简不宜繁，以朴素大方为好。涂层划格时，按设计图案先用铅笔或粉笔打好底线，再用沾水毛刷将线条打湿，使刚干的涂层软化，立即用断面为椭圆形成三角形的碳化硼划刀划格。所划出的条纹断面应呈半椭圆形。划完条纹后用拖布擦去积水和划割产生的涂层碎碴。划格开始时间依涂层干燥状况而定，一般来说，刮涂最后一道结束后，夏季在4h后即可划格，冬季则需在施工后的第二天进行。 (5)涂层表面处理是塑化地面最后一道工序，紧跟在划格工序之后。塑化地面涂料刮涂施工后，在混凝土地面上形成约1mm厚的坚固涂层，经表面处理包括打磨涂层表面、上表面处理剂和擦光之后，不仅提高表面光洁度，增加装饰效果，而且对地坪表面有着良好的防水和保护作用
质量要求		(1)涂层完整、光亮、颜色均匀，表面无明显刮痕。 (2)涂层厚度应在0.8~1.0mm之间。 (3)涂层与基层黏结牢固，在涂层边角部位以油灰刀铲挖时不应有脱皮现象
保养方法		(1)涂料施工后30d内应尽量保持地面干燥，不得长时间泡水，并用较干的拖布清扫地面灰尘。 (2)涂料施工30d后，可像木地板一样清扫，先用湿拖布将地面拖擦干净，干后再用干拖布或废呢绒之类的织物擦光。 (3)30d后的涂层连续泡水时间不得超过7d。 (4)为了保持地面光洁美观，每季度可薄施软质地板蜡一次

(4) 不饱和聚酯和聚氨酯涂布地面 不饱和聚酯和聚氨酯涂布地面作法，见表7。

不饱和聚酯和聚氨酯涂布作法 表7

项目名称	不饱和聚酯涂布地面
主要性能和特点	不饱和聚酯黏度较小，可加入填料较多、填料不同所制成的涂布地面的耐磨性也不相同，如用大理石碴作填料，则可制成水磨石状地面，不饱和聚酯涂布地面固化很快，一般12h后即可上人行走
材料构成	不饱和聚酯的品种较多，常用的有307-1、307-2或UP等品种。常用固化剂是过氧化环已酮与苯二甲酸二丁酯一起研磨成的酮浆；促进剂是钴液；还要加入封闭剂——蜡液等制成的树脂(液体物料)；可按环氧树脂涂布地面配料方法加入填料和颜料制成涂布胶液
配合比及配制方法	配合比例： 不饱和聚酯307-2 500g 酮浆 200g 钴液6% 150~200g 蜡液150g 配制方法： 树脂的配制是先加钴液、蜡液，搅拌均匀后再加酮浆，再搅拌均匀即可。要随用随配，每次配5kg为宜
施工方法	不饱和聚酯涂布地面的施工程序、基层处理和施工涂布方法参见环氧树脂涂布地面
项目名称	聚氨酯涂布地面
性能及特点	聚氨酯涂布地面是由聚氨酯预聚体、交联固化剂、颜料等组成的胶浆，涂布于地面基层上，在常温下固化后成为整体的具有弹性的无缝地面。特点是耐磨、弹韧、耐水、抗渗、耐油和耐腐蚀等
材料配制要求	聚氨酯涂布地面涂层中的聚氨酯预聚体和交联固化剂，生产厂家均有成品供应，原配方中已充分考虑了流平性、消泡等问题，所以现场配制时，加入适量的颜料和填料(细石英粉)即可。配料地点要接近施工现场。大量施工可用小型电动搅拌机充分搅拌均匀，浆料要随配随用。施工前应先用粉笔划出分格，用胶皮刮板，先刮平再用抹子抹平抹光。施工顺序应先里后外，减少接槎
施工要求	施工操作要注意选择晴朗无风、湿度不大的干燥天气，涂布面要保持清洁，有尘埃颗粒时要随时擦净再涂，不可溅上水点、油污。施工前先用粉笔划出分格，用橡胶刮板先刮平再用抹子抹光。施工顺序先里后外，要减少接槎。聚氨酯基料有毒性，施工时要戴手套、口罩，切忌将胶料溅入眼内。现场要有良好的通风换气

四、园林整体路面实例

1 植物园的混凝土小园路(澳大利亚)

2 林阴混凝土小道(法国)

3 公园花丛中的混凝土园路(新加坡)

4 本图为图3中花木簇拥的小园路局部

5 蒿草与凿痕面混凝土园路(澳大利亚)

6 本图为图5的园路局部，自然河流和山涯间的凿痕混凝土与蒿草，朴拙而有些野趣

7 自然公园度假区的混凝土小道(澳大利亚)

8 敞廊下的细石混凝土小径(澳大利亚)

9 穿越树林的毛面混凝土小路(澳大利亚)

10 社区公园中的林阴混凝土路(泰国)

11 绿地建筑前的混凝土行车路(中国北京)

12 海滨度假村后庭园中的混凝土园路(泰国)

13 大绿篱墙下的混凝土小径(新加坡)

14 花灌木簇拥的小园路(澳大利亚)

15 绿茵中的混凝土小径(澳大利亚)

16 宅前花园中的混凝土水泥路(澳大利亚)

17 别墅前的混凝土入口路(澳大利亚)

18 花卉园中的混凝土曲径(澳大利亚)

19 宅前的细石混凝土路（澳大利亚）

20 花园住宅区主干道边绿茵中的混凝土步道及宅前车库路(澳大利亚)

21 植物园中的混凝土水泥游步道(澳大利亚)

22 错位连接的混凝土园路(澳大利亚)

23 池岸边的混凝土路(新加坡)

24 仿冰裂纹石铺的混凝土园路(中国上海)

25 颗露大粒径卵石骨料的混凝园路(中国上海)

26 混凝土基层水泥砂浆面层的住宅区园路(新加坡)

27 蜿蜒于花园中的混凝土小径(新加坡)

28 城市公园疏林中的混凝土园路(新加坡)

29 庭园式餐饮区的混凝土小径(澳大利亚)

30 家庭小旅馆前的混凝土小道(澳大利亚)

31 住宅区主干道边的混凝土步道(新加坡)

32 河岸公园的彩色混凝土路(澳大利亚)

33 彩色水磨石与彩色水泥涂布场地(澳大利亚)

34 有压痕的防滑混凝土主园路(中国上海)

35 凿毛石板分隔的混凝土路局部(中国上海)

36 彩色混凝土人行道(澳大利亚)

37 由红色陶板分隔的彩色混凝土人行道(澳大利亚)

38 彩色混凝土面层的小广场(澳大利亚)

39 桔黄色水泥游步道(澳大利亚)

40 本图为图37的路面局部

41 蓝灰色陶板分隔的混凝土路(澳大利亚)

42 绿地中的彩色混凝土场地和沥青路(澳大利亚)

43 植物园的滨水彩色混凝土园路(澳大利亚)

44 城市公园中的滨海沥青主园路(澳大利亚)

45 公园运动场地的彩色混凝土入口路(澳大利亚)

46 细骨料配比铺成的红色沥青步道(马来西亚)

47 红色游步道穿行在绿地丛林中,使绿的更葱郁,红的更鲜艳亮丽(马来西亚)

48 普通混凝土与彩色混凝土组合分隔的园林主路(澳大利亚)

49 植物园里的浅红色沥青主园路(澳大利亚)

50 城市公园的红色沥青主园路(中国上海)

51 公园疏林园区的红色沥青主园路(中国上海)

52 蜿蜒于绿茵中的红色沥青路(中国上海)

53 疏林、绿地与红色园路(中国上海)

55 入口场地中的局部红沥青路(澳大利亚)

54 红路与绿丛的环境效果(中国上海)

56 公园入口处的蓝色沥青园路(澳大利亚)

57 古典式园林中与绿坪形成对比的红沥青路(法国)

58 外围的绿树丛、中间的绿坪与红步道形成环境对比(法国)

59 大型游乐园里的红色沥青路(澳大利亚)

60 城市公园中的沥青场地(澳大利亚)

61 城市园林疏林中的沥青路(卢森堡)

62 历史园林中的沥青小径(法国)

63 城市公园中的沥青主园路(中国北京)

64 斑马路牙护边的园林行车沥青路(马来西亚)

65 热带丛林公园中的沥青行车路(新加坡)

66 卵石、铺地砖护边的沥青主园路（中国上海）

67 坡地中下凹的沥青主园路（中国上海）

68 国家自然公园中的沥青行车主园路（澳大利亚）

69 森林公园中的沥青园路（澳大利亚）

70 城市公园中的滨水沥青园路（澳大利亚）

71 社区公园中有平道砖牙的沥青小园路（新加坡）

72 奥林匹克公园中的沥青园路(瑞士)

73 城市公园中的沥青小园路(澳大利亚)

74 植物园的游赏小道(澳大利亚)

75 城市公园中的沥青主园路(瑞士)

76 凡尔赛宫苑中的沥青林阴道(法国)

77 城市绿地中的沥青路(中国上海)

78 绿茵中的红塑胶运动健身场地(马来西亚)

一、特点与应用

用于铺装木质地面的木地板分为室内用木地板和户外用木地板两种类型。户外木地板为适应阳光、雨淋和腐蚀，都作了特殊的防水防腐和防辐射等处理。木地板按木质材性分为软木树材（松木、杉木等）和硬木树材（水曲柳、柞木、榉木、花梨等）；按其材质和构成可分为实木地板、实木复合地板和强化复合地板三种类型；按基面层可分为普通木地板和拼花木地板。

户外软木系列地板面层的品种和树种丰富，多为不易腐朽、不易变形和不易开裂的树材，例如，加拿大铁杉、北欧赤松、俄罗斯樟子松，以及红雪松和南方松等。户外软木系列地板面层通常加工制成长条形板，铺装施工方便，并具有导热系数小、面层富于弹性和便于清洁的特点。户外硬木地板系列属高级耐磨木质面层，如印尼产的玉檀（巴劳木）紫檀和黄波罗，国产的水曲柳等。硬木材质坚硬、密度较高、耐磨性极好，但造价较高，施工操作要求也较高，其形状不仅有长条形板，也有拼花用的小块板和异形板。

户外木地板主要用于园林、绿地、城市花园和住宅花园等环境的局部场地、环境要求较高的园路、廊道、栈桥及其他特殊场所和特殊要求的木质面层的铺装。木地板面层虽然具有一定的耐久性、自重较轻、有弹性、导热性能低并具有易于加工、装饰美观和档次较高等优点，但与石板、铺地砖和陶板面层相比，维护管理要求高，保养不善极容易腐朽，而且容易随着空气中湿度及温度的变化而引起裂缝或翘曲。此外，由于森林资源及木材的日益匮乏，木制品价格不断上涨，从而增加了工程的造价，因而，除某些确实需用木面层铺装的工程外，应尽量选用木材替代品或其他新型地面材料。

户外木地板按其面层和基层构造分为架空式和实铺式两种类型，面层拼铺形式多样、极富变化。图1是城市公园滨水的木质地板面层的场地铺装，为架空式构造、面层拼花户外木地板面层。

1 湖畔的木地板场地铺装及其环境效果（中国上海）

二、木地板的分类

木地板的分类及说明 表1

名称	分类及说明
普通木地板	普通木地板是由木枋（龙骨）、水平剪刀撑、地板三部分组成。一般采用松木或杉木，宽度约120mm，厚约20~30mm，其拼缝做成错口或企口，直接钉在木龙骨上，端头拼缝要相互错开。铺完木地板后，经过一段干缩变化期，待木板变形稳定，再刨光、净面、刷地板漆。由于木地板受潮后容易腐朽，所以应适当予以保护
硬木地板	硬木地板的构造与普通地板基本相同，区别之处是硬木地板有两层，下层为毛板，上层为硬木板。如有防潮要求，在毛板与硬木地板之间需增设一层油纸。硬木地板多用水曲柳、核桃木、柞木等制成，木纹和木色均比普通木地板美观。可拼成各种花色图案，例如，方格形、人字纹或席纹式等。对裁口缝硬木地板采用粘贴法。由于这种地板成本较高且施工复杂，一般多用于高级住宅房间及室内运动场
拼花木地板	拼花木地板是由碎块拼接而成，多是利用木材加工后的边角余料制成。拼花木地板的特点是：木材经远红外线干燥，含水率达12%，通过防腐材料与木材几何图案组合，四边企口串条使木材两个断面黏结，以分散内应力和拉力，此外还能保持地面平整、光滑、不翘曲变形等特点

三、材料及其性能参数

1. 材料要求

木地板施工用材的要求 表2

项目名称	内容及要求
骨架及基层用木材	木地板铺设所需要的木搁栅（也称木楞）、垫木、沿缘木（或称压檐木）、剪刀撑和地板等采用的树种和规格应符合设计要求。木搁栅、垫木、压檐和剪刀撑的含水率不应超过20%；毛地板的含水率按全国木材含水率限值分区图分别为13%、15%、18%
面层木材	面层用木地板的含水率，分别限定在10%、12%、15%。鉴于木材湿涨干缩的特点，必须严格掌握木地板所用木材的含水率，室内用和户外用木地板，均不可超过上述的限值，即不应大于当地平均含水率
面层木材的选材要求	普通木地板（软木系地板）面层，要求选择坚硬、耐磨、纹理美、有光泽、耐朽、不易变形和开裂的木材。硬木地板设计上有要求的按要求选择树种，如设计无要求时，可选用水曲柳、核桃木、榉木等树材作面层
砖与石料	用于地垄墙和砖墩的黏土砖标号，不能低于75号。采用石料时，风化石禁止使用，凡后期强度不稳定或受潮后会降低强度的石材和人造石材也不能使用

2. 木地板含水率

(1) 面层条板 面层条板无论何种材质，均应通过自然干燥或人工干燥，以使其达到含水率的要求，见表3。

木地板面层含水率限值表 **表3**

地区类别	包括地区	含水率(%)
Ⅰ	包头、兰州以西的地区和西藏自治区	10
Ⅱ	徐州、郑州、西安及其以北的华北地区和东北地区	12
Ⅲ	徐州、郑州、西安以南的中南、华南和西南地区	15

(2) 毛地板 毛地板材质同企口板，但可用钝棱料。毛地板的含水率限制见表4。

毛地板面层含水率限值表 **表4**

地区类别	包括地区	含水率(%)
Ⅰ	包头、兰州以西的西北地区和西藏自治区	13
Ⅱ	徐州、郑州、西安及其以北的华北地区和东北地区	15
Ⅲ	徐州、郑州、西安以南的中南、华南和西南地区	18

(3) 规格尺寸 木地板的常用规格见表5。

木地板常用规格 **表5**

地板名称	规格尺寸(mm)		
	厚	宽	长
硬木拼花地板	18~23	30、40、50	320、250、200、150
松木、杉木条形板	23	75~125	＞800
硬木条形板	18~23	50~80	＞800
薄木地板	5,8,10	40,25	320,200,150

(4) 面层材选材标准 面层木地板的材质标准、质量要求，见表6。

木地板面层的选材标准 **表6**

木材缺陷			Ⅰ级	Ⅱ级	Ⅲ级
活节	节径	不计个数时应小于(mm)	10	15	20
		计算个数时不应在于板材宽的	1/3	1/3	1/2
	个数		3	5	6
死节			允许，包括在活节总数中		
髓心			不露出表面的允许		
裂缝，深度及长度不得大于厚度及材长的			1/5	1/4	1/3
斜纹，斜率不大于(%)			10	12	13
油眼			Ⅰ、Ⅱ级非正面允许，Ⅲ级不限		
其他			浪形纹理，圆形纹理，偏心及化学变色允许		

注 Ⅰ级品不允许有虫眼，Ⅱ、Ⅲ级品允许有表层的虫眼。

(5) 基层木料常用规格 基层木料是木质地面工程的重要组成部分，基层材质和施工质量的好坏，直接影响面层质量。基层材料包括：木搁栅(又称木楞、木龙骨)、垫木、剪刀撑和毛地板等。常用规格见表7。

基层木料常用规格参考表 **表7**

名称		宽度(mm)	厚度(mm)
垫木(包括压檐木)	实铺式	平面尺寸 120×120	20
	空铺式	100	50
剪刀撑		50	50
木搁栅(木楞、木龙骨)	实铺式	梯形断面上为50，下为70 矩形断面 70×70	
	空铺式	根据设计地垅墙的间距决定	
毛地板		不大于120	22~25

(6) 木地板制作安装费用及主材用量表 木地板制作安装费用及主材用量，见表8。

木地板制作安装费用及主材用量表 **表8**

编号	项目					人工费(工日)	机械费(占人工费的%)	主材(m^3)
1	地楞	杉木地	圆木	每立方米		3.06	27	1.02
2	地板	(楼)楞	方木	竣工木料		3.81	22	1.02
3	制作及安装	企(错)口杉木地板铺在方圆木楞上			100m²	15.03	40	3.04
4		毛地板上铺长条木地板		高级		52.47	20	6.79
5		钢筋混凝土板上铺席纹地板				147.63	9	3.80
6		毛地板上铺席纹地板				195.04	9	7.55
7	地板制作	杉木毛面企(错)口地板				4.77	70	2.93
8		杉木企(错)口长条地板	板宽 7.5cm			7.52	70	3.13
9			板宽 10cm			6.13	45	2.93
10			板宽 15cm			5.25	50	2.78
11		硬木席纹地板				55.46	19	3.73
12	踢脚板	制作安装	杉木		100m²	30.83	18	4.44
13			硬木			44.23	17	4.47
14		制作	杉木			7.84	5	2.95
15			硬木			11.23	48	2.98

四、木地板的防腐、防虫处理

1. 主要作用与意义 严格地讲，所有木地面、木饰面的铺设都须进行防腐防虫和防火的处理，只有这样，才能长期保持木饰面的工程质量、装饰效果和环境的卫生，延长其使用寿命，并使其在使用中具有安全保障。一般来说，建筑和园林构筑的木结构和顶部、立面的木饰面受到火灾的威胁较大，通常较强调防火性，而地面木结构和面层的铺装，极易受潮和虫蛀。潮湿容易产生腐朽菌，而菌丝生长、蔓延会分解木材细胞作为养料，从而造成木材腐朽。

木地板的虫害主要是白蚁和甲虫，其中白蚁的危害最大，白蚁的活动具有较大的隐蔽性并喜欢过群体性生活，而每个群体的种类又不同，每群从数百个到几百万个不等，故而给木质铺装带来极大的破坏，如不引起重视，或不采取必要防范措施，后果将不堪设想。

综上所述，进行木地板铺装，应将防腐和防虫结合起来处理，才能真正防患于未然。当前用于户外的木地板、木板材多为工厂生产的防腐木，设计者普遍认为直接拿来使用就可以了，其实，这是一种误解和错误的想法，防腐木只防腐不防虫，况且工程具体环境和气候千差万别，从华南到东北，从平原到山区，环境状况和气候条件极不相同，因此，要根据具体实际情况作针对性的防治措施。

2. 木质防腐、防虫药剂的种类、特性及应用

木质防腐、防虫药剂的种类、特性及适用范围　　表 1

药剂名称	主要特性和作用	适用范围
氟化钠	为白色粉状，无臭味，不腐蚀金属，不影响油漆，但遇水易流失；不宜和水泥、石灰混合，以免降低毒性	用于一般木构件、木基层的防腐防虫，但防白蚁效果较差
硼铬合剂	无臭味，不腐蚀金属，不影响油漆但遇水稍有流失，对人畜无毒	用于一般木构件、木基层的防腐防虫，但防白蚁效果较差
硼酚合剂	不腐蚀金属，不影响油漆，但因药剂中有五氯酚钠，毒性较大	用于一般木构件、木基层的防腐防虫，并有一定的防白蚁效果
铜络合剂	无臭味，处理后呈绿褐色，不影响油漆，遇水不易流失，处理温度不宜超过76℃，对人畜毒性较低	重要工程木质的防腐防虫，具有较好的防白蚁效果，特别适用于户外木地板工程
氟砷铬合剂	遇水不流失，不腐蚀金属，但有毒性	有良好的防腐防白蚁效果，适用于木基层，不适宜经常与人接触的木饰面
林丹、五氯酚合剂	几乎不溶于水，药效持久，处理后不影响油漆。因是油溶性药剂，故而对防火不利，适宜户外工程	用于腐朽严重及虫害较严重的地区
混合防腐油	有恶臭，木材处理后呈暗黑色，不能油漆，遇水不流失，药效较持久	用于直接与砌体和地面接触的木构件的防腐和防白蚁，适用于户外木地板基层，露明件不宜
强化防腐油	有恶臭，处理后木质呈暗黑色，不能油漆，遇水不流失，药效持久	同混合防腐油，可用于南方潮湿及白蚁危害严重的地区
沥青浆膏	有恶臭，处理后木质呈暗黑色，不能油漆，遇水不流失，药效持久	用于含水率大于 40% 的木材和处在潮湿环境及经常受潮的木构件

3. 木质的防腐、防虫要求及方法

木质的防腐、防虫要求及方法　　表 2

项目名称		内容及说明
腐朽菌及昆虫的繁殖条件	温度	腐朽菌、昆虫一般在 5~45℃之间繁殖，20~30℃时繁殖旺盛
	湿度	湿度在 85%，含水率为 20%~50%的环境中极易产生昆虫，十分干燥的木材是不会腐朽和虫蛀的
腐朽菌及昆虫的繁殖条件	养料	主要是指木材中有腐朽菌、昆虫的养料，例如纤维素、木素、戊醣等
	空气	腐朽菌、昆虫的产生和生存必须有空气，如果将空气隔绝或排除，木材就不会腐朽和虫蛀
主要对策		(1) 采用符合要求的干燥木材。 (2) 采取通风措施，以避免潮湿。 (3) 对木材进行防腐防虫处理
防腐、防虫处理方法	化学药剂的种类	木材防腐、防虫用化学药剂通称为木材防腐剂，其种类有水溶性防腐剂、油类防腐剂、油溶性防腐剂及浆膏防腐剂等
	处理方法	木材的防腐处理有压力浸注法、热冷槽浸注法、常温浸注法、涂刷法、扩散法等。在实际操作中常使用木馏油防腐涂层。该法是在木材干燥后用毛刷将木馏油涂刷两遍或采用喷涂法。浸注法是将木材放入防腐剂中浸泡 2h 即可

4. 木质防腐、防虫药剂的配制及处理

木质防腐、防虫药剂的配制及处理　　表 3

药剂名称	配方组成(%)	浓度(%)	剂量	处理方法
氟化钠	单剂	4	4.5~6kg/m³(干剂)	(1) 常温浸注。 (2) 热冷槽浸注
硼铬合剂	硼酸 40 硼砂 40 重铬酸钠(或钾)20	5	6kg/m³(干剂)	(1) 常温浸注。 (2) 热冷槽浸注。 (3) 加压浸注
硼酚合剂	硼酸 30 硼砂 35 五氯酚钠 35	5	4~6kg/m³ 白蚁害严重地区使用 8kg/m³(干剂)	(1) 常温浸注。 (2) 热冷槽浸注。 (3) 加压浸注
铜铬合剂	硫酸铜 5.6 重铬酸钠(或钾)8.65 醋酸 0.25 水 85.5	—	12kg/m³(干剂)	(1) 常温浸注。 (2) 加压浸注
氟砷铬合剂	氟化钠 60 亚砷酸钠 20 重铬酸钠(或钾)20	—	4.5~6kg/m³(干剂)	(1) 常温浸注。 (2) 热冷槽浸注
林丹、五氯酚合剂	五氯酚 5 林丹 1 柴油(或煤油)94	6	涂刷法：0.3~0.4kg/m² 浸注法：80~100kg/m²(溶剂)	(1) 涂刷 1~2 次。 (2) 常温浸注
混合防腐油	煤杂酚油(防腐油)50 煤焦油 50	—	常温浸注：40~60kg/m³ 热冷槽浸注和加压浸注：100~120kg/m³	(1) 常温浸注。 (2) 热冷槽浸注。 (3) 加压浸注
强化防腐油	混合防腐油(或蒽油)94 五氯酚 5 狄氏剂		涂刷法：0.5~0.6kg/m² 常温浸注：40~60kg/m³ 加压浸注：80~10kg/m³	(1) 涂刷 2~3 次。 (2) 常温浸注。 (3) 加压浸注
沥青浆膏	氟化钠 40 亚坤酸钠 10 3 号石油沥青 22 柴油(或煤油)28	—	0.7~1kg/m²	涂刷 1 次

五、木质地面的构造

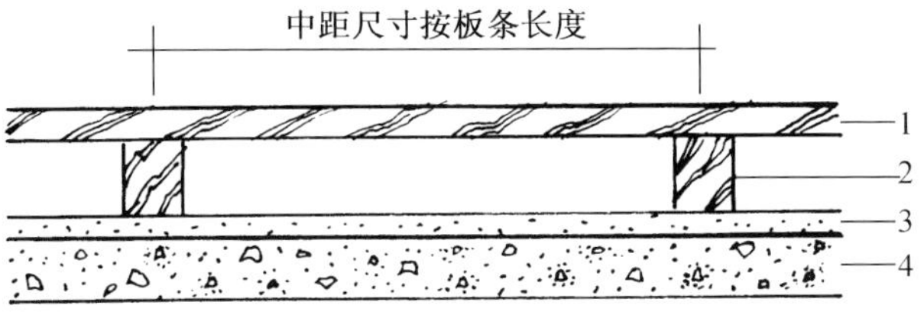

1 构造一

1—25 厚杉板（底涂柏油）;2—40×60 杉枋;3—水泥砂浆找平层;4—混凝土地面

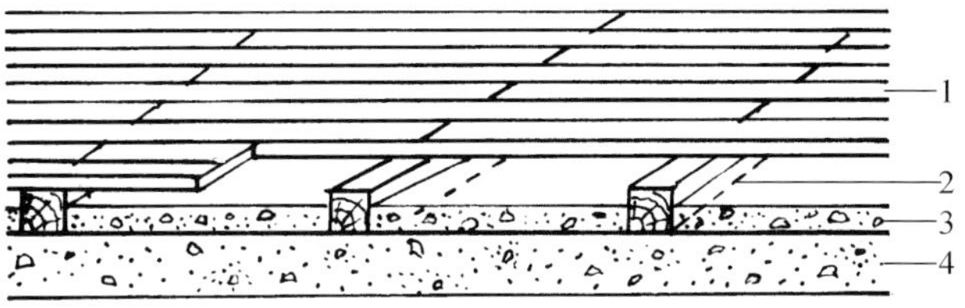

2 构造二

1—25 厚的长杉条;2—50×50 杉枋;3—炉渣混凝土;4—混凝土预埋铁丝栓杉枋

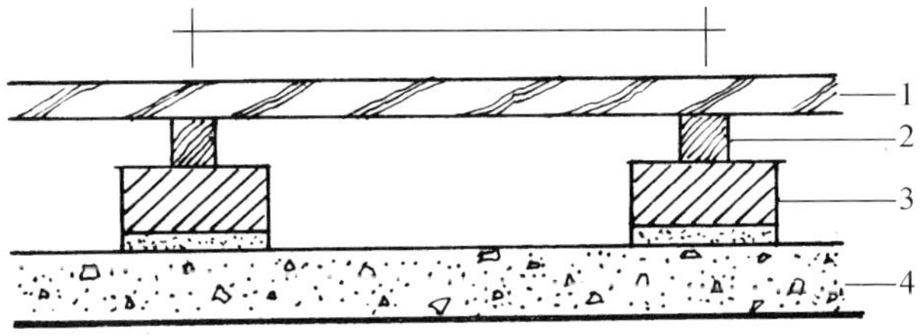

3 构造三

1—25 厚杉板(底涂柏油);2—40×40 杉枋;3—砖垅墙;4—混凝土层

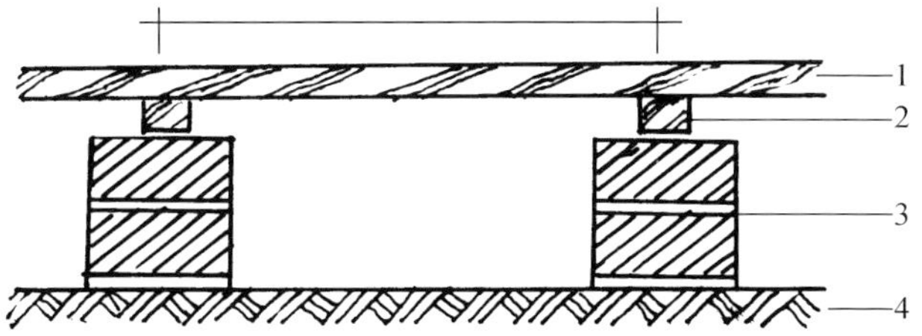

4 构造四

1—25 厚杉板(底涂柏油);2—40×40 杉枋;3—砖垅墙;4—素土夯实铺 40 厚河沙

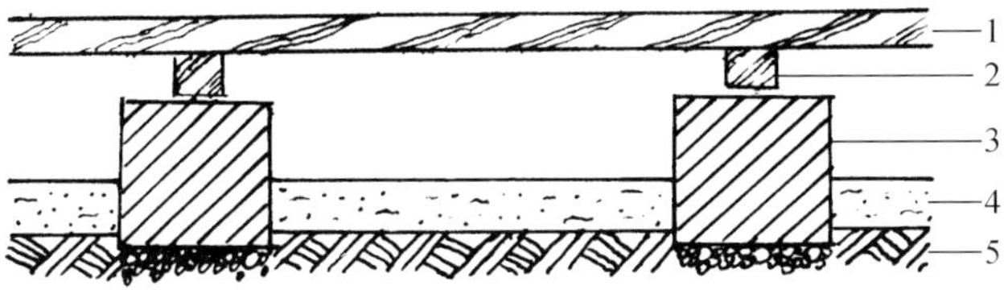

5 构造五

1—25 厚杉板(底涂柏油);2—40×40 杉枋;3—砌入灰土中的砖垅墙;4—150~250 厚灰土;5—砖垅墙下为碎石垫层、素土夯实

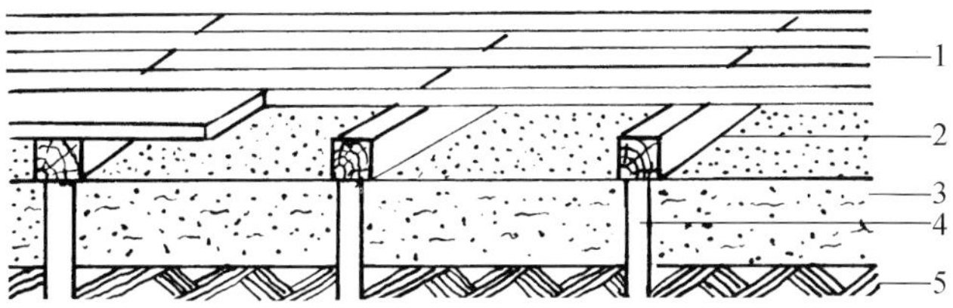

6 构造六

1—25 厚杉板;2—50×50 杉枋;3—250 厚灰土;4—夯入素土木桩;5—素土夯实

六、木地板的拼铺样式

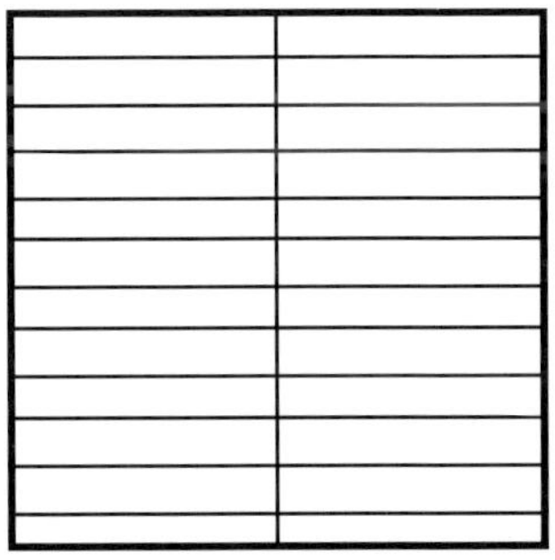

1 平行式

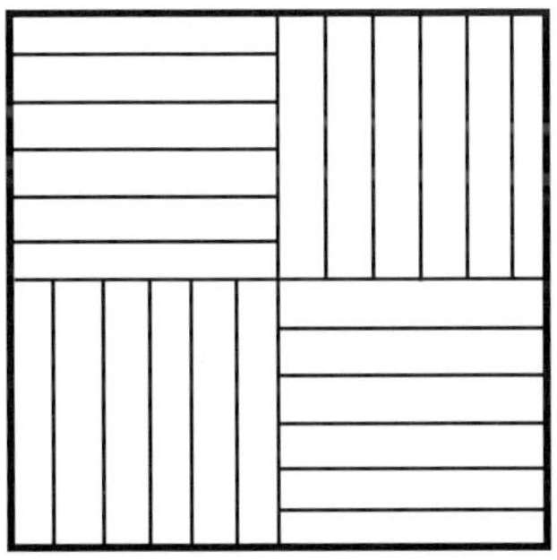

2 标准式

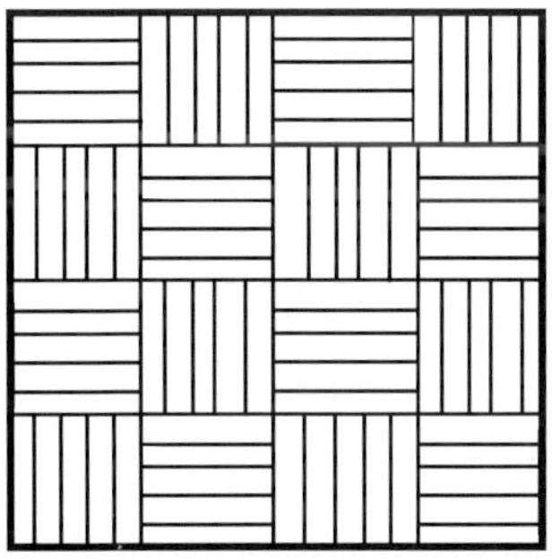

3 席纹式

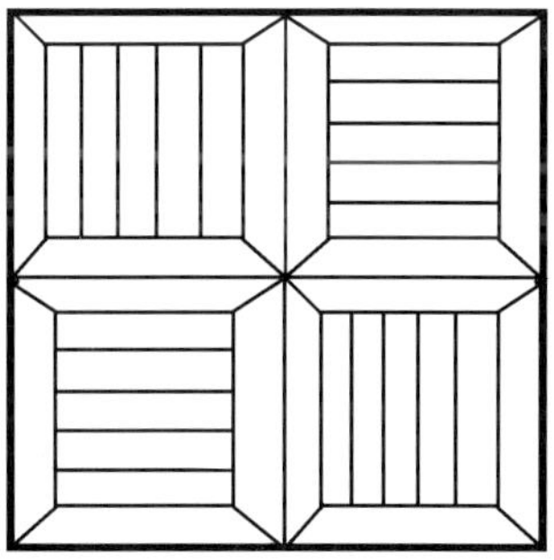

4 蒙蒂塞罗式

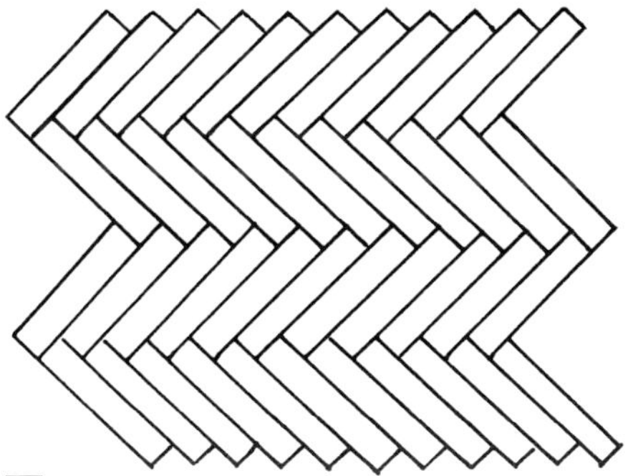

5 鱼脊式

6 哈顿豪式

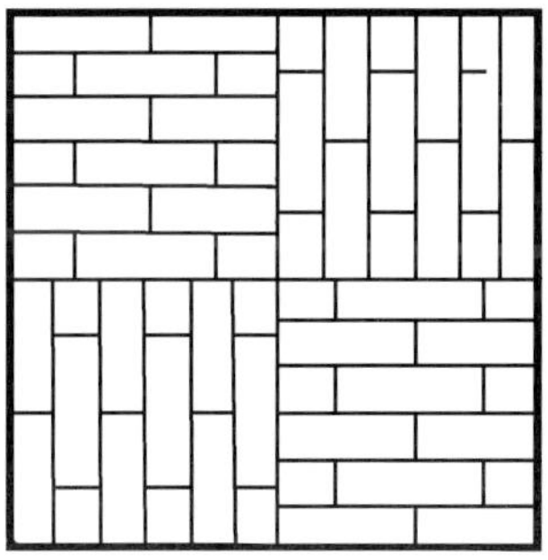

7 砖纹式

七、铺装实例

1 海滨度假娱乐城中的户外木质地面，横向平行式铺装(澳大利亚)

2 海滨度假娱乐城的滨海木地板小径，面层为实铺式(澳大利亚)

3 城市园林商务区的木质地面(澳大利亚)

4 游艇码头滨海木地板小路，为架空式铺装(澳大利亚)

5 游艇码头木地板路面局部(澳大利亚)

6 芦苇丛中的复合木地板园路(荷兰)

7 以鱼脊形式铺装的海边木质地面(新加坡)

8 平行铺装的海边木地板园路(新加坡)

9 湖畔木地板场地,为深浅两色鱼脊式铺装(中国上海)

10 本图为图9高低程木铺装局部

11 本图为图9中鱼脊式铺装细部

12 公园花丛、水景中的木地板铺装,为架空式露台(中国北京)

13 本图为图12中架空露台木地板铺装局部

14 公园疏林中的架空式木地板小园路(中国上海)

15 与疏林木地板小路连为一体的木地面露台(中国上海)

16 本图为图14花丛中木地板小路环境

17 本图为图14中不同高程木地板园路的交叉

18 不同高程木地板园路交叉局部(中国上海)

19 本图为图14木地板园路起步局部

20 绿地公园中的滨水木地板小园路(中国上海)

21 本图为图20中道路交叉连接局部

22 密林中毛松木地板的实铺式园路(中国上海)

23 本图为图22中Y形交叉木地面的连接局部

24 绿地公园中的实铺丁字形木地板园路(法国)

一、设计原理

随着人口的膨胀和城市化进程的加快，城市像摊大饼一样面积不断扩大，城区的地面绝大部分被不透水的建筑物、广场和路面所覆盖，因而，大部分的降水几乎不能渗入地下，而是汇入城市的排污系统流失。

此外，城市工业和生活用水量有增无减，致使城区地下水位不断下降，河湖或被污染，或枯竭，从而引起城市地面的整体下沉。在许多滨海城市，还因地下水的下降而使海水倒渗，使土壤盐渍化，其后果会使整个城市植物系统因缺水、缺氧而影响植物根系生长，导致城市绿化和城市建设面临严重问题，对城市未来发展具有深远的影响。

正因为如此，透水透气性路面的研究，早在20世纪70年代就已引起国内外的关注。美、欧和日本等发达国家率先修筑了透水透气路面。所谓透水性路面，是指能使雨水、雪融水透过，并直接渗入人工铺装的路面，具有使水还原于地下的性能。透水性路面可广泛应用于城市人行道、商业步行街、绿地和公园道路、居住区道路以及轻型车路和各种停车场等。透水性路面与普通路面的差异的比较见图1和图2。

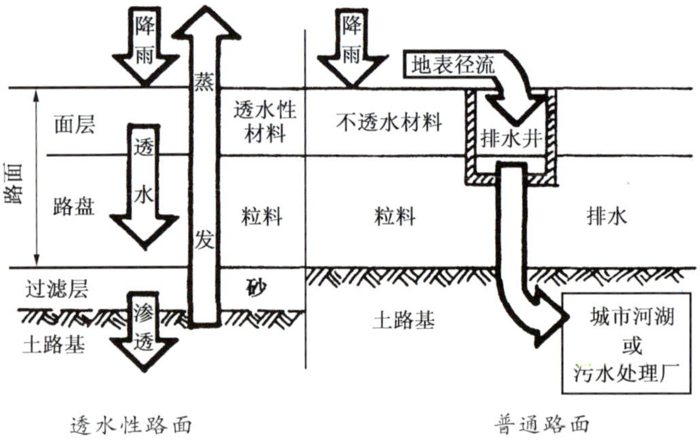

1 透水性路面与普通路面的比较

二、透水性路面的优点与社会效益

透水性路面的优点与社会效益　表1

项次	内容
1	改善植物和土壤、微生物的生存条件和生活环境
2	减少城市雨水管道的设施和负担
3	蓄养地下水源，回升城市地下水位
4	增加路面的抗滑性能，改善步行条件
5	增加路面的空气湿度，减少热辐射等
6	减少对公共水域的污染
7	有利于降低城市噪声，有利于改善城市的生活环境

2 大型混凝土嵌草砖铺筑的透水路

三、透水透气性路面的类型及铺装作法

透水透气性路面的类型及铺装作法　表2

分类名称	路面性能与施工作法
嵌草路面	嵌草路面有两种类型，一种为在块料路面铺装时，在块料与块料之间，留有空隙，在其间种草，例如，冰裂纹嵌草路（见图3）、空心砖嵌草路（见图4）、人字纹嵌草路（见图5）等。 另一种是制作成可以种草的各种纹样的混凝土路面砖，见图6。这种路面与块料或是混凝土统铺路面相比，具有较好的透水、透气性能，能降低路面的地表温度，易与自然环境相协调。但路面的强度和平整度不够。因此不能行车，只能用于步行小路或在小庭院使用。在北方城市，由于气候干燥，特别是在游人多的地方，所栽的草不易成活
彩色混凝土透水透气性路面	采用预制彩色混凝土异形步道砖为骨架，与无砂水泥混凝土组合而成的组合式面层，一般采用单一粒级的粗骨料，不用或少用细骨料，并以高标号水泥为胶凝材料配制成多孔混凝土。其空隙率达43.2%，步道砖的抗折强度不低于4.5MPa，沙砂混凝土抗折强度不低于3MPa，因此具有强度较高、透水效果好的性能。其基层选用透水性和蓄水性能较好，渗透系数不小于10^{-3}cm/s，又具有一定强度和稳定性的天然级配砂砾、碎石或矿渣等组成。过滤层是在雨水向地下渗透过程中起过滤作用，并防止软土路基土质污染基层而设。过滤层材料的渗透系数应略大于路基土的渗透系数。土基的要求如下：为确保土基具有足够的透水性，路基土质的塑性指数不宜大于10，应避免在重黏土路基上修筑透水性路面。修整土路基时，其压实度宜控制在重型击实标准的87%~90%，构造见图7。 这种路面实施后的观测表明，透水效果和环境效益有了好转和提高： ·径流量和流速均小于普通路面，小雨没有径流，一般截流量为总降雨量的35%~46%。因此可以减少城市灌溉用水。 ·改善了树木的生长条件和城市生活环境，因而增加了根系生长的深度，加快了树木的生长量，例如，据北京园林科研所的报道，毛白杨的胸径增长为对照的1.3倍。 ·减少了路面的辐射强度和辐射平衡强度。 ·能增加近地面的空气湿度，降低空气温度，从而缓解了城市过热现象，改善了城市的舒适度

续表

分类名称	路面性能与施工作法
透水性沥青铺地	这种路面通常用直溜石油沥青。在车行道上，为提高骨料的稳定和改善路面的耐久性，有必要使用掺橡胶和树脂等办法改善沥青的性质。上层粗骨料为碎石、卵石、砂砾石、矿渣等，下层细骨料用砂、石屑，并要求清洁，不能含有垃圾、泥土及有机物等。石粉主要使用石灰岩粉末，为防止剥离，可与消石灰或水泥并用。掺料为总料重量的20%左右。 对于黏性土，这种难于渗透的土路基，可在垂直方向设排水孔，灌入砂子等。 常用透水性沥青铺地见8。 目前透水透气性路面的做法还处于研究阶段，因此有些问题尚待解决。例如，经常受雨水空气的侵蚀，造成沥青混合料中沥青老化，耐久性降低，沥青膜的剥离等有待创造出比较合理的配合设计。透水性路面的孔隙堵塞是难免的，特别是对于人行道（因为车子的轮胎行驶时有抽空的作用，可以减少堵塞现象），这将会降低透水透气的效果和寿命。因此防止孔隙堵塞的措施，包括简单易行的清扫技术等，都亟待提高
透水砖路面	透水砖的主要生产工艺是将煤矸石、废陶瓷、长石、高岭土、黏土等粒状物与结合剂拌合，压制成型再进入高温煅烧而成具有多孔的砖。其材料强度高、耐磨性好。常用的几种黏土空心砖的样式见图9
改善粗砂铺地	在普通粗砂路结构层不变的情况下，在面层加防尘剂。该防尘剂以羧基丁苯胶乳为主要成分。其胶结性好、渗透性强，不影响土壤的多孔性、透水性，不污染环境，不影响植物生长，刮8~9级大风不扬尘
古代透水透气性路面作法	北海的团城，在金代已是一个小岛。1745年在这里围砌青砖，形成了团城。在这个高4.6m，面积仅有0.45hm^{2}的世界上最小的城池内，城砖墁地，其中却生长着十余株700~800年生的苍松翠柏。像胸径3m的“遮阴侯”（油松），胸径4.8m的“白袍将军”（白皮松）等绿阴如盖，长势健壮。为什么在这块青砖墁铺的地方，树木能生长得如此之好？据北京园林科学研究所的研究发现，团城上铺地的结构，对树木的生长是有利的，其具体做法如下： 面层为43.6cm×21.5cm×10cm的楔形砖墁地。其各边向内收进1cm，砖与砖之间无灰浆黏合，因此形成了一道10cm高、底宽2cm、断面成三角形、纵横交叉的透水透气的通道。 基层为不密实的灰土层，它是由石灰、砂和部分有机物混合而成，其孔隙度为56%。具有一定的承载能力，能稳定上面的砖块，与一般夯实的灰土相比，又具有透水、透气性。 第三层为厚10cm，含有兽骨、螺壳等的黑色沃土。它为植株的生长提供养分。在这层肥土中分布着古树的绝大部分的吸收根。 基土为深厚的黄砂。 这种铺地的结构，透水、透气，为植物的生长又提供了养分，又能为植株的施肥、养护管理等提供方便，其实这就是一种透水透气性的铺地

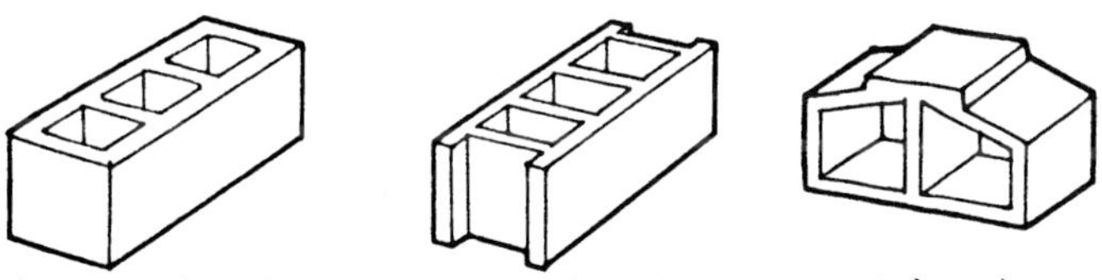

齐头三孔空心砖　　凹头三孔空心砖　　双孔空心砖

9 几种黏土空心砖的样式

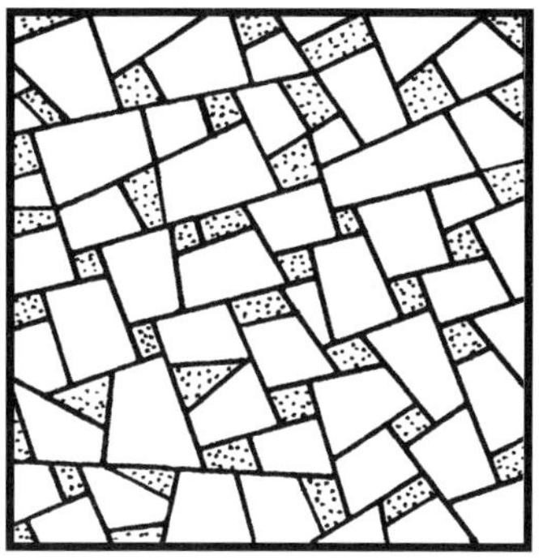

3 冰裂纹石材嵌草路

5 人字纹石板嵌草路

4 混凝土空心砖嵌草路

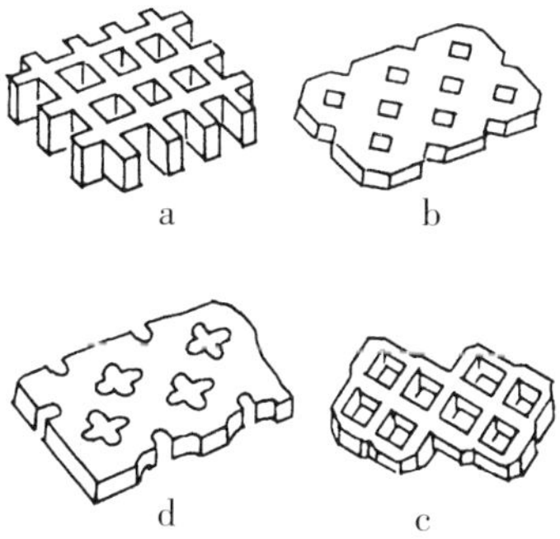

6 各种纹样可嵌草的混凝土预制砖

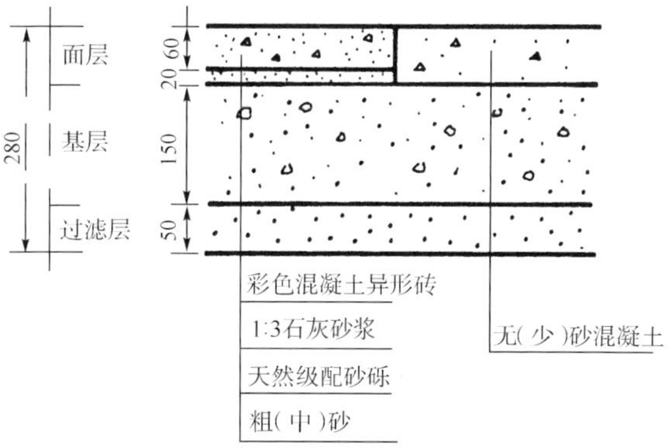

7 彩色混凝土透水性路面结构图

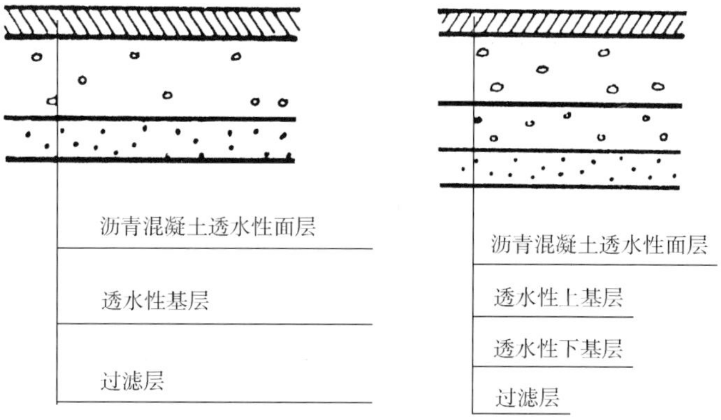

a 透水性行车道路　　b 透水性人行道路

8 透水性沥青铺地构造

四、铺装实例

1 大块花岗岩石板拼铺的冰裂纹嵌草透水路(中国上海)

2 由方石料拼铺的双行石块嵌草路(中国北京)

3 本图为图1中的石板冰裂纹嵌草路的局部

4 双行方块石居中,长块石压边的透水透气路(中国上海)

5 宽窄不等的长条块石拼铺的嵌草透水路(中国上海)

6 本图为图5中的块石、嵌草与地灯

7 横穿绿地的小块石透水透气路(荷兰)

8 绿地公园餐饮区的块石嵌草园路(德国)

9 碎石拼铺的井字形方格嵌路(泰国)

10 与公园草坪融为一体的碎石方格嵌草路(泰国)

11 由规则小方石拼铺的停车场嵌草路，与花园绿地融为一体（意大利）

12 本图为图11中的拼铺停车场局部，用于停泊小客车

13 小型纪念公园中的长条石嵌草路（意大利）

14 与图13为同一环境中的纵向角度下的长条石嵌草地面（意大利）

15 混凝土空心砖嵌草路（意大利）

16 果园别墅中的透水透气性园路（意大利）

17 本图为图18中的路面局部

18 混凝土砖嵌草行车路（德国）

19 疏林草地中由“8”字形混凝土预制砖拼铺的透水透气小园路(中国上海)

20 本图为图19中的一条小径局部

21 混凝土双孔砖嵌草路(中国上海)

22 本图为图21中混凝土双孔砖嵌草路拼铺细部

23 混凝土双孔砖嵌草透水路(中国上海)

24 八角单孔混凝土砖嵌草路(中国北京)

25 碎拼青石板透水透气园路(中国上海)

一、特点与应用

采用砂砾铺装路面，在中外道路建设和园路修筑中有着悠久的历史。砂砾是砂子和碎石的简称，分为砂铺路和碎石路两种类型。其中，砂料按其来源又分为河砂、湖砂和海砂三种；按其粒径可分为粗砂、中砂和细砂。而碎石按其材质分为石砾、岩砾和卵砾及人造石砾等。

砂砾路面层可采用纯砂、纯石砾铺装，也可将砂子与石砾混合，或与矿渣、炉渣配合成混合料铺装路面，面层材料的选用应根据道路功能和环境要求而定。砂砾面层既可就地取材，又可利用工程下脚料，例如，在园林工程中，配制混凝土而过筛筛下的大量砂砾石，就可用来铺装园路。

由于砂砾路与炉渣、碎石基层相结合后，成为渗水性极好的路面，因而，它亦是透水透气性路面的一种，具有该路面的一切优点，且面层松软怡人。漫步砂径，脚下沙沙作响，别有情趣。砂砾路面在欧洲古典园林和城市林阴散步道中应用较多，如凡尔赛宫苑大小园路和巴黎城区许多林阴园路的砂砾路成为别致的一景，见图3~图6。

二、砂砾路的构造

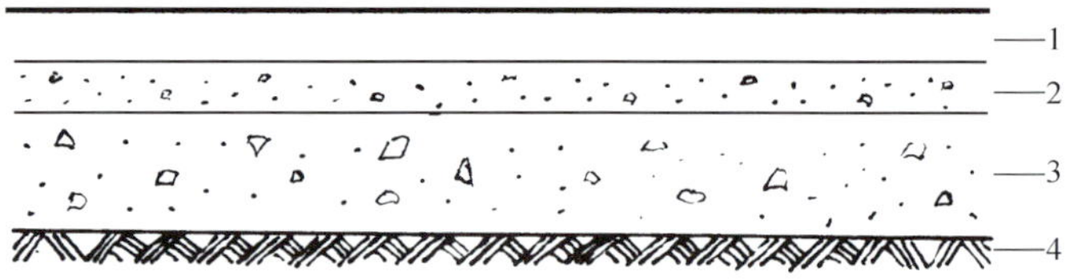

1 路面构造一

1—砂砾面层(100厚)；2—80厚炉渣层；3—200~300厚级配砂石；4—素土夯实

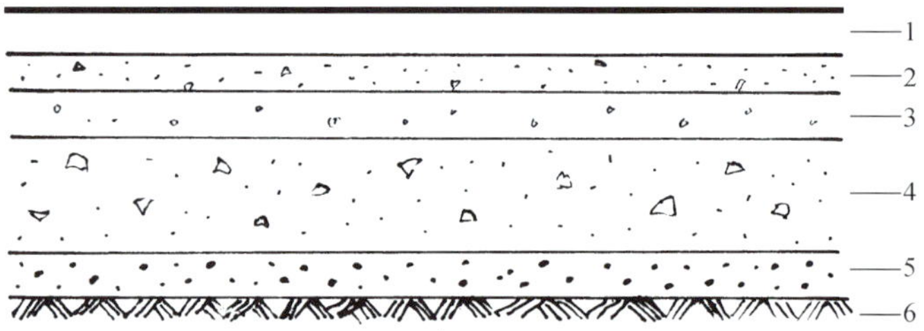

2 路面构造二

1—100厚粗砂混合料；2—80厚炉渣；3—100厚粗炉碴；4—300厚级配砂石；5—100厚粗砂过滤层；6—素土夯实

三、铺装实例

3 凡尔赛宫中轴线上所谓的大林阴道的砂砾路面(法国)

4 凡尔赛宫大林阴道“绿毯”右侧的砂砾步行道(法国)

5 凡尔赛御苑大林阴道上的砂砾场地(法国)

6 凡尔赛中轴线两侧十二个主题花园之一的砂砾园路(法国)

7 凡尔赛中轴线两侧小花园中的砂砾路(法国)

8 凡尔赛大树林中的砂砾路(法国)

9 首尔景福宫后花园中的砂砾主园路(韩国)

10 首尔景福宫后花园中的一个砂砾场地(韩国)

11 首尔景福宫从入口到主景区的砂砾路(韩国)

12 首尔某公园入口内的砂砾园路(韩国)

13 巴黎战神花园疏林草地中的砂砾小径(法国)

14 蜿蜒于古典园林疏林草地的砂砾园路(法国)

15 社区公园中的砂砾路(德国)

16 古代遗址公园中的砂砾路(意大利)

17 花园林阴之中的砂砾小路(法国)

18 松柏林中的砂砾路(韩国)

19 城市街边小花园中的砂砾铺地(法国)

20 社会运动场的入口石砾路(意大利)

21 历史园林中的白砾石主园路(瑞士)

22 历史园林中的白砾石墁铺的园林场地(瑞士)

23 本图为图22中的白砾石场地局部

24 风景名胜度假园中的白砾石路(瑞士)

25 灰岩砾铺装的砾石小园路(瑞士)

26 碎石铺装的别墅花园入口路(瑞士)

27 碎石子铺装的城市公园林阴路(瑞士)

28 天然石渣铺装的宅园路(澳大利亚)

29 宅园入口的岩砾铺路(荷兰)

30 过筛炉渣与砂砾混合铺装的宅园路(奥地利)

31 机制细石子铺装的园路(泰国)

32 细石子园路局部(泰国)

33 石子路与路边花坛(泰国)

34 中粒径石子铺装的园路(泰国)

一、阶梯设置及设计原理

园林景观环境的地形地势丰富而有变化，特别是自然风景园林环境更是陡峰幽壑、变化万千，因而，就需设置阶梯和坡道，以方便游人行走观赏，也使整个园区的道路通行系统循环通畅。

阶梯与坡道不仅是园路的一部分，也具有景观设施的功能。阶梯与坡道的设置，使平缓的园路骤然抬升或降下，使道路景观富于变化，也使道路空间的纵向形态更具有动感。因而依需要并结合环境状况设置的阶梯和坡道，能增加景观的美感和丰富性。

1. 阶梯与坡道的设置依据 当路面出现坡度较陡时（向上或向下），应根据坡度变化的情况，考虑设置阶梯或坡道。坡度大小及阶梯设置的依据和要求见下表：

阶梯与坡道的设置依据和要求 **表 1**

地面坡度	角度值	设置要求
中小坡度	超过 12°	视情况而定，一般可以设置踏步
	超过 20°	一定要设置踏步
大坡度	超过 35°	设置踏步并在有危险隐患一侧设栏杆
	达到 60°	应做蹬道、攀梯和配套安全设施

从上表中可以看出，地面坡度超过 20°，是必须设置阶梯的临界点，而超过 35°时就必须(一侧)配置扶手栏杆了。

2. 阶梯与平台 在园林环境中，无论阶梯的坡度是陡是缓，踏步每上升 12~20 级，游人都需要稍加休息，应在这样的间隔距离预留出 1~3m 长的空间设置平台，加放一条长凳。

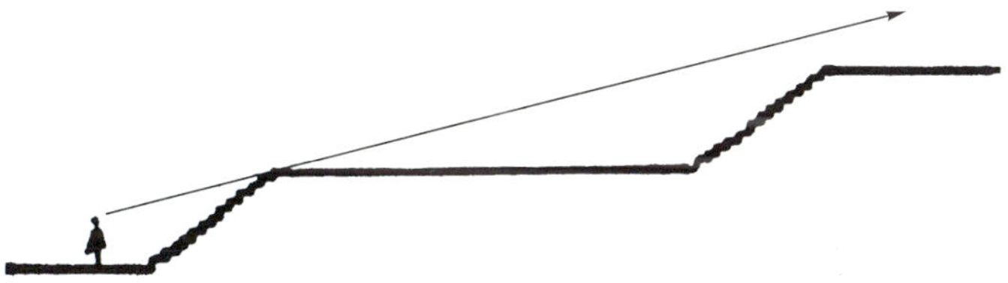

a 较宽的阶梯平台，视觉受阻，在下面看不到上面的踏步

b 从阶梯下可看到踏步的全貌

1 阶梯与平台的关系

阶梯与平台的这种平缓与陡升(踏步—平台—踏步)的重复的规律，犹如音乐中的抑扬顿挫，既满足了攀登的功能需要，又使游人产生一种美好的韵律感。在图1a 中所呈现的阶梯与平台关系，没有道路空间的深度感，使人在视觉上有明显压迫感和期待感。而在图1b 中，则可以一眼望到阶梯踏步的全貌，道路空间的深度感较强。

二、阶梯、坡道的尺度、计算参数

1. 阶梯与平台尺度 阶梯的踏级无论是一步踏或是多步踏的，踏面间隔(又称举步高)的配合，均应以步幅舒适为宜。一般踏面宽在 28~38cm 之间；举步高为 10~16.5cm，见图2 和图3。

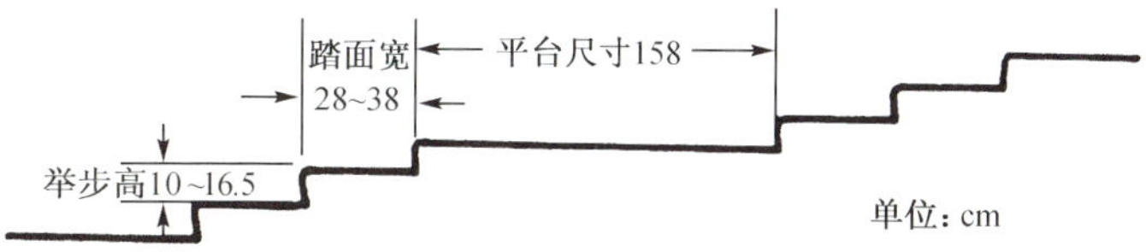

2 阶梯踏步与平台的适宜尺度

在户外园林环境，踏步高小于 10cm 时，游人容易被绊倒，也容易被人们忽视，因此，具有潜在的危险。当踏步高度大于 16.5cm 时，对于老年游人踏登起来则较吃力。在以儿童为对象的园林环境和游乐场，踏步的举步高以 10~12cm 为佳。

在实际生活和工程中，在设置踏步的阶梯上，一般踏步的数量最少应为 2~3 个踏级。因为如果只有一个踏级，而没有特殊标记，极容易被游人忽略，由此而发生绊跤，成为道路中的一个潜在的危险。此外，一组踏步中的举步高度应一致，因为尺寸有变化的举步，游人在行进中需不断地调整自己的步伐和落脚点，会增加行走的负担。

3 三组踏级与两个平台的石砌坡地阶梯

2. 阶梯踏面与举步高度的关系 踏面宽度与举步的高度有一定的关系，见图3 和下式。

$$3h+b=75(\text{cm})$$

式中 h——举步高；

b——踏面宽。

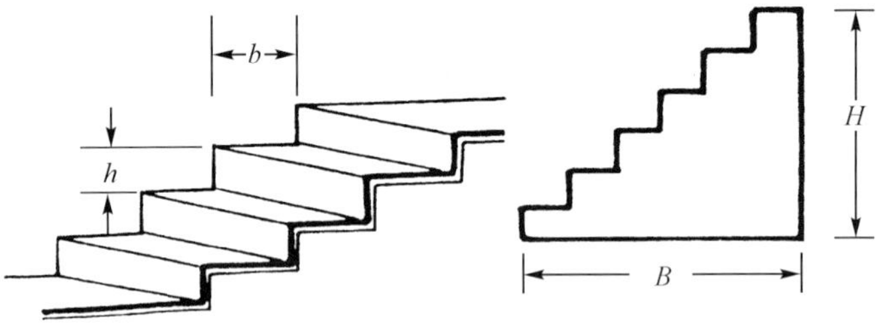

a　　b

4 踏面宽与举步高的关系

在设置阶梯时，如果地盘的高为 H，水平距离为 B，踏步数为 n，则

$$n=\frac{H}{h}$$

$$\because\ 3h+b=0.75(\text{m})$$

$$h=\frac{0.75-b}{3}$$

$$\therefore\ h=\frac{3H}{0.75-b}$$

根据中国人的身高特征和人体尺度，步幅约为 60cm，其二步踏的踏宽为

$$b'\approx b+60=93\sim98(\text{cm})$$

休息板的长度用 L 表示，则

$$L=B-\frac{H}{h}\cdot b$$

L 值一般为 158cm。

考虑到排水、防滑等问题，踏面应做成稍有坡度，其适宜的坡度在 1%左右为好，以利排水。踏板突出于竖板的宽度最好不要超过 2.5cm，以防绊跌。

阶梯按材质构成分为石砌、混凝土、砖砌和木结构四种类型，饰面材料有天然花岗石、大理石、陶板、混凝土彩砖和木质饰面等。用于结构砌筑的石料主要有花岗石、青石、黄石等，用作木结构的常用圆木有松、柏、槲树、橡树和栎木等，见图5 ~图 8 和实例图 39 ~图 43 。

除了以上材质踏步外，有些古典园林中常用天然山石作园林建筑的入口台阶，俗称如意踏跺，见图 10 和实例图 32 ~图 38 。

三、常用踏步的形式

阶梯的踏步形式多种多样，常用样式见图5 ~图 10 及实例。

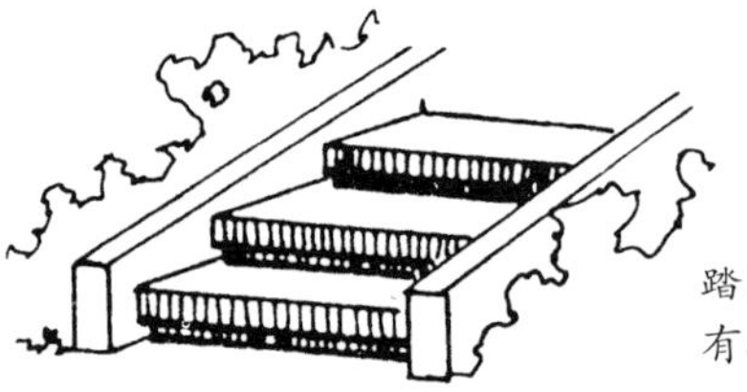

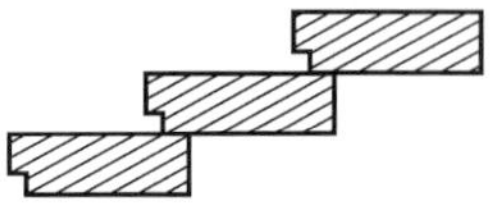

踏板下的凹槽能形成阴影，有提示作用

5 规则式有垂带的踏步

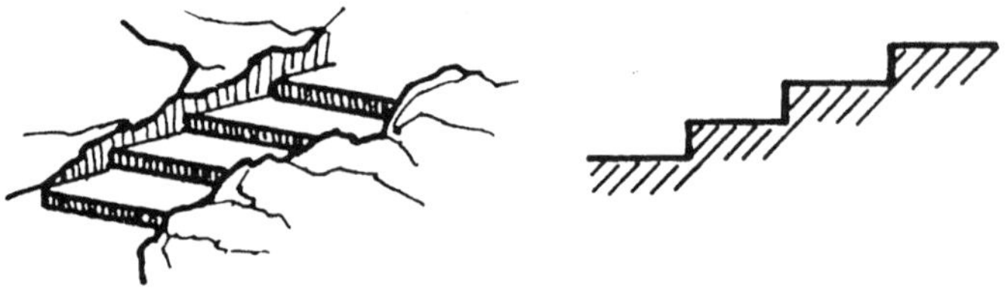

6 天然露岩上做成的踏步

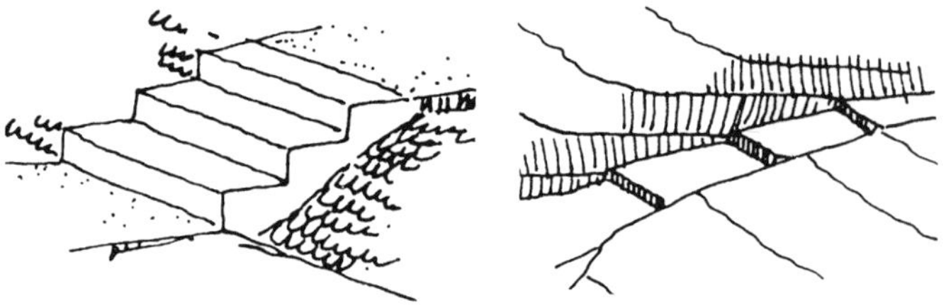

踏面如高出地面太多，行走不安全　　踏面与地面相平，则自然、安全

7 踏面高与地面关系

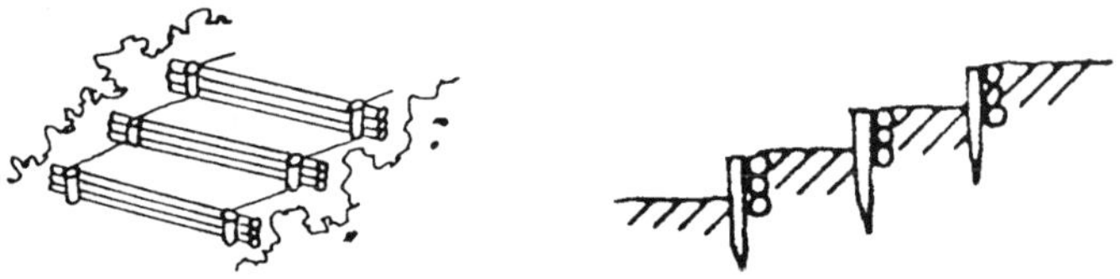

8 木桩踏步

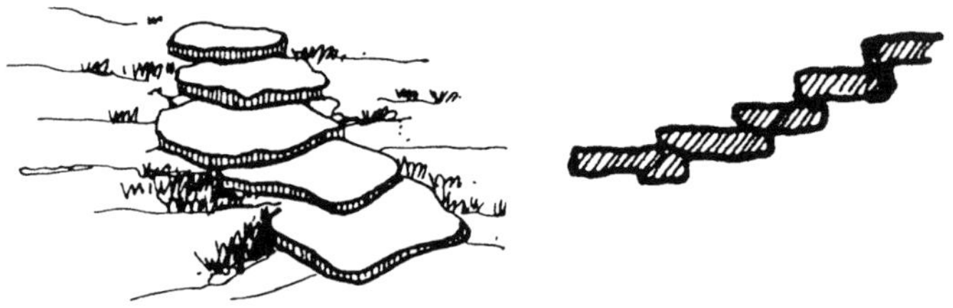

9 自然石板踏步

10 如意踏跺

四、坡道设置及设计原理

在地面坡度较大的地段行驶车辆或通行轮车，则不能设置踏步，而应考虑坡道。在公园、城市绿地的主要交通道上，亦不宜设置踏步，要考虑到老年人、童车和残疾人的轮椅的通行。在可能的情况下，尽可能为他们的游赏提供条件，将这些地方设计成坡道。

当坡度较陡，坡面则易滑，可采用坡道与台阶相结合的作法，在主路中间做坡道，而将两侧做成踏步。如果是次要园路，可采取二分法，即一边踏步一边坡道，或以踏步为主，而在其一侧做坡道，见图1、图2。

1 台阶与坡道

设置的坡道如坡面很陡，为了防滑，可在坡面做浅阶或凹槽划痕，这就是民间所说的礓礤，浅阶礓礤的做法见图3和图5。

2 公园游步道中踏步与坡道结合的设计（中国上海）

3 带鱼脊式礓礤的行车坡道（瑞士）

4 别墅入口前带礓礤的坡道（新加坡）

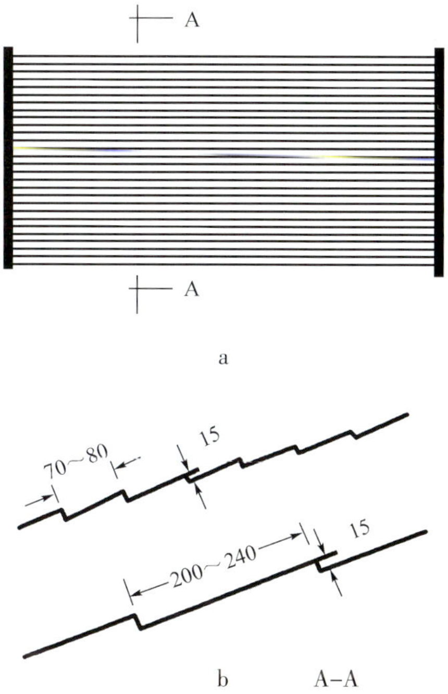

5 礓礤的做法

对于轮椅来讲，其要求坡道的宽度最小为1m，坡道尽头应有1.1m的水平长度，以便回车。轮椅要求坡面的最大斜率为1∶12，即坡面角度为5°，坡道的最长距离为9m，见图6。

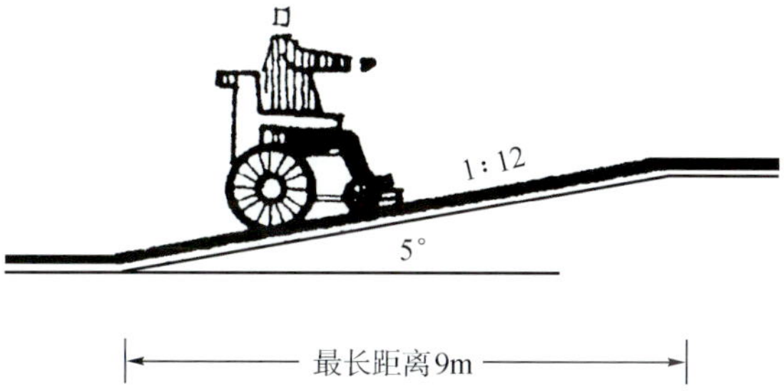

6 残疾人轮椅行车要求

五、阶梯与坡道实例

1 城市公园中不同高层间的阶梯(韩国)

2 连接不同高程的混凝土园路的石铺阶梯(中国北京)

3 公园坡地中由自然山石围护的石梯(韩国)

4 疏林绿地缓坡中的宽幅浅踏步阶梯(中国上海)

5 本图为图4一段阶梯横面局部

6 本图为图4阶梯中的宽幅浅踏步细部

7 三跑踏步、二平台的坡地阶梯(中国上海)

8 一侧立石墙,一侧安全属扶手的三跑、二平坡地阶梯(澳大利亚)

9 松柏林中平台踏步交替的阶梯(中国北京)

10 不同高程场地间的园林阶梯(新加坡)

11 庭园踏步中立面带照明灯的阶梯(中国上海)

12 公园场地中用作健身运动的阶梯(澳大利亚)

13 山地景观中大阶梯与小台阶结合的坡地园路组合(法国)

14 本图为图13中的侧翼阶梯局部

15 本图为图13中坡地阶梯的横断面效果

16 本图为图13中一宽踏步的侧翼阶梯

17 本图为图13景园中一浅踏步阶梯

18 河岸公园河堤两高程间的阶梯(澳大利亚)

19 自然公园中立于陡崖上的云梯(马来西亚)

20 国家大清真寺景园中花坛间的红陶板阶梯(马来西亚)

21 度假娱乐园连接两建筑的户外阶梯(马来西亚)

22 山林公园陡坡上的红陶板阶梯(新加坡)

23 本图为图22中的阶梯局部

24 城市公园入口处的外宽内窄喇叭形阶梯(澳大利亚)

25 河畔公园坡地阶梯(德国)

26 由曲、直、弧等线形造型踏步组成的大型组合式坡地阶梯(德国)

27 橙色陶板踏步与蓝色扶手（澳大利亚）

28 滨水娱乐环境中的木踏步阶梯(澳大利亚)

29 三跑踏步、二平台阶梯中的简洁金属扶手(澳大利亚)

30 深色沥青路中的白陶板踏步(澳大利亚)

31 自然山石缘边的砌石阶梯(中国上海)

32 山石砌筑的坡地如意阶梯(中国上海)

33 绿草点缀其间的山石阶梯(中国上海)

34 本图为图31阶梯顶坡环境

35 本图为图32中的如意踏跺局部

36 本图为图32灌木丛中的自然山石如意踏跺局部

37 绿地中的如意踏跺(中国上海)

38 草丛中的如意踏跺(中国上海)

39 公园疏林山坡上的木桩踏步的阶梯(中国上海)

40 木桩作结构梯级,木板作踏步的花坛观赏梯(中国北京)

41 用松圆木制作的坡地木阶梯(中国江苏)

42 本图为图40木阶梯的环境效果

43 中国松圆木制作的踏步及木栅栏(中国江苏)

44 绿地公园中金属结构木板踏步的阶梯(中国上海)

45 本图为图44的阶梯局部

46 公园疏林园区中的残疾人专用坡道(中国北京)

47 冰裂纹石铺坡道及扶手栏杆在环境中的效果(中国北京)

48 城市公园地下停车场入口坡道(瑞士)

49 娱乐码头公园中的木质面层的坡道(澳大利亚)

50 老城古街中的场地坡道(意大利)

51 河岸公园隔墙围护的坡道(澳大利亚)

52 城市公园疏林中的石铺坡道(韩国)

53 河岸公园中的残疾人专用坡道(澳大利亚)

54 酒店入口专为残疾人设置的通行坡道(意大利)

55 本图为图54中的坡道铺地

56 位于入口大门一侧的坡道,与灌丛融为一体(意大利)

57 酒店主入口与坡道形成一体环境(意大利)

58 设置在花坛中的过街通道入口处的坡道(法国)

59 图58通道入口的整体环境

60 森林公园中的林阴盘山石阶(中国江苏)

61 山林中的陡峭石阶(中国江苏)

62 山林中的缓坡石阶(中国江苏)

63 山林陡坡中的规则式"天梯"(中国江苏)

64 坡度较陡的山峰修筑阶梯,没有设置平台的余地,踏步连续至顶(中国江苏)

65 陡峭、直耸云霄的"天梯"景观(中国江苏)

66 整块青石制成的天梯踏步(中国江苏)

67 本图为图65中的天梯景观局部

一、功能与特点

变态式园路是园林景观环境中具有特殊功能、个性和富于趣味性和玩乐性的人行步道,属非常规、非主流的园路。变态式园路的类型很多,例如,步石、汀步、磴道、踏级、休息岛等。现代园林中非功能性的铁索桥、绳索桥、栈桥栈道等亦属变态式园路。

变态式园路的显著特点是具有跨越性、跳跃式的连接性。比如,汀步是设在水中的步石,古代叫"鼋鼍"。《拾遗记》有"鼋鼍以为梁",几块石料,平落水中,使人蹑步而行,这极有可能是石桥的前身,因而,也有把汀步叫作踏步桥或跳桥,见图1~图6。

二、汀步的类型

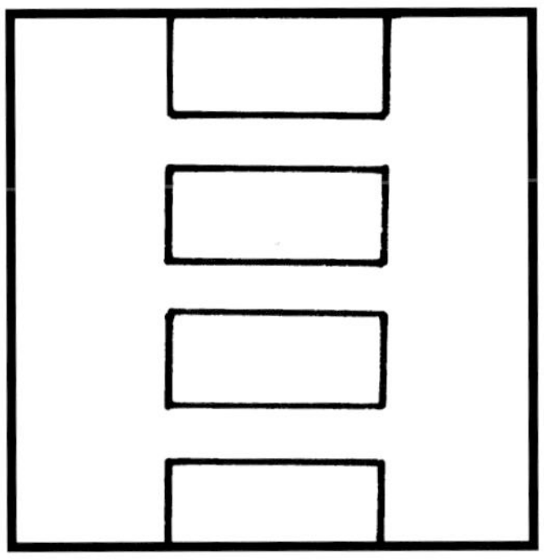

1 规则式单排布置

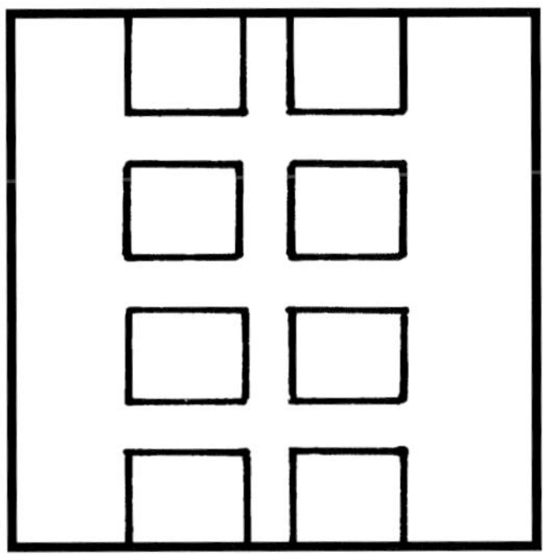

2 规则式双排布置

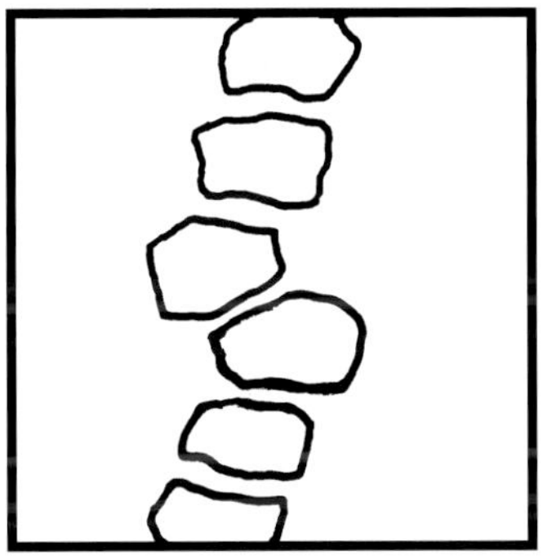

3 块石布置

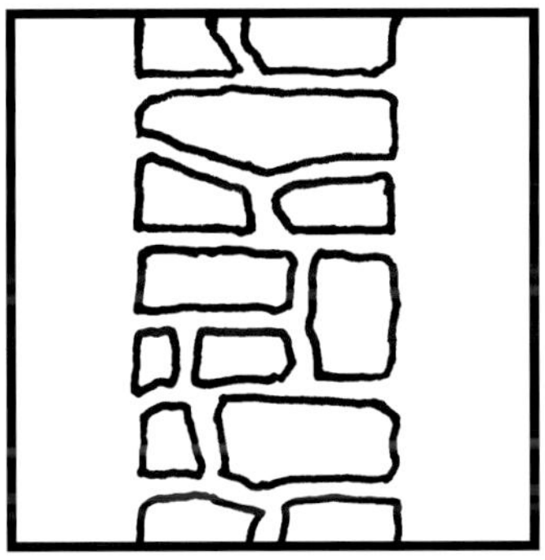

4 块石组合布置

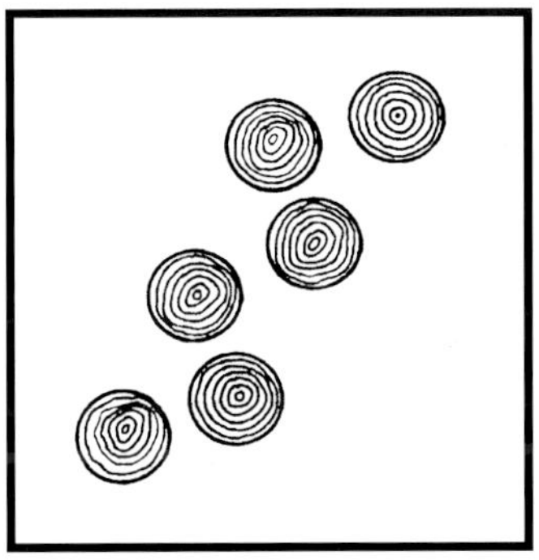

5 树桩式

6 荷叶式

三、设计要求及应用

变态式园路虽然类型多样,但在园林中应用较广泛的主要有汀步、步石和桥路等形式。它们的形式可以是自由式的,也可以是规则式的;使用材料可以是天然石材,也可以采用混合材料,或用混凝土预制,见图1~图7。汀步、步石和桥路既可作为单一形式独立使用,也可以与其他表现形式组合使用,见图8。

汀步可自由地横跨在浅涧小溪上,或点缀在浅水滩上。但不宜设置在宽深的水面上,汀步的基础一定要稳固,要求用桩基固定,确保安全。若汀步较长,应在其间设置一个两人相对而行时可以相互错开的地方。

7 溪中的混凝土仿树桩汀步

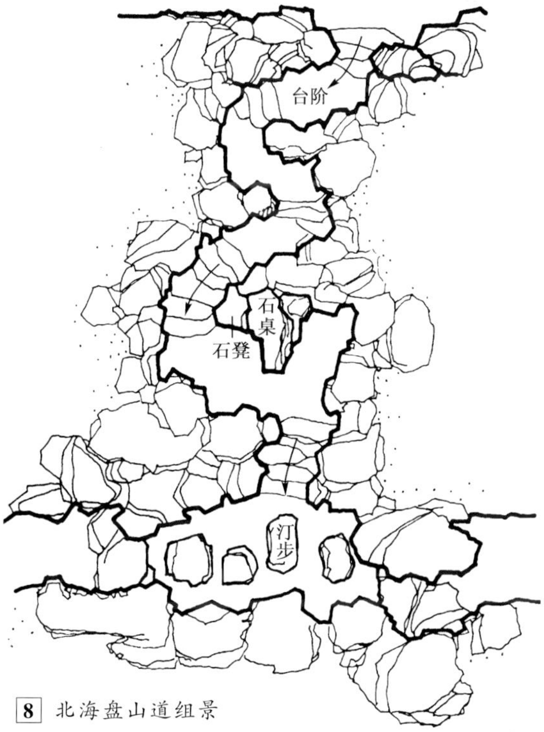

8 北海盘山道组景

由汀步、跌水、水池、踏步和披落组合的美丽水景。晴天是盘山路,雨天是排水道

一、汀步、步石的构造

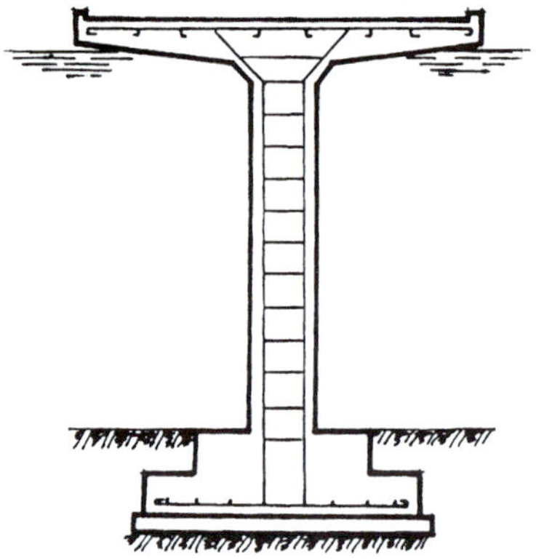

1 钢筋混凝土现浇荷叶汀步

2 块石砌筑汀步
石面略高出水面，石基埋于池底

3 钢筋混凝土与石块结合汀步
现浇钢筋混凝土基础，顶部置石块

二、实例一

1 块石砌筑作自由式布置的水景汀步（中国北京）

2 从澄清的池水可见面层块石下的石基（中国北京）

3 直角伸向池中心的L形块石汀步（中国北京）

4 浅水溪中的块石汀步（中国上海）

5 与草地步石连为一体的卵石汀步（中国上海）

6 本图为图5卵石汀步及其在水景中的环境效果

7 本图为图5中卵石汀步局部

8 河湖相连处的块石汀步（中国上海）

9 两岸间狭窄处的块石汀步（中国北京）

10 本图为图9中浅水池窄水面块石汀步局部

11 本图为图9中块石布置细部

12 具有挡水坝与步道双重能功的汀步(中国上海)

13 与图12为同一景，规则块石作双行与单行间隔布置的汀步，其两侧水面有一定的水位差

14 汀步两侧的高低水位差，形成条条跌水，落水声四起，极富动感(中国上海)

15 与图14为同一景，错落有致的汀步犹如江河水坝

16 连续的几何形汀步布置，搭接与间隔相结合(中国北京)

17 本图为图16中的汀步布置局部

18 沿池岸布置的几何形汀步(澳大利亚)

19 橙黄色汀步与蓝色池水形成冷暖对比的环境效果(澳大利亚)

20 布置在喷泉池落水坝上的汀步(中国北京)

21 布置在水旱两用滩上的条石汀步(中国北京)

22 布置在人造沙滩上的卵石汀步,水盈时作水中汀步,水旱时作砂中步石(中国上海)

23 与图22为同一景,水枯了,汀步仍为孩童喜欢跳跃的地方(中国上海)

24 园中的枯山水式汀步(澳大利亚)

25 庭园中的枯水红色汀步(马来西亚)

26 图22中大卵石汀步与疏林草地

三、实例二

1 庭园木制的踏步栈桥(澳大利亚)

2 疏林草地中连接嵌草步石的木制踏步栈桥(中国上海)

3 布置在绿地中连接四面园路的栈桥式变态路(中国江苏)

4 本图为图3中间作交叉连接的栈道起伏路面的局部

5 本图为图4中用松圆木桩缘边的起伏路面的细部

6 与图3为同一景,与坡地生态建筑相通的变态路环境

7 跨越浅水塘的木栈桥

本页实例为位于北京的同一园林环境中的木栈桥和木栈道。它们有的曲折转构跨越于蒿草水塘之上;有的伏地穿梭于疏林绿地的花丛之中,成为具有实用功能的景观要素和环境设施。

8 圆木桩既是承重结构件,又是露明的桥柱坐凳

9 从草地延伸至水塘的木栈道和栈桥

10 疏林花境中的木栈道

11 矮树桩套绳索既是扶手栏杆又是休息坐凳

12 横跨石谷的木栈道，树桩套麻绳的护栏，自然质朴（中国北京）

13 铺装精致的木地板面层栈道（中国上海）

14 浅水塘上的木栈桥（中国江苏）

15 混凝土结构，木条板面层的水边栈道（中国上海）

16 松木制成、曲折迂回的木栈道（中国江苏）

17 本图为图16中的木栈道局部

18 莱蒙湖边游艇码头栈道（瑞士）

19 田园式住宅前的滨河栈道（欧洲）

20 宗教景园大水景池中的木栈道（澳大利亚）

21 滨湖住宅伸向水中的木栈道（澳大利亚）

22 森林公园的林中游赏木栈道（澳大利亚）

23 本图为图25中圆林搭铺青石板贴面的踏步桥

24 水生林中的游赏木栈道（澳大利亚）

25 与石岸一体的踏步桥面层（中国北京）

26 本图为图25中树干外露的踏步桥一侧

27 林阴道中的木桥（澳大利亚）

28 植物园林木丛中的观赏木栈道(泰国)

29 皇家园林连接建筑的木栈桥(泰国)

30 城市公园中连接各景区的木栈道(澳大利亚)

31 穿梭于密林中的公园游赏木栈道(澳大利亚)

32 本图为图31中的栈道局部,采用木结构主体、面层和金属扶手

33 本图为图31中的栈道与密林环境

34 跨越湖面连接两景区的钢木栈桥（澳大利亚）

35 本图为图34中的局部，木板、不锈钢和铜箍条的连接收口细部

36 城市公园高架的用于观赏与通行的钢木结构栈桥（中国上海）

37 跨越景观水池的钢木结构栈桥（中国上海）

38 本图为图37中的钢篦子与木条板细部

39 城市公园一个栈桥式出入口（澳大利亚）

40 通往眺望台的钢木结构栈桥（中国上海）

41 高架于树冠之颠的观赏栈道，钢结构，木板面层（澳大利亚）

42 紧贴水面的游赏栈桥（澳大利亚）

43 森林动物公园的安全游赏栈道（澳大利亚）

44 自然风景区中的跨河钢结构栈桥（奥地利）

45 泊船和通行两用的浮动栈桥（中国上海）

46 本图为图45中不同角度下的浮动栈桥的环境效果

现代园林中的铁索桥、绳索桥和攀梯，虽具有实用功能，但其景观意义远远大于使用功能，大多作为丰富园林设施和作为游人玩乐的景观小品。本页实例为江苏的某铁索桥。

47 自然风景区连接两山丘的铁索桥

48 木板铁链的铁索桥与环境

49 柔性铁索桥横跨碧湖两岸，丰富了自然景观环境

50 铁索桥的纵向环境效果

51 铁索桥局部

52 红索链、白木条板在碧水中的环境效果

53 由整块鱼脊石搭成的山林小溪间的踏步石桥(中国江苏)

54 与图53为同一景,踏步石桥卧于涓涓溪流之上

55 与图53为同一景,石桥与自然山石融为一体

56 椰林中的混凝土钢结构栈桥(泰国)

57 多桥相连形成的桥陆连续路(中国上海)

58 小陶板铺装的园林桥路(中国上海)

59 古典园林甬道中的石桥路(韩国)

一、树池的作用及应用

当我们在有铺装的地面和场地中栽种树木时，常在树木的周围保留一圈大小各异的没铺装的土地，这就是所谓的树池或树穴。在城市道路两侧，树池的形成最初只是为了方便给树木浇水，因而，树池的设置对于有铺装面层的环境是十分必要的。

根据现代科学研究证实，土壤的密度过高，透水透气性不良，是城市公园中古树衰弱的根本原因，此外，土壤的机械阻抗升高、夏季土温过高等，也是一个重要原因。而导致这一切的直接原因是大量的游人践踏，设置树池和格栅是解决这一问题的重要措施。树池格栅的使用，不仅能够防止游人践踏池内土壤，也避免了池内裸土外溢，对保持城市环境卫生起到很大作用，见图1、图2。

1 不锈钢格栅铺装饰面的平树池(澳大利亚)

2 天然石材的高树池(中国上海)

树池的大小因环境、树种和树龄而不尽相同，树池过小，不利于透水透气，树池面积过大，则会占用道路和场地面积，其直径一般为1.2~2.6m。

二、树池的类型

树池的形式多种多样，按其面层可分为封装式和敞露式；按围护和篦盖材料可分为混凝土树池、铸铁树池、砖砌树池、不锈钢树池、石砌树池、树桩树池和混合材料树池等；按构造和砌筑形式分为平树池和高树池，见图1、图2。

1. 平树池 平树池的池壁外缘的高度与铺装地面的高度相平。池壁常用普通黏土砖直埋，也可以用预制加工的天然石材和混凝土件砌筑，其宽度和厚度为60×120或80×220，长度可根据树池大小而定。

树池周围地面铺装时，可设计成向树池方向的排水坡，地面水可以顺利地流入树池。但平树池最好在树池内安装格栅（篦子），这样既可防止地面落叶和异物积存树池内，也可防止池内土壤被水冲出，见图1。为了尽量减少行人踩踏，可将树池周围的地面铺装成与其他地面有明显区别的面层，这样既可起到提示作用，又增加了路面的装饰效果。

2. 高树池 高树池的池壁明显地高出地面，做成了高出地面的树珥，以保护池内土壤，防止人们误入或踩实土壤，影响树木生长。池壁的形式多种多样，见图3~图8。高树池内通常置草皮，或在池内树干周围种植草花，具有再次绿化美化和装饰效果。

有些高树池的池壁设计得如同花坛一样(见图4~图6)；有的还在高大树木的周围，将树珥与坐凳结合进行设计，既可以保护树木，又可以供游人在树阴下乘凉、休憩，见图7、图8和实例图32~图37。

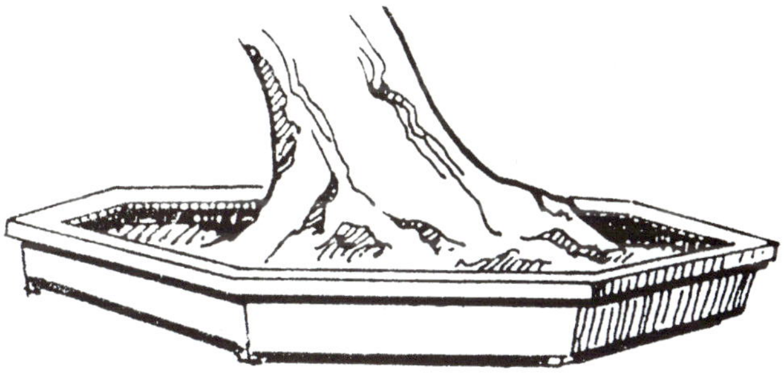

3 与树池的池珥结合的坐凳

格栅作为设在树池之上的篦子，其作用是保护池内的土壤不被践踏。格栅要有足够的强度，不易折断，因而，传统上多使用铸铁篦子和混凝土篦子。现代园林景观设计采用不锈钢篦子，使格栅形式多样。无论何种材质，格栅的纹样要美观，花格缝隙大小要适中，以防人脚踏入。

三、树池形式

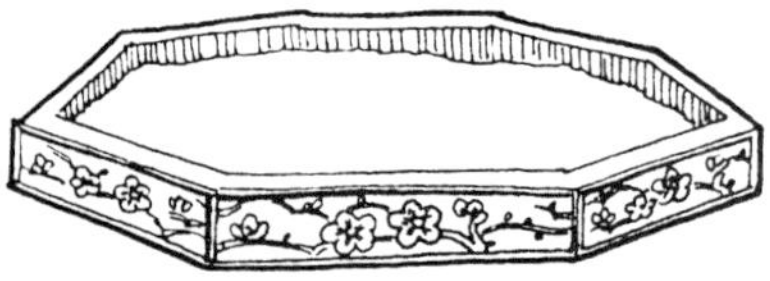

4 八角花边树池

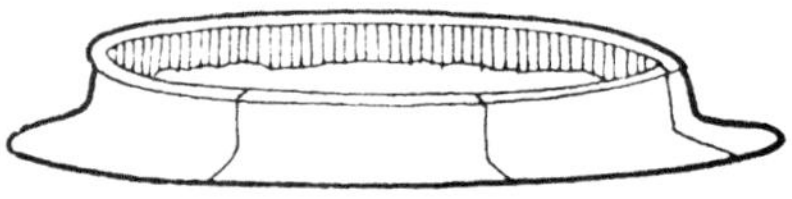

5 圆形树池

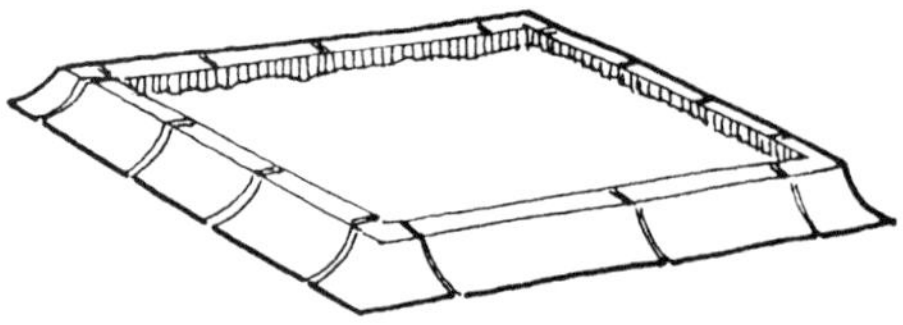

6 方形花边树池

7 与树池池珥结合的钢木坐凳

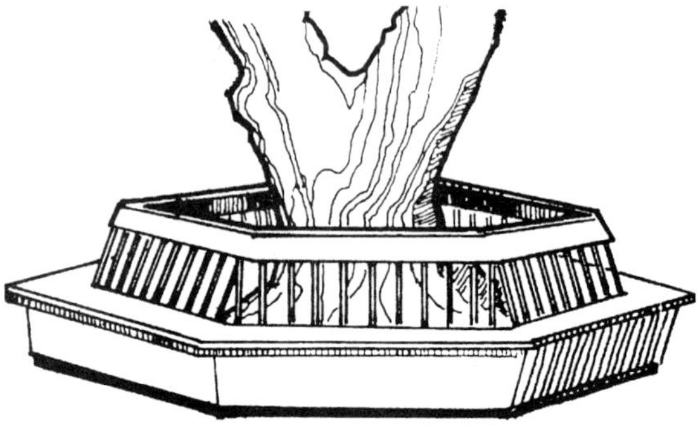

8 与树池池珥结合的混凝土坐凳

四、树池格栅

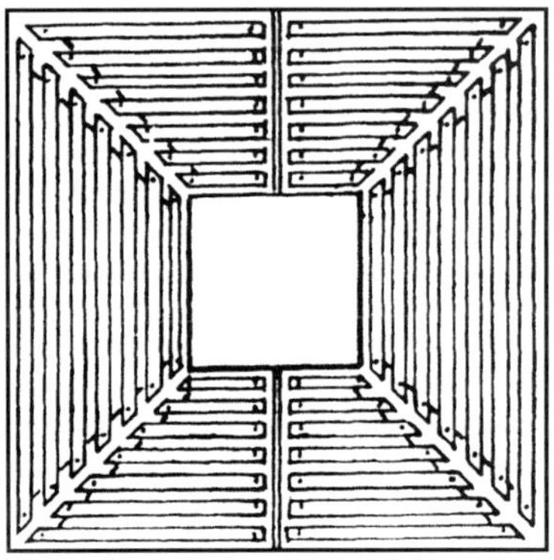

9 混凝土加木条的格栅

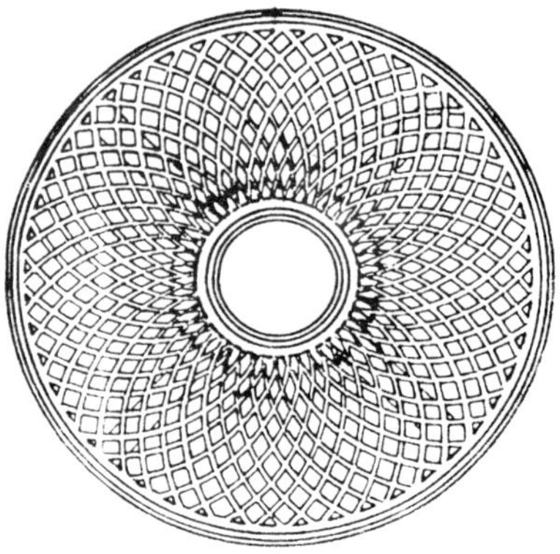

10 铸铁格栅

11 混凝土格栅

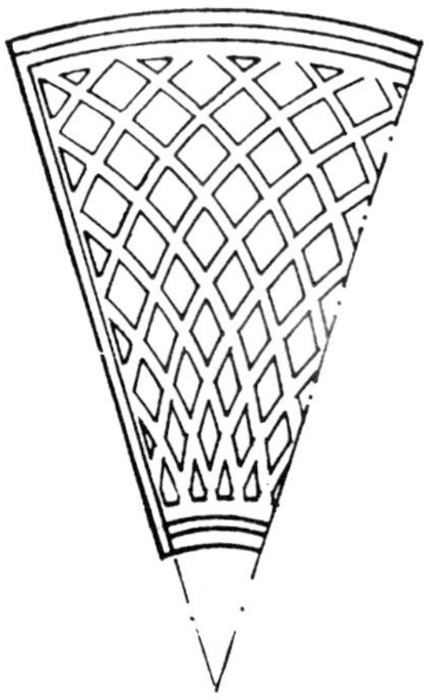

12 铸铁格栅样式一

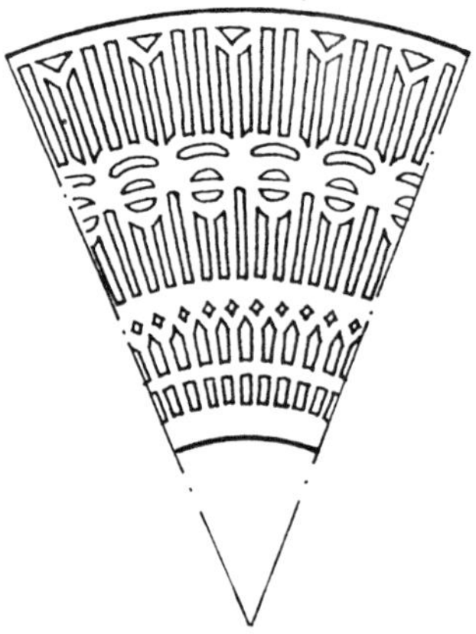

13 铸铁格栅样式二

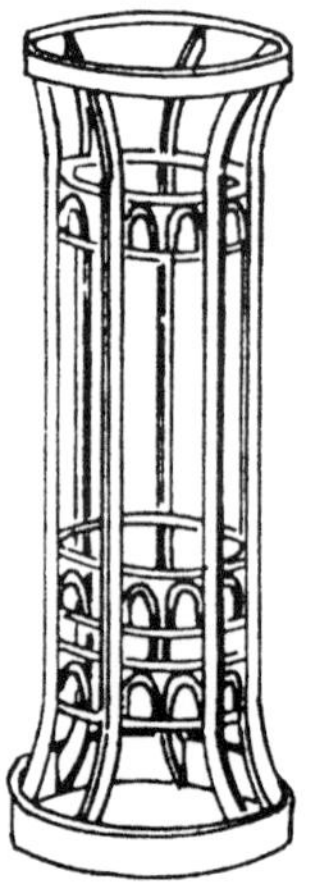

14 树木保护栅样式一

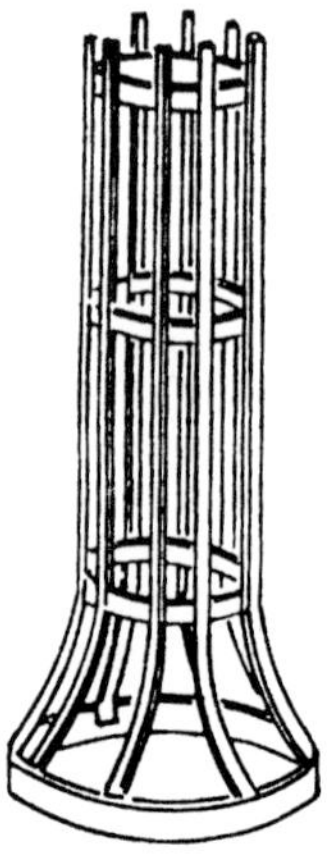

15 树木保护栅样式二

五、实例

1 涂布地面上的铸铁篦子平树池(澳大利亚)

2 彩色混凝土砖铺地中的钢篦子平树池(澳大利亚)

3 天然石材拼铺的彩色地纹中的混凝土篦子平树池(中国上海)

4 混凝土砖直埋的平树池,面层为可透水的彩色石粒(中国北京)

5 地面铺装时一体化砌成的混凝土彩砖平树池(澳大利亚)

6 与块石广场一体化设计完成的环形平树池(德国)

7 园林场地中的石铺植草平树池（新加坡）

8 湖畔石铺场地中的平树池，加盖铸铁篦子（澳大利亚）

9 商业步行街中的平树池（新加坡）

10 双树一池内植草花的长方形平树池（新加坡）

11 铺装广场砖的公园场地中的平树池，面层为绳网卵石（中国上海）

12 与图11为同一景，块石铺筑、绳网卵石铺面的场地平树池细部

13 花岗石铺装路面及镶嵌的高树池池珥，覆盖大粒卵石（中国上海）

14 草花簇拥的植物树池（新加坡）

15 石材镶嵌，草皮覆面的高树池（中国上海）

16 与图15为同一景，按设计直径预制加工，现场拼装的花岗岩池珥细部

17 本图为图16中的花岗岩池珥局部

18 半圆木拼装的高树池，上面覆盖树皮屑（澳大利亚）

19 花岗石池珥、铸铁篦子覆面的高树池(中国上海)

20 预制混凝土池珥,加盖混凝土拼装篦子的高树池(新加坡)

21 凿毛石池珥植以鲜花的高树池(中国上海)

22 本图为图21中高树池细部

23 青砖铺地中的凿毛花岗石池珥、植以草皮的高树池(中国上海)

24 石镶高树池与坐凳的结合(中国上海)

25 用自然山石砌筑的如意式高树池(中国上海)

26 草坪铺就的高树池,置以树皮屑覆层(中国上海)

27 本图为图28中三池一组的高树池

28 建筑内庭园中以扇棕及树池组合的景观场地设计(新加坡)

29 栽满灌木花卉的花坛式高树池(新加坡)

30 种植灌木的花坛式广场树池(德国)

31 预制混凝土线角池坪,覆以彩色石粒(新加坡)

32 置于水池中的高台式树池(中国上海)

33 本图为图32中的高台式树池局部

34 本图为图35中将石砌树珥与坐凳相结合的高台式树池局部

35 疏林场地中的石砌高台式树池(中国上海)

36 园林场地中的木制高台式树池(中国上海)

37 本图为图36中的木制树珥细部,池面植以葱兰草

一、明渠

明渠是园林排水系统中最常用的排除雨水的渠道。明渠分为无盖式和加盖式两种类型，大多设在园路的两侧，在我国园林中，明渠往往又成为园路的拓宽部分，见图1。因此，明渠多采用底宽、边坡斜率小的浅渠。明渠既可以采用混凝土现场浇筑，也可以用预制混凝土件拼砌，也有用砖、石材和卵石等铺砌而成。明渠的常用形式见图2。

明渠边坡，当用砖石或混凝土块铺砌时，一般采用1∶0.75~1∶1的边坡。边坡无铺装的情况下，应根据土壤性质采用下表数值。

明渠的边坡度数值

明渠土质	边坡
粉砂	1∶3~1∶3.5
松散的细砂、中砂、粗砂	1∶2~1∶2.5
细实的细砂、中砂、粗砂	1∶1.5~1∶2.0
黏质砂土	1∶1.5~1∶2.0
砂质黏土和黏土	1∶1.25~1∶1.5
砾石土和卵石土	1∶1.25~1∶1.5
半岩性土	1∶0.5~1∶1

1 混凝土预制件拼砌的浅明渠成为红沥青园路拓宽部分(中国上海)

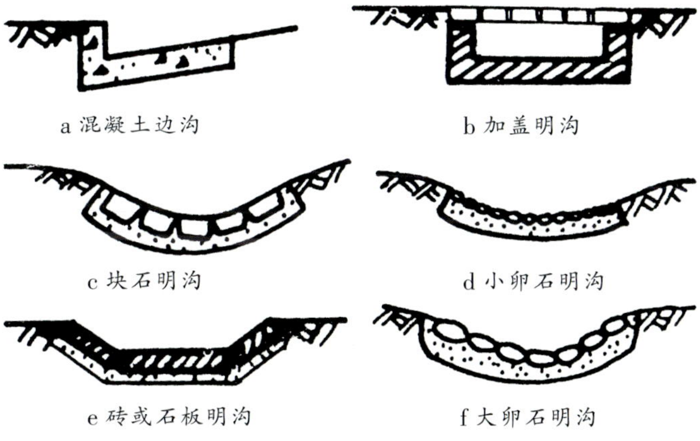

2 明渠的常用形式

二、雨水井及井盖

作为收集、暂存路面雨水的构筑物，雨水井分为有沉泥池的雨水井和无沉泥池的雨水井两种。园林环境中的雨水井多为矩形，常用块、石料砌筑。沉泥池使流进雨水井的泥砂等杂物在井内沉淀，而不流入雨水管道中，这样可以减少管道淤塞，但须经常清除杂物。园林雨水井的构造见图3。

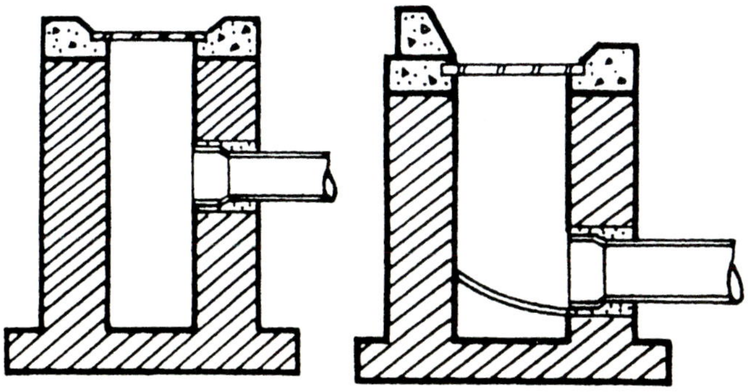

a 有沉泥池的雨水井　b 无沉泥池的雨水井

3 雨水井的构造

4 隐蔽在草中的雨水井及铸铁井盖

为了增加泄水能力，滤栅常被设在低于附近地面标高的3~5cm处，见图4。雨水井、窨井及排水口等，当其设置在主要观赏地段时，应将其外观适当隐蔽或美化，其手法见图4、图5。

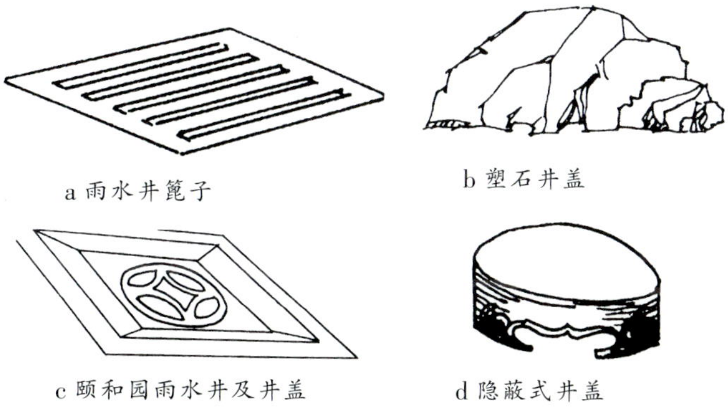

5 雨水井及井盖

三、实例一(明渠)

1 石铺园路边的小卵石明渠沟(中国上海)

2 带渗水孔的混凝土预制件明渠沟(中国上海)

3 预制石板明沟(中国上海)

4 本图为图1中的小卵石明沟铺贴细部

5 古典建筑前、历史广场上的块石明沟(法国)

6 混凝土预制件拼砌的深明渠沟(新加坡)

7 街道中央的块石明渠沟(德国)

8 老城市政广场上的石铺明渠沟(意大利)

9 别墅区园路边的混凝土明渠沟(澳大利亚)

10 植物园疏林绿地路边砖砌明渠沟,渠中涓涓泉流,引无数白鸽来饮(澳大利亚)

11 城市公园主园路边的砖砌明渠沟(澳大利亚)

12 本图为图11中砖砌明渠细部

13 庭园甬道边的混凝土砖明渠沟(澳大利亚)

14 建筑前场地中的铸铁盖明渠沟(澳大利亚)

15 彩纹园路中的不锈钢盖明渠沟(澳大利亚)

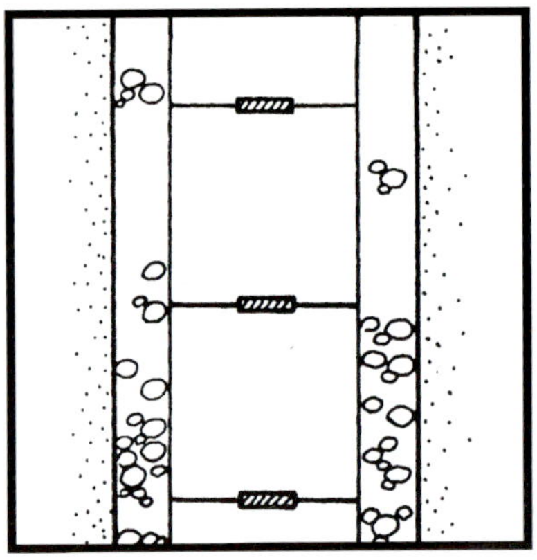

16 与加盖明渠沟结合的园路

加盖明渠亦有明加盖和隐蔽式两种，所谓隐蔽式是为了环境美观又在明渠盖上覆上了一层掩饰材料，见图30~图34。

加盖明渠按盖板材质不同分为石板、混凝土坡、金属板和木板等类型。在园林环境中，常将道路设计成与排水沟结合的小园路，既显得别有趣味，又节约了占地，见图16和图18。

17 本图为图19中的石板明渠盖局部（中国上海）

18 坡地下与加盖明渠沟结合的小路（马来西亚）

19 石铺主园路边的石板盖明渠沟（中国上海）

20 间隔铺装的明渠铁篦子（新加坡）

21 坡地灌木间铁盖明渠小园路（韩国）

22 本图为图20的砖砌明渠，铁篦子间隔铺装

23 喷泉广场小路边的精铺小明渠（中国上海）

24 本图为图23的明渠细部，平时是喷泉广场的回流水渠，雨天则是雨水汇流的明沟

25 半隐蔽式的花岗石精铺明渠（中国上海）

26 由深浅和质地不同花岗石板铺装的明渠（中国上海）

27 园路边、花丛旁的钢篦子明渠（中国上海）

28 公园活动场地边阶梯下的钢篦子明渠（中国上海）

29 卵石与混凝土预制盖明渠(中国上海)

30 同色质的花岗岩板盖明渠(中国上海)

31 青石、玻璃装饰的半隐式明沟(澳大利亚)

32 由卵石覆盖的隐蔽式明沟(中国上海)

33 本图为图32细部，灰蓝的路、洁白的大理石与嫩绿草地间的明渠，由一层朴素自然的卵石覆盖，更加美观

34 本图为图32中的局部

35 本图为图32中局部裸露铁沟盖的明渠细部

36 绿地广场彩纹路边的木制盖明渠（中国上海）

37 本图为图36木格栅作顶盖的石铺路边明渠的细部

38 水景与雨水汇流两用明渠(澳大利亚)

39 城市有轨车道中的细槽明渠(荷兰)

40 主园路边的与道牙一体的明渠(澳大利亚)

41 公园餐饮街块石路上的细槽铁盖明渠(德国)

42 行车道与人行道共用的块石明渠(法国)

四、实例二(雨水井、窨井)

1 园路边暗渠及不锈钢盖(澳大利亚)

2 嵌于石铺路中的雨水井不锈钢盖(澳大利亚)

3 带不锈钢框槽的预制卵石板盖(中国上海)

4 带角钩眼的不锈钢槽石板盖(中国上海)

5 块石地上的不锈钢框槽盖(中国上海)

6 小卵石栽地上带不锈钢框槽的卵石预制板盖(中国上海)

7 留有起盖孔的窨井石板盖(中国上海)

8 铁框槽的石板沟盖(中国上海)

9 彩纹地中的铁框槽沟盖(澳大利亚)

10 细长孔的石板雨水井盖(中国上海)

11 带流水坡槽的石板雨水井盖(中国上海)

12 青砖园路与石阶连接处的雨水井及石板盖(中国上海)

13 园区入口处的组合窨井及混凝土板盖(澳大利亚)

14 广场边的大型钢网篦子窨井盖(法国)

一、特点与应用

在园林环境中，采用多样的材料将石材、混凝土铺地砖、广场砖、彩色水泥等组织在一条园路或场地中，这种利用不同铺装材料色彩和质感的道路作法，能够营造丰富而有变化的空间效果。

混合铺装既可采用规则式，也可用非规则式，不同材料的连接处多为直接搭接节点，例如，在节点处采用金属、玻璃等加以镶嵌点缀，可以使混合路面更加精美。在铺装过程中，还应注意人造材料与天然材料的对比和表现，例如，预制混凝土铺地砖与鹅卵石的拼铺；陶瓷铺地砖与天然石板的拼铺等。

混合铺装路面为两种或两种以上材料的拼铺，除了应注意不同材质的对比效果外，混合铺装设计还应注重呼应整体环境和与之相关的园林设施，在整体设计的控制下，使混合路面和场地与周围环境融为一体。

混凝土铺地砖与卵石的混合铺装，是混合道路作法的一种。它也是中国传统园林中的道路拼铺形式之一，具有朴实、自然、厚重的环境效果，且具有操作简便、施工难度小的特点。

二、铺装形式

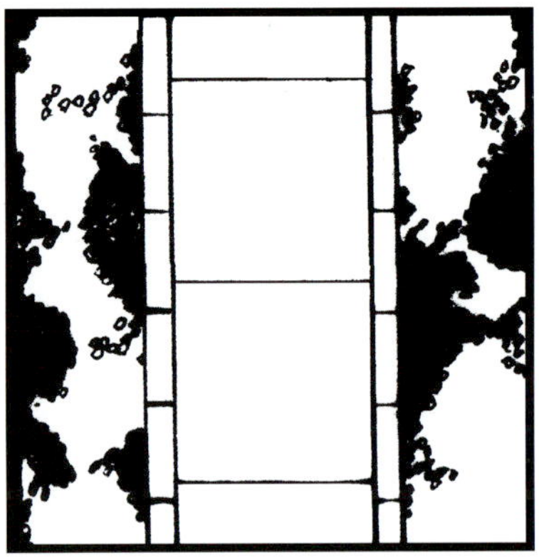

a 混凝土大方砖、黏土砖与卵石混合

b 混凝土大方砖与卵石拼铺

c 混凝土块与不同粒径卵铺装

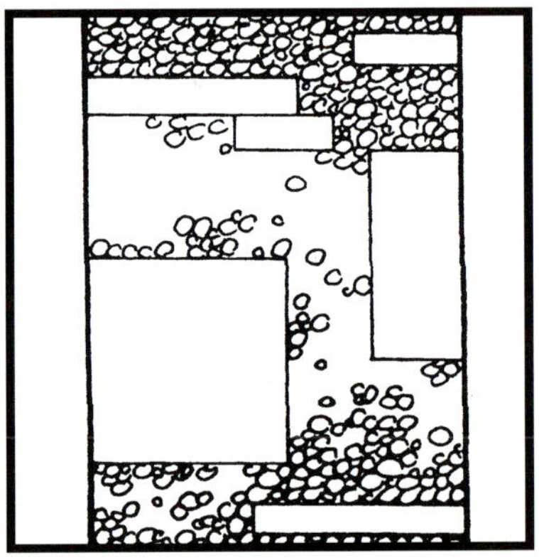

d 混凝土或其他块料与卵石拼铺

1 混凝土及其他块料与卵石拼铺

三、铺装实例

2 园林疏林山地上的混凝土大方砖居中，卵石侧铺的混合路面（中国上海）

3 本图为图 2 中混凝土方砖路面侧铺的卵石园路局部

4 竹林边的凹槽条纹混凝土铺地砖和卵石混合园路(中国上海)

5 灌木草地中的混凝土铺地砖与卵石混合路(中国上海)

6 本图为图7中的道路细部

7 陡坡上的混凝土铺地砖与卵石路,砖面的凹槽条纹具有礓䃰的防滑作用(中国上海)

8 古典园林疏林场地中的混凝土砖、青砖和卵石路(中国北京)

9 大方砖居中,青砖镶边卵石侧铺的传统园林混合路(中国北京)

10 传统庭院外的方砖、青砖与卵石混合路(中国北京)

11 皇家园林中由混凝土、青砖和拼花卵石组成的混合路(中国北京)

1 公园灌木丛中的青砖与卵石混铺路(中国上海)

2 疏林绿地中青砖与卵石路(中国上海)

3 青砖作分隔与缘边的卵石混铺园路(中国上海)

4 本图为图3中青砖与卵石的拼接

5 本图为图3中缘边、中分青砖与卵石的拼接

6 本图为图3中的拼铺细部

7 花岗岩与青砖组合的坡地台阶路(中国上海)

8 本图为图7中人字形青砖与条石台阶局部

9 花岗石板与青砖组合的井字格场地(中国上海)

10 本图为图9中的石板十字交叉局部

11 本图为图9中花岗岩板与人字形青砖的拼接

12 庭院中的天然石材与青砖的组合铺装(中国上海)

1 两色混凝土彩砖与花岗石板路(中国上海)

2 本图为图1中斜纹、十字条式混凝土彩砖铺地与花岗石的组合铺装细部

3 本图为图2中从不同角度观看的路面铺装的效果

4 本图为图2中花岗石板与混凝土彩砖拼铺局部

5 彩色石粒预制方砖与块石组合拼铺的城市小广场(德国)

6 混凝土铺地砖与卵石组合拼铺(中国上海)

1 公园疏林中由陶瓷铺地砖和卵石组合铺装的场地(中国上海)

2 本图为图1中的场地铺装局部

3 本图为图2中三种颜色陶板与卵石拼铺节点

4 陶板与花岗岩板组合铺装的场地(德国)

1 公园草坪场地边的混凝土面层与石材(新加坡)

2 城市公园彩色混凝土面层与彩色混凝土联锁砖的组合铺装(澳大利亚)

3 本图为图2中从公园主入口至主园区的道路(澳大利亚)

4 本图为图3从主园路穿越绿地的次园路(澳大利亚)

5 公园彩色混凝土联锁砖与彩色混凝土面层组合场地(澳大利亚)

6 本图为图5中正对公园主入口的彩拼场地

7 混凝土彩色沥青面层与陶板的组合（马来西亚）

8 彩色石粒混凝土面层与青石板的组合拼铺园路（澳大利亚）

9 本图为图8中不同角度下的路面拼铺效果（澳大利亚）

10 本图为图8中的路面局部

11 混凝土碎石面层与大理石碎片块的拼铺（中国北京）

12 本图为图11中的拼铺局部

1 普通混凝土、彩色混凝土、块石和不锈钢篦子的组合拼铺（澳大利亚）

2 彩色混凝土、块石、陶板和不锈钢的拼装及节点（澳大利亚）

3 多种材料及与树池、灯柱座的节点（澳大利亚）

4 沥青面层、块石与不锈钢篦子的连接（澳大利亚）

5 石材、陶板、彩色混凝土及与平池花坛的连接（澳大利亚）

6 混凝土方砖、黏土砖、踏步石板的节点（澳大利亚）

7 冰裂纹石铺、花岩条石与水泥仿石面层的连接(中国上海)

8 木地板、混凝土及水池堤缘的节点(澳大利亚)

9 在木地板面层与沥青地面间做彩色水泥收口的节点(澳大利亚)

10 栈桥木地面、彩色混凝土铺地砖和彩色混凝土的连接(澳大利亚)

11 碎拼石、块石面层与栈桥木地面的连接(澳大利亚)

12 三种不同质地的面层的搭接(澳大利亚)

13 三种不同铺地砖拼铺的地面(荷兰)

14 彩色防滑混凝土和花岗石踏步间的铸铁篦子节点(澳大利亚)

15 钢板、木地板与石板的拼铺节点(澳大利亚)

16 在石板铺地和木质地面间用钢板作收口节点(澳大利亚)

17 彩色联锁砖、石材、沥青和金属条的拼接(澳大利亚)

18 金属篦子、彩色防滑砖与异形石材的连接(澳大利亚)

主要参考书目

1 毛培琳. 园林铺地设计. 北京:中国林业出版社,2003

2 孟兆祯,毛培琳等. 园林工程. 北京:中国林业出版社,1996

3 唐学山,李雄等. 园林设计. 北京:中国林业出版社,2002

4 薛健等. 装修设计与施工手册. 北京:中国建筑工业出版社,2004

5 薛健等. 室内外设计资料集. 北京:中国建筑工业出版社,2002

6 周维权. 中国古典园林史. 北京:清华大学出版社,1990

7 彭一刚. 中国古典园林分析. 北京:中国建筑工业出版社,1986

8 杜汝俭等. 园林建筑设计. 北京:中国建筑工业出版社,1984

9 建筑设计资料集编委会. 建筑设计资料集. 第三册. 第 2 版. 北京: 中国建筑工业出版社, 1994

10 小形研三. 环境绿地·造园意匠论. 索靖之译. 北京:中国建筑工业出版社,1984

11 日本土木学会. 道路景观设计. 章俊华等译. 北京:中国建筑工业出版社,2003

12 薛健等. 世界园林、建筑与景观. 北京:中国建筑工业出版社,2003

13 薛健. 国外室内外环境景观设计丛书. 北京:中国计划出版社,2004

14 薛健等. 装饰装修设计全书. 北京:中国建筑工业出版社,1998

15 芦原义信. 外部空间设计. 尹培桐译. 北京:中国建筑工业出版社,1988

16 左权中. 中国吉祥图像大观. 长沙:湖南美术出版社,1998

薛健环境艺术设计研究所简介

该研究所是薛健建筑装饰设计事务所从事专业学术研究的机构,由著名设计师及工程施工专家薛健教授牵头,由5所专业院校、十几个设计院所的20余名专家学者、设计师组成,属非营利性的专业学术研究所。该所旨在研究总结中国环境艺术的理论与实践经验,大力促进中国环境艺术理论与施工作业水平的提高。该所已经编著出版了20余部具有权威性的设计与施工指导性专著,完成了几十项大型工程和十几项标志性国家工程项目,积累了丰富的设计施工经验,取得了丰硕成果,特别是创新了许多规范性的装修施工作法,并已被广泛应用。

主要学术成果

自1990年以来,先后编著出版了环境艺术与园林景观等专业著作20余部,发表论文80余篇。其中,主要有历时3年集体编著的我国环境艺术设计领域第一部百科全书《装饰装修设计全书》、《室内外设计资料集》,装饰装修指导性工具书《装修设计与施工手册》以及个人专著《世界景园》、《世界城市景观》、《世界住宅》、《环境小品》、《国外室内外环境景观设计丛书》、《装修构造与作法》、《现代室内设计艺术》、《日本环境展示艺术》、《家具设计》、《易居精舍》和《国外建筑入口环境》、《景观与环境设计丛书》等。目前与美国和欧洲的十几家有影响的设计机构(事务所)和专业院校建立了学术交流与协作关系。

主要设计作品

十多年来,先后完成(或参与完成)了几十项大型工程的设计与施工,其中主要有北京光大购物商场室内设计、北京紫竹宾馆室内装修设计、北京云岫山庄古建筑装修及庭园设计、北京长城饭店分店装修设计与施工、北京剧院室内装修设计、中国国际贸易中心商场室内设计、北京亚运村宾馆室内装修设计、山东齐鲁宾馆室内装修设计、舜耕山庄装修改造设计与施工、山东润华世纪大酒店装修设计与施工、山东万博大酒店装修设计与施工、济南贵友大酒店装修设计、济南中银大厦装修设计、中国驻波兰大使馆室内设计、南京金谷大厦室内设计、南京鸿运宾馆室内设计、南京鼓楼商场装修设计、江苏食品大楼室内外设计与施工、徐州银河乐园室内装修设计与施工、湖南泰之岛广场商场室内设计、湖南芙蓉宾馆改造装修、江西铜鼓宾馆室内设计、长沙地税局大厦装修设计、兰州植物园规划设计、北京雾灵山森林公园园林设计等等。

薛健环境艺术设计研究所

地址:江苏徐州南郊泰山村8-021号(中国矿业大学西侧500米)

邮政编码:221008

电话:徐州(0516)83882446　13852032906

　　　北京 13811078300

E-mail:Xjworks@pub.xz.jsinfo.net